看图算量系列丛书

# 通用安装工程清单算量典型实例图解

工程造价员网
张国栋　主编

中国建筑工业出版社

**图书在版编目（CIP）数据**

通用安装工程清单算量典型实例图解/张国栋主编．—北京：中国建筑工业出版社，2014.5
（看图算量系列丛书）
ISBN 978-7-112-16840-8

Ⅰ.①通…　Ⅱ.①张…　Ⅲ.①建筑安装-工程造价-图解　Ⅳ.①TU723.3-64

中国版本图书馆 CIP 数据核字（2014）第 098993 号

本书根据《建设工程工程量清单计价规范》GB 50500—2013 和《通用安装工程工程量计算规范》GB 50856—2013 的有关内容，详细地介绍了通用安装工程的工程量清单项目、计算规则、计算方法及实例。全书以清单划分基准为原则精选实例，设置实例均是以"题干、图示—2013 清单和 2008 清单对照—解题思路及技巧—清单工程量计算—贴心助手—清单工程量计算表的填写"六个步骤进行。为了帮助读者了解计算方法及要点，特设置"解题思路及技巧"及"贴心助手"小贴士，便于读者理解和掌握。

责任编辑：郦锁林　赵晓菲　朱晓瑜
责任设计：张　虹
责任校对：刘　钰　姜小莲

看图算量系列丛书
**通用安装工程清单算量典型实例图解**
工程造价员网
张国栋　主编
*
中国建筑工业出版社出版、发行（北京西郊百万庄）
各地新华书店、建筑书店经销
北京科地亚盟排版公司制版
北京市密东印刷有限公司印刷
*
开本：787×960 毫米　1/16　印张：17¼　字数：350 千字
2014 年 11 月第一版　2014 年 11 月第一次印刷
定价：**40.00** 元
ISBN 978-7-112-16840-8
（25636）

# 编写人员名单

主　编　张国栋

参　编　刘丽娜　齐晓晓　单晓静　杨　柳　洪万里
李　蒙　谈亚辉　陈　萍　程珍珍　张皓龙
石怀磊　随广广　张　惠　展满菊　王西方
洪　岩　赵小云　郭芳芳　马　波　王春花
邵夏燕　杨进军　张金玲

# 前 言

本书根据《通用安装工程工程量计算规范》GB 50856—2013、《建设工程工程量清单计价规范》GB 50500—2013 和《建设工程工程量清单计价规范》GB 50500—2008 的相关内容，较详细地、系统地介绍了 2013 清单规范与 2008 清单规范的相同和不同之处，以及怎样结合图形进行工程量清单算量。全书在理论与方法上进行了通俗易懂的阐述，同时给出有解题思路及技巧和贴心助手，心贴心地为读者服务。

本书主要包括机械设备安装工程，热力设备安装工程，静置设备与工艺金属结构制作安装工程，电气设备安装工程，自动化控制仪表安装工程，通风空调工程，工业管道，消防工程，给排水、采暖、燃气工程及刷油、防腐蚀、绝热工程等 10 个专业。书中所列例题均是经过精挑细选，结合清单项目进行编排，做到了系统上的完善。

通过本书的学习，使读者在较短的时间内掌握工程量清单计价的基本理论与方法，达到较熟练地运用《通用安装工程工程量计算规范》GB 50856—2013 和《建设工程工程量清单计价规范》GB 50500—2013 编制工程量清单和进行工程量清单算量的目的。

本书与同类书相比，具有以下几个显著特点：

（1）2013 清单与 2008 清单对照，采用表格上下对照形式，新旧规范的区别与联系一目了然，帮助读者快速掌握新清单的规定与计算规则。

（2）例题解答中增设“解题思路及技巧”，打开读者思路，引导读者快速进入角色。针对性和实用性强，注重整体的逻辑性和连贯性。

（3）“贴心助手”，对计算过程中的数字进行一一解释说明，解决读者对计算过程中数据来源不清楚的苦恼，方便快速学习和使用。

（4）计算过程清晰明了，图题两对照，便于理解。

（5）最后根据题干和计算结果填写清单工程量计算表，便于快速查阅清单项目以及计算的正确性。

本书在编写过程中得到了许多同行的支持与帮助，借此表示感谢。由于编者水平有限和时间的限制，书中难免有错误和不妥之处，望广大读者批评指正。如有疑问，请登录 www.ysypx.com（预算员培训网）或 www.gczjy.com（工程造价员培训网）或 www.gclqd.com（工程量清单计价数字图书网）或 www.jbjsys.com（基本建设预算网）或 www.jbjszj.com（基本建设造价网）或发邮件至 zz6219@163.com 或 dlwhgs@tom.com 与编者联系。

# 目　　录

# 第1章　机械设备安装工程

## 1.1　切削设备安装

**【例1】** 安装一台齿轮加工机床，本体安装，重10t，如图1-1所示，计算其相关工程量。

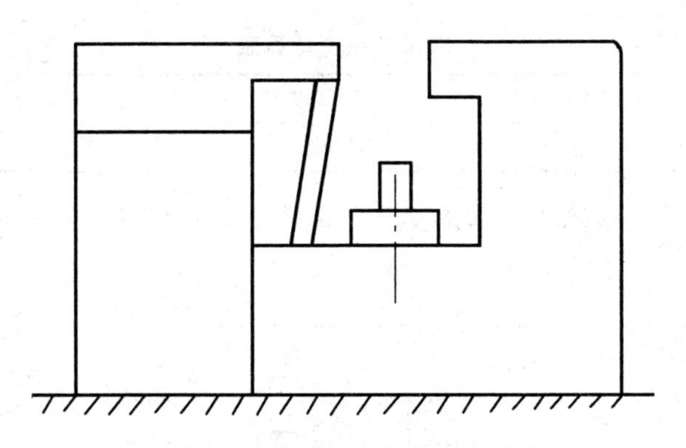

图1-1　齿轮加工机床示意图

**【解】**（1）2013清单与2008清单对照（表1-1）

**2013清单与2008清单对照表**　　**表1-1**

| 清单 | 项目编码 | 项目名称 | 项目特征 | 计算单位 | 工程量计算规则 | 工作内容 |
| --- | --- | --- | --- | --- | --- | --- |
| 2013清单* | 030101008 | 齿轮加工机床 | 1. 名称<br>2. 型号<br>3. 规格<br>4. 质量<br>5. 灌浆配合比<br>6. 单机试运转要求 | 台 | 按设计图示数量计算 | 1. 本体安装<br>2. 地脚螺栓孔灌浆<br>3. 设备底座与基础间灌浆<br>4. 单机试运转<br>5. 补刷（喷）油漆 |
| 2008清单 | 030101008 | 齿轮加工机床 | 1. 名称<br>2. 型号<br>3. 质量 | 台 | 按设计图示数量计算 | 1. 安装<br>2. 地脚螺栓孔灌浆<br>3. 设备底座与基础间灌浆 |

注：* 本书的“2013清单”指的是住房和城乡建设部与国家质量监督检验检疫总局于2012年12月25日联合发布，于2013年7月1日实施的工程量清单计价系列规范，包括：《建设工程工程量清单计价规范》GB 50500—2013、《房屋建筑与装饰工程工程量计算规范》GB 50854—2013、《仿古建筑工程工程量计算规范》GB 50855—2013、《通用安装工程工程量计算规范》GB 50856—2013、《市政工程工程量计算规范》GB 50857—2013、《园林绿化工程工程量计算规范》GB 50858—2013、《矿山工程工程量计算规范》GB 50859—2013、《构筑物工程工程量计算规范》GB 50860—2013、《城市轨道交通工程工程量规范》GB 50861—2013、《爆破工程工程量计算规范》GB 50862—2013的简称，后面出现的不再赘述。

**❈解题思路及技巧**

此题比较简单，主要考察该项目的清单工程量表的填写。

(2) 清单工程量

齿轮加工机床（重10t）：1台；

地脚螺栓孔灌浆（$m^3$）：0.6；

底座与基础间灌浆（$m^3$）：0.8；

一般机具重量（t）：10；

试运转电费（元）：200；

机油（kg）：25；

黄油（kg）：2。

(3) 清单工程量计算表（表1-2）

**清单工程量计算表** **表1-2**

| 项目编码 | 项目名称 | 项目特征描述 | 计量单位 | 工程量 |
|---|---|---|---|---|
| 030101008001 | 齿轮加工机床 | 重10t | 台 | 1 |

**【例2】** 安装一台插床，本体安装，机重6t，如图1-2所示，计算其相关工程量。

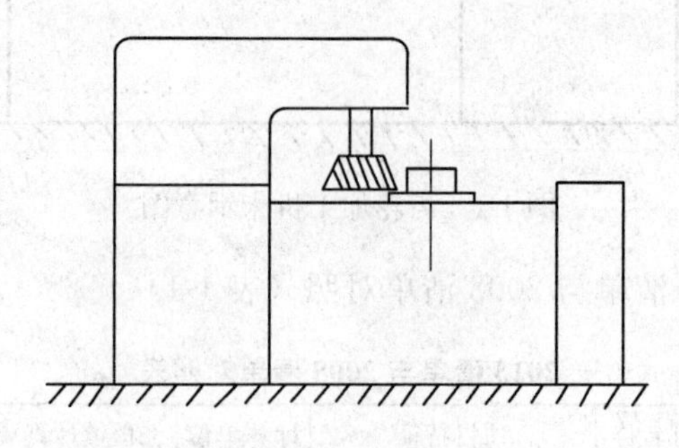

图1-2 插床示意图

**【解】** (1) 2013清单与2008清单对照（表1-3）

**2013清单与2008清单对照表** **表1-3**

| 清单 | 项目编码 | 项目名称 | 项目特征 | 计算单位 | 工程量计算规则 | 工作内容 |
|---|---|---|---|---|---|---|
| 2013清单 | 030101011 | 插床 | 1. 名称<br>2. 型号<br>3. 规格<br>4. 质量<br>5. 灌浆配合比<br>6. 单机试运转要求 | 台 | 按设计图示数量计算 | 1. 本体安装<br>2. 地脚螺栓孔灌浆<br>3. 设备底座与基础间灌浆<br>4. 单机试运转<br>5. 补刷（喷）油漆 |
| 2008清单 | 030101011 | 插床 | 1. 名称<br>2. 型号<br>3. 质量 | 台 | 按设计图示数量计算 | 1. 安装<br>2. 地脚螺栓孔灌浆<br>3. 设备底座与基础间灌浆 |

**✲解题思路及技巧**

此题比较简单，主要考察该项目的清单工程量表的填写。

（2）清单工程量

插床（6t）：1台；

地脚螺栓孔灌浆（$m^3$）：0.6；

底座与基础间灌浆（$m^3$）：0.8；

一般机具重量（t）：6；

试运转电费（元）：200；

机油（kg）：20；

黄油（kg）：1。

（3）清单工程量计算表（表1-4）

**清单工程量计算表** **表1-4**

| 项目编码 | 项目名称 | 项目特征描述 | 计量单位 | 工程量 |
|---|---|---|---|---|
| 030101011001 | 插床 | 机重6t | 台 | 1 |

**【例3】** 安装一台立式车床，型号为CQ5280，外形尺寸（长×宽×高）8615mm×17600mm×9760mm，单机重量145t，计算其相关工程量。

**【解】**（1）2013清单与2008清单对照（表1-5）

**2013清单与2008清单对照表** **表1-5**

| 清单 | 项目编码 | 项目名称 | 项目特征 | 计算单位 | 工程量计算规则 | 工作内容 |
|---|---|---|---|---|---|---|
| 2013清单 | 030101003 | 立式车床 | 1. 名称<br>2. 型号<br>3. 规格<br>4. 质量<br>5. 灌浆配合比<br>6. 单机试运转要求 | 台 | 按设计图示数量计算 | 1. 本体安装<br>2. 地脚螺栓孔灌浆<br>3. 设备底座与基础间灌浆<br>4. 单机试运转<br>5. 补刷（喷）油漆 |
| 2008清单 | 030101003 | 立式车床 | 1. 名称<br>2. 型号<br>3. 质量 | 台 | 按设计图示数量计算 | 1. 安装<br>2. 地脚螺栓孔灌浆<br>3. 设备底座与基础间灌浆 |

**✲解题思路及技巧**

此题比较简单，主要考察该项目的清单工程量表的填写。

（2）清单工程量

立式车床（145t）：1台；

金属桅杆使用费（元）：80800；

桅杆拆装费（元）：28832.33；

辅助桅杆使用费（元）：18600.00；

一般机具重量（t）：145；

地脚螺栓孔灌浆（$m^3$）：2；

底座与基础间灌浆（$m^3$）：3；

试运转电费（元）：500；

机油（kg）：200；

黄油（kg）：10。

（3）清单工程量计算表（表 1-6）

**清单工程量计算表** **表 1-6**

| 项目编码 | 项目名称 | 项目特征描述 | 计量单位 | 工程量 |
| --- | --- | --- | --- | --- |
| 030101003001 | 立式车床 | 型号为 CGL5280，外形尺寸（长×宽×高）：8615mm×17600mm×9760mm，单机重量 145t | 台 | 1 |

**【例 4】** 安装一台仪表车床，型号为 C0618B，外形尺寸（长×宽×高）为：980mm×389mm×1098mm，质量为 0.25t，如图 1-3 所示，计算其相关工程量。

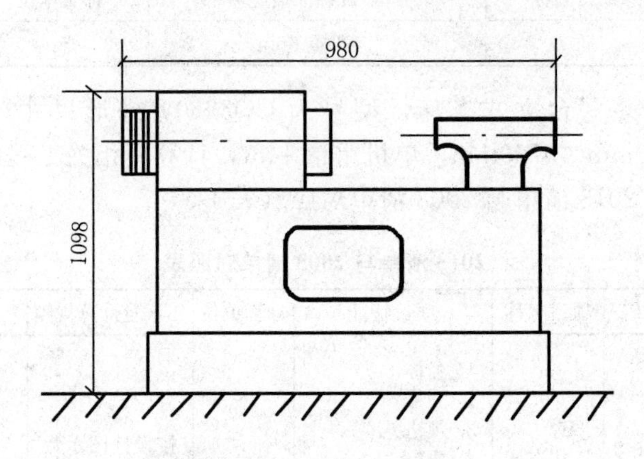


图 1-3 仪表车床示意图（单位：mm）

**【解】**（1）2013 清单与 2008 清单对照（表 1-7）

**2013 清单与 2008 清单对照表** **表 1-7**

| 清单 | 项目编码 | 项目名称 | 项目特征 | 计算单位 | 工程量计算规则 | 工作内容 |
| --- | --- | --- | --- | --- | --- | --- |
| 2013 清单 | 030101001 | 台式及仪表机床 | 1. 名称<br>2. 型号<br>3. 规格<br>4. 质量<br>5. 灌浆配合比<br>6. 单机试运转要求 | 台 | 按设计图示数量计算 | 1. 本体安装<br>2. 地脚螺栓孔灌浆<br>3. 设备底座与基础间灌浆<br>4. 单机试运转<br>5. 补刷（喷）油漆 |
| 2008 清单 | 030101001 | 台式及仪表机床 | 1. 名称<br>2. 型号<br>3. 质量 | 台 | 按设计图示数量计算 | 1. 安装<br>2. 地脚螺栓孔灌浆<br>3. 设备底座与基础间灌浆 |

**✲解题思路及技巧**

此题比较简单，主要考察该项目的清单工程量表的填写。

（2）清单工程量

仪表车床（重0.25t）：1台；

地脚螺栓孔灌浆（$m^3$）：0.2；

底座与基础间灌浆（$m^3$）：0.2；

一般机具重量（t）：0.25；

试运转电费（元）：50；

机油（kg）：20；

黄油（kg）：1。

（3）清单工程量计算表（表1-8）

**清单工程量计算表**　　**表1-8**

| 项目编码 | 项目名称 | 项目特征描述 | 计量单位 | 工程量 |
| --- | --- | --- | --- | --- |
| 030101001001 | 台式及仪表车床 | 型号为CO618B，外形尺寸（长×宽×高）为：980mm×389mm×1098mm，质量为0.25t | 台 | 1 |

**【例5】** 安装一台超高精度车床，型号SI-235，外形尺寸（长×宽×高）为：2400mm×1030mm×1360mm，质量1.9t，如图1-4所示计算其相关工程量。

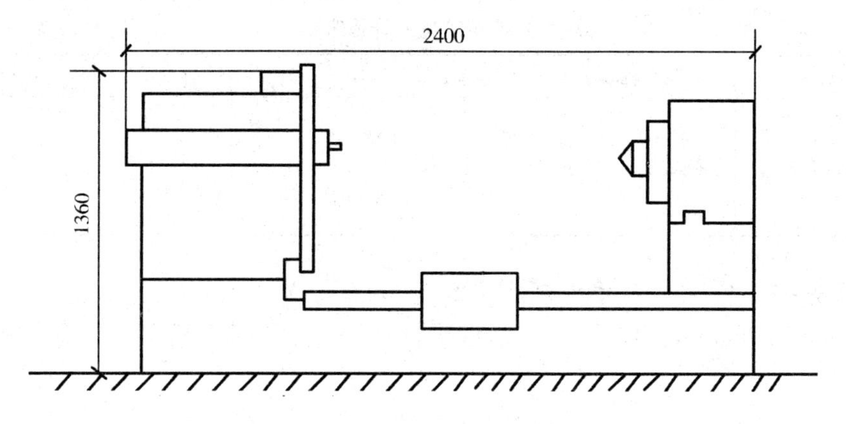


图1-4　精度车床示意图（单位：mm）

**【解】**（1）2013清单与2008清单对照（表1-9）

**2013清单与2008清单对照表**　　**表1-9**

| 清单 | 项目编码 | 项目名称 | 项目特征 | 计算单位 | 工程量计算规则 | 工作内容 |
| --- | --- | --- | --- | --- | --- | --- |
| 2013清单 | 030101002 | 卧式车床 | 1. 名称<br>2. 型号<br>3. 规格<br>4. 质量<br>5. 灌浆配合比<br>6. 单机试运转要求 | 台 | 按设计图示数量计算 | 1. 本体安装<br>2. 地脚螺栓孔灌浆<br>3. 设备底座与基础间灌浆<br>4. 单机试运转<br>5. 补刷（喷）油漆 |

续表

| 清单 | 项目编码 | 项目名称 | 项目特征 | 计算单位 | 工程量计算规则 | 工作内容 |
|---|---|---|---|---|---|---|
| 2008 清单 | 030101002 | 车床 | 1. 名称<br>2. 型号<br>3. 质量 | 台 | 按设计图示数量计算 | 1. 安装<br>2. 地脚螺栓孔灌浆<br>3. 设备底座与基础间灌浆 |

**✲解题思路及技巧**

此题比较简单，主要考察该项目的清单工程量表的填写。

(2) 清单工程量

超高精度车床（1.9t）：1 台；

地脚螺栓孔灌浆（$m^3$）：0.2；

底座与基础间灌浆（$m^3$）：0.3；

一般机具重量（t）：1.9；

试运转电费（元）：50；

机油（kg）：20；

黄油（kg）：1。

(3) 清单工程量计算表（表 1-10）

**清单工程量计算表** **表 1-10**

| 项目编码 | 项目名称 | 项目特征描述 | 计量单位 | 工程量 |
|---|---|---|---|---|
| 030101002001 | 卧式车床 | 超高精度车床，型号 SI-235，外形尺寸（长×宽×高）为：2400mm×1030mm×1360mm，质量为 1.9t | 台 | 1 |

**【例 6】** 安装一台牛头刨床，型号 B6080，外形尺寸（长×宽×高）为：3107mm×1355mm×1680mm，单机重量 3.6t，如图 1-5 所示，计算其相关工程量。

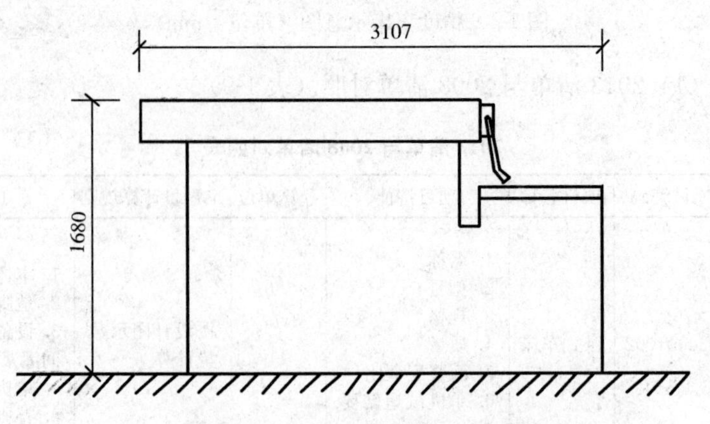


图 1-5 牛头刨床（单位：mm）

【解】（1）2013清单与2008清单对照（表1-11）

2013清单与2008清单对照表　　表1-11

| 清单 | 项目编码 | 项目名称 | 项目特征 | 计算单位 | 工程量计算规则 | 工作内容 |
| --- | --- | --- | --- | --- | --- | --- |
| 2013清单 | 030101010 | 刨床 | 1. 名称<br>2. 型号<br>3. 规格<br>4. 质量<br>5. 灌浆配合比<br>6. 单机试运转要求 | 台 | 按设计图示数量计算 | 1. 本体安装<br>2. 地脚螺栓孔灌浆<br>3. 设备底座与基础间灌浆<br>4. 单机试运转<br>5. 补刷（喷）油漆 |
| 2008清单 | 030101010 | 刨床 | 1. 名称<br>2. 型号<br>3. 质量 | 台 | 按设计图示数量计算 | 1. 安装<br>2. 地脚螺栓孔灌浆<br>3. 设备底座与基础间灌浆 |

**✲解题思路及技巧**

此题比较简单，主要考察该项目的清单工程量表的填写。

（2）清单工程量

牛头刨床（3.6t）：1台；

地脚螺栓孔灌浆（$m^3$）：0.2；

底座与基础间灌浆（$m^3$）：0.3；

一般机具重量（t）：3.6；

试运转电费（元）：50；

机油（kg）：20；

黄油（kg）：1。

（3）清单工程量计算表（表1-12）

清单工程量计算表　　表1-12

| 项目编码 | 项目名称 | 项目特征描述 | 计量单位 | 工程量 |
| --- | --- | --- | --- | --- |
| 030101010001 | 刨床 | 牛头刨床，型号B6080，外形尺寸(长×宽×高)为：3107mm×1355mm×1680mm，单机重量3.6t | 台 | 1 |

**【例7】** 安装一台龙门刨床，型号是B2031，外形尺寸（长×宽×高）为：25400mm×6500mm×5850mm，单机重量140t，如图1-6所示，计算其相关工程量。

【解】（1）2013清单与2008清单对照（表1-13）

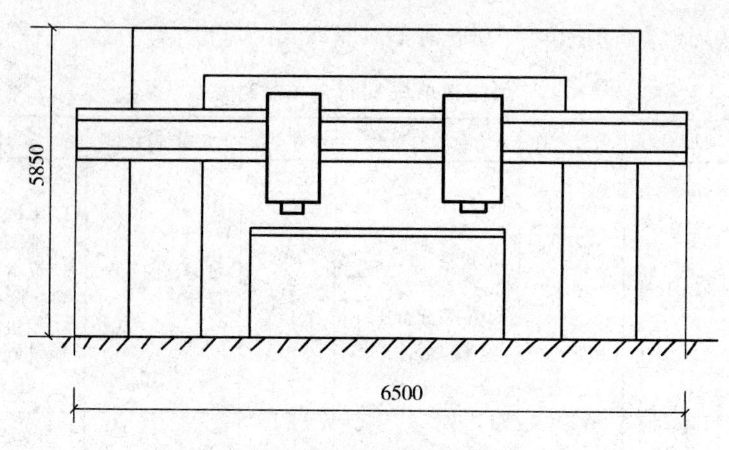


图 1-6　龙门刨床示意图（单位：mm）

**2013 清单与 2008 清单对照表**　　　　**表 1-13**

| 清单 | 项目编码 | 项目名称 | 项目特征 | 计算单位 | 工程量计算规则 | 工作内容 |
|---|---|---|---|---|---|---|
| 2013 清单 | 030101010 | 刨床 | 1. 名称<br>2. 型号<br>3. 规格<br>4. 质量<br>5. 灌浆配合比<br>6. 单机试运转要求 | 台 | 按设计图示数量计算 | 1. 本体安装<br>2. 地脚螺栓孔灌浆<br>3. 设备底座与基础间灌浆<br>4. 单机试运转<br>5. 补刷（喷）油漆 |
| 2008 清单 | 030101010 | 刨床 | 1. 名称<br>2. 型号<br>3. 质量 | 台 | 按设计图示数量计算 | 1. 安装<br>2. 地脚螺栓孔灌浆<br>3. 设备底座与基础间灌浆 |

**✲解题思路及技巧**

此题比较简单，主要考察该项目的清单工程量表的填写。

（2）清单工程量

龙门刨床（140t）：1 台；

地脚螺栓孔灌浆（$m^3$）：2；

底座与基础间灌浆（$m^3$）：3；

一般机具重量（t）：140；

试运转电费（元）：200；

机油（kg）：50；

黄油（kg）：8。

（3）清单工程量计算表（表 1-14）

**清单工程量计算表**　　　　**表 1-14**

| 项目编码 | 项目名称 | 项目特征描述 | 计量单位 | 工程量 |
|---|---|---|---|---|
| 030101010001 | 刨床 | 龙门刨床，型号是 B2031，外形尺寸（长×宽×高）为：25400mm×6500mm×5850mm，单机重量为 140t | 台 | 1 |

【例8】 安装一台镗床，本体安装，机重13t，如图1-7所示，计算其相关工程量。

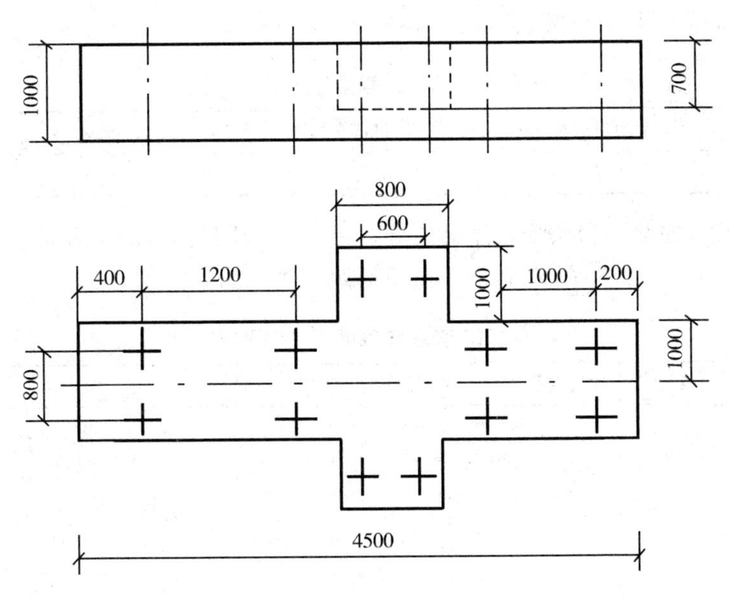


图1-7　镗床示意图（单位：mm）

【解】（1）2013清单与2008清单对照（表1-15）

**2013清单与2008清单对照表**　　　　**表1-15**

| 清单 | 项目编码 | 项目名称 | 项目特征 | 计算单位 | 工程量计算规则 | 工作内容 |
|---|---|---|---|---|---|---|
| 2013清单 | 030101005 | 镗床 | 1. 名称<br>2. 型号<br>3. 规格<br>4. 质量<br>5. 灌浆配合比<br>6. 单机试运转要求 | 台 | 按设计图示数量计算 | 1. 本体安装<br>2. 地脚螺栓孔灌浆<br>3. 设备底座与基础间灌浆<br>4. 单机试运转<br>5. 补刷（喷）油漆 |
| 2008清单 | 030101005 | 镗床 | 1. 名称<br>2. 型号<br>3. 质量 | 台 | 按设计图示数量计算 | 1. 安装<br>2. 地脚螺栓孔灌浆<br>3. 设备底座与基础间灌浆 |

### ※解题思路及技巧

此题比较简单，主要考察该项目的清单工程量表的填写。

（2）清单工程量

镗床（13t）：1台；

地脚螺栓孔灌浆（$m^3$）：0.6；

底座与基础间灌浆（$m^3$）：0.8；

一般机具重量（t）：13；

试运转电费（元）：200；

机油（kg）：20；

黄油（kg）：1。

（3）清单工程量计算表（表 1-16）

**清单工程量计算表** **表 1-16**

| 项目编码 | 项目名称 | 项目特征描述 | 计量单位 | 工程量 |
|---|---|---|---|---|
| 030101005001 | 镗床 | 机重 13t | 台 | 1 |

**【例 9】** 安装一台磨床，本体安装，重 10t，计算其相关工程量。

**【解】**（1）2013 清单与 2008 清单对照（表 1-17）

**2013 清单与 2008 清单对照表** **表 1-17**

| 清单 | 项目编码 | 项目名称 | 项目特征 | 计算单位 | 工程量计算规则 | 工作内容 |
|---|---|---|---|---|---|---|
| 2013 清单 | 030101006 | 磨床 | 1. 名称<br>2. 型号<br>3. 规格<br>4. 质量<br>5. 灌浆配合比<br>6. 单机试运转要求 | 台 | 按设计图示数量计算 | 1. 本体安装<br>2. 地脚螺栓孔灌浆<br>3. 设备底座与基础间灌浆<br>4. 单机试运转<br>5. 补刷（喷）油漆 |
| 2008 清单 | 030101006 | 磨床安装 | 1. 名称<br>2. 型号<br>3. 质量 | 台 | 按设计图示数量计算 | 1. 安装<br>2. 地脚螺栓孔灌浆<br>3. 设备底座与基础间灌浆 |

**✲解题思路及技巧**

此题比较简单，主要考察该项目的清单工程量表的填写。

（2）清单工程量

磨床（重 10t）：1 台；

地脚螺栓孔灌浆（$m^3$）：2；

底座与基础间灌浆（$m^3$）：3；

一般机具重量（t）：10；

试运转电费（元）：200；

机油（kg）：20；

黄油（kg）：1。

（3）清单工程量计算表（表 1-18）

**清单工程量计算表** **表 1-18**

| 项目编码 | 项目名称 | 项目特征描述 | 计量单位 | 工程量 |
|---|---|---|---|---|
| 030101006001 | 磨床 | 重 10t | 台 | 1 |

**【例 10】** 安装钻床一台，本体安装，单机重 28t，如图 1-8 所示，计算其相关工程量。

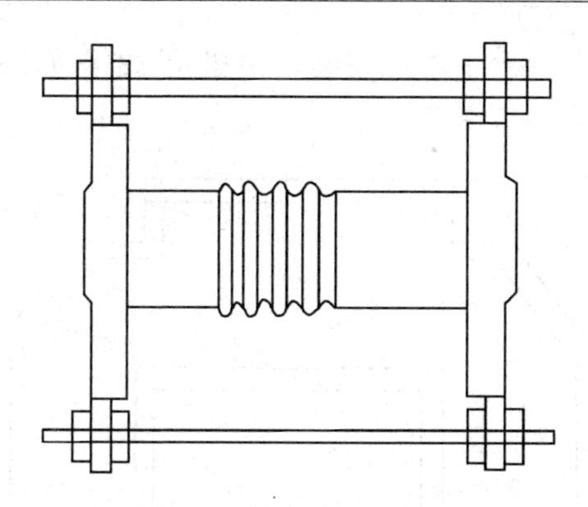

图1-8　钻床外形示意图

【解】（1）2013清单与2008清单对照（1-19）

**2013清单与2008清单对照表　　表1-19**

| 清单 | 项目编码 | 项目名称 | 项目特征 | 计算单位 | 工程量计算规则 | 工作内容 |
|---|---|---|---|---|---|---|
| 2013清单 | 030101004 | 钻床 | 1. 名称<br>2. 型号<br>3. 规格<br>4. 质量<br>5. 灌浆配合比<br>6. 单机试运转要求 | 台 | 按设计图示数量计算 | 1. 本体安装<br>2. 地脚螺栓孔灌浆<br>3. 设备底座与基础间灌浆<br>4. 单机试运转<br>5. 补刷（喷）油漆 |
| 2008清单 | 030101004 | 钻床 | 1. 名称<br>2. 型号<br>3. 质量 | 台 | 按设计图示数量计算 | 1. 安装<br>2. 地脚螺栓孔灌浆<br>3. 设备底座与基础间灌浆 |

**✲解题思路及技巧**

此题比较简单，主要考察该项目的清单工程量表的填写。

（2）清单工程量

钻床：1台；

地脚螺栓孔灌浆：$2m^3$；

底座与基础间灌浆：$3m^3$；

一般机具重量：28t；

无负荷试运转用电费：200元；

煤油：17.9kg；

机油：0.5kg；

黄油：0.4kg；

汽油：0.7kg。

（3）清单工程量计算表（表1-20）

**清单工程量计算表　　表1-20**

| 项目编码 | 项目名称 | 项目特征描述 | 计量单位 | 工程量 |
|---|---|---|---|---|
| 030101004001 | 钻床 | 单机重28t | 台 | 1 |

**【例 11】** 安装铣床一台，本体安装，单机重 22t，如图 1-9 所示，计算其相关工程量。

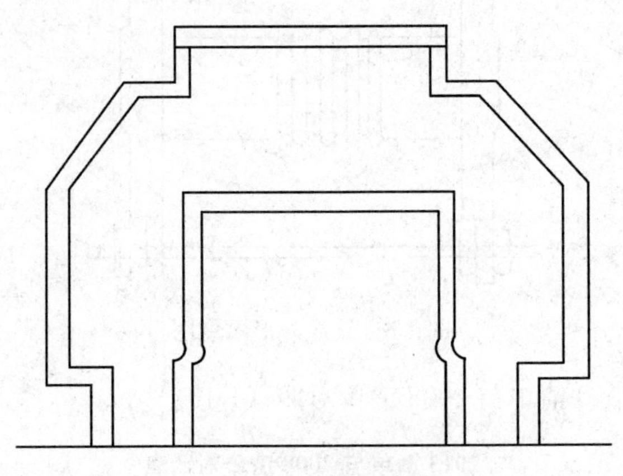

图 1-9 铣床示意图

**【解】** (1) 2013 清单与 2008 清单对照（表 1-21）

**2013 清单与 2008 清单对照表** **表 1-21**

| 清单 | 项目编码 | 项目名称 | 项目特征 | 计算单位 | 工程量计算规则 | 工作内容 |
|---|---|---|---|---|---|---|
| 2013 清单 | 030101007 | 铣床 | 1. 名称<br>2. 型号<br>3. 规格<br>4. 质量<br>5. 灌浆配合比<br>6. 单机试运转要求 | 台 | 按设计图示数量计算 | 1. 本体安装<br>2. 地脚螺栓孔灌浆<br>3. 设备底座与基础间灌浆<br>4. 单机试运转<br>5. 补刷（喷）油漆 |
| 2008 清单 | 030101007 | 铣床 | 1. 名称<br>2. 型号<br>3. 质量 | 台 | 按设计图示数量计算 | 1. 安装<br>2. 地脚螺栓孔灌浆<br>3. 设备底座与基础间灌浆 |

**✲解题思路及技巧**

此题比较简单，主要考察该项目的清单工程量表的填写。

(2) 清单工程量

铣床：1 台；

地脚螺栓孔灌浆：$2m^3$；

底座与基础间灌浆：$3m^3$；

一般机具重量：22t；

无负荷试运转用电费：250 元；

汽油：1kg；

煤油：25.2kg；

机油：1.3kg；

黄油：0.8kg。

（3）清单工程量计算表（表 1-22）

**清单工程量计算表**　　　　**表 1-22**

| 项目编码 | 项目名称 | 项目特征描述 | 计量单位 | 工程量 |
|---|---|---|---|---|
| 030101007001 | 铣床 | 单机重 22t | 台 | 1 |

**【例 12】** 安装超声波加工机床一台，本体安装，单机重 6t，如图 1-10 所示，计算其相关工程量。

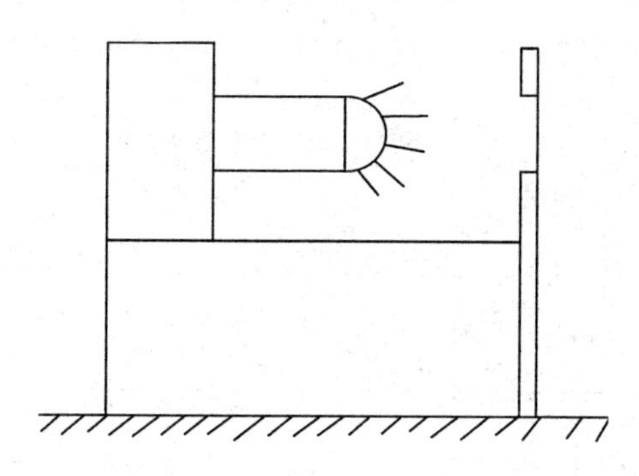

图 1-10　超声波加工机床示意图

**【解】**（1）2013 清单与 2008 清单对照（表 1-23）

**2013 清单与 2008 清单对照表**　　　　**表 1-23**

| 清单 | 项目编码 | 项目名称 | 项目特征 | 计算单位 | 工程量计算规则 | 工作内容 |
|---|---|---|---|---|---|---|
| 2013 清单 | 030101013 | 超声波加工机床 | 1. 名称<br>2. 型号<br>3. 规格<br>4. 质量<br>5. 灌浆配合比<br>6. 单机试运转要求 | 台 | 按设计图示数量计算 | 1. 本体安装<br>2. 地脚螺栓孔灌浆<br>3. 设备底座与基础间灌浆<br>4. 单机试运转<br>5. 补刷（喷）油漆 |
| 2008 清单 | 030101013 | 超声波加工机床 | 1. 名称<br>2. 型号<br>3. 质量 | 台 | 按设计图示数量计算 | 1. 安装<br>2. 地脚螺栓孔灌浆<br>3. 设备底座与基础间灌浆 |

**✲解题思路及技巧**

此题比较简单，主要考察该项目的清单工程量表的填写。

（2）清单工程量

安装超声波加工机床：1 台；

地脚螺栓孔灌浆：0.8$m^3$；

地面与基础间灌浆：1$m^3$；

一般机具重量：6t；

无负荷试运转用电费：220 元；

汽油：0.5kg；

煤油：4.7kg；

机油：0.3kg；

黄油：0.2kg。

（3）清单工程量计算表（表 1-24）

**清单工程量计算表** **表 1-24**

| 项目编码 | 项目名称 | 项目特征描述 | 计量单位 | 工程量 |
|---|---|---|---|---|
| 030101013001 | 超声波加工机床 | 单机重 6t | 台 | 1 |

## 1.2 锻压设备安装

**【例 13】** 安装空气锤一台，落锤重量为 300kg，本体安装，如图 1-11 所示。计算其相关工程量。

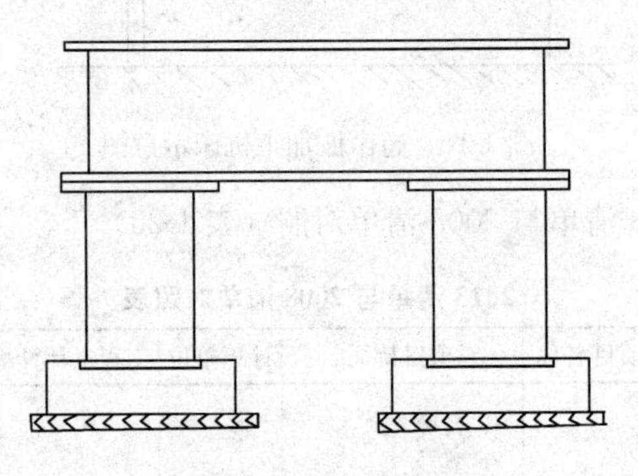

图 1-11 空气锤示意图

**【解】**（1）2013 清单与 2008 清单对照（表 1-25）

**2013 清单与 2008 清单对照表** **表 1-25**

| 清单 | 项目编码 | 项目名称 | 项目特征 | 计算单位 | 工程量计算规则 | 工作内容 |
|---|---|---|---|---|---|---|
| 2013 清单 | 030102004 | 锻锤 | 1. 名称<br>2. 型号<br>3. 规格<br>4. 质量<br>5. 灌浆配合比<br>6. 单机试运转要求 | 台 | 按设计图示数量计算 | 1. 本体安装<br>2. 随机附件安装<br>3. 地脚螺栓孔灌浆<br>4. 设备底座与基础间灌浆<br>5. 单机试运转<br>6. 补刷（喷）油漆 |
| 2008 清单 | 030102004 | 锻锤 | 1. 名称<br>2. 型号<br>3. 质量 | 台 | 按设计图示数量计算 | 1. 安装<br>2. 地脚螺栓孔灌浆<br>3. 设备底座与基础间灌浆 |

**✲解题思路及技巧**

此题比较简单，主要考察该项目的清单工程量表的填写。

（2）清单工程量

空气锤（300kg）：1台；

地脚螺栓孔灌浆（$m^3$）：0.1；

底座与基础间灌浆（$m^3$）：0.2；

一般机具重量（kg）：300；

无负荷试运转用电（元）：150；

汽油（kg）：4；

煤油（kg）：12.6；

汽缸油（kg）：2；

机油（kg）：6.6；

黄油（kg）：3。

（3）清单工程量计算表（表1-26）

**清单工程量计算表** **表1-26**

| 项目编码 | 项目名称 | 项目特征描述 | 计量单位 | 工程量 |
| --- | --- | --- | --- | --- |
| 030102004001 | 锻锤 | 落锤重量为300kg（空气锤） | 台 | 1 |

**【例14】** 安装1台闭式单点压力机，型号为J31-400，外形尺寸（长×宽×高）为：3000mm×2250mm×4800mm，单机重45t，计算其相关工程量。

**【解】**（1）2013清单与2008清单对照（表1-27）

**2013清单与2008清单对照表** **表1-27**

| 清单 | 项目编码 | 项目名称 | 项目特征 | 计算单位 | 工程量计算规则 | 工作内容 |
| --- | --- | --- | --- | --- | --- | --- |
| 2013清单 | 030102001 | 机械压力机 | 1. 名称<br>2. 型号<br>3. 规格<br>4. 质量<br>5. 灌浆配合比<br>6. 单机试运转要求 | 台 | 按设计图示数量计算 | 1. 本体安装<br>2. 随机附件安装<br>3. 地脚螺栓孔灌浆<br>4. 设备底座与基础间灌浆<br>5. 单机试运转<br>6. 补刷（喷）油漆 |
| 2008清单 | 030102001 | 机械压力机 | 1. 名称<br>2. 型号<br>3. 质量 | 台 | 按设计图示数量计算 | 1. 安装<br>2. 地脚螺栓孔灌浆<br>3. 设备底座与基础间灌浆 |

**✲解题思路及技巧**

此题比较简单，主要考察该项目的清单工程量表的填写。

（2）清单工程量

闭式单点压力机（45t）：1台；

地脚螺栓孔灌浆（$m^3$）：2；

底座与基础间灌浆（$m^3$）：3；

试运转电费（元）：200；

机油（kg）：100；

黄油（kg）：10；

一般机具重量（t）：45。

（3）清单工程量计算表（表 1-28）

**清单工程量计算表** **表 1-28**

| 项目编码 | 项目名称 | 项目特征描述 | 计量单位 | 工程量 |
|---|---|---|---|---|
| 030102001001 | 机械压力机 | 闭式单点压力机，型号为 J31-400，外形尺寸（长×宽×高）为：3000mm×2250mm×4800mm，单机重 45t | 台 | 1 |

**【例 15】** 柱式校正液压机的安装型号为 2000tf，外形尺寸（长×宽×高）为 13000mm×5000mm×10800mm，单机质（重）量 185t，数量 1 台，试计算其相关工程量。

**【解】**（1）2013 清单与 2008 清单对照（表 1-29）

**2013 清单与 2008 清单对照表** **表 1-29**

| 清单 | 项目编码 | 项目名称 | 项目特征 | 计算单位 | 工程量计算规则 | 工作内容 |
|---|---|---|---|---|---|---|
| 2013 清单 | 030102002 | 液压机 | 1. 名称<br>2. 型号<br>3. 规格<br>4. 质量<br>5. 灌浆配合比<br>6. 单机试运转要求 | 台 | 按设计图示数量计算 | 1. 本体安装<br>2. 随机附件安装<br>3. 地脚螺栓孔灌浆<br>4. 设备底座与基础间灌浆<br>5. 单机试运转<br>6. 补刷（喷）油漆 |
| 2008 清单 | 030102002 | 液压机 | 1. 名称<br>2. 型号<br>3. 质量 | 台 | 按设计图示数量计算 | 1. 安装<br>2. 地脚螺栓孔灌浆<br>3. 设备底座与基础间灌浆<br>4. 管道支架制作、安装、除锈、刷漆 |

**✲解题思路及技巧**

此题比较简单，主要考察该项目的清单工程量表的填写。

（2）清单工程量

液压机工程量：1 台。

（3）清单工程量计算表（表 1-30）

**清单工程量计算表** **表 1-30**

| 项目编码 | 项目名称 | 项目特征描述 | 计量单位 | 工程量 |
|---|---|---|---|---|
| 030102002001 | 液压机 | 柱式校正液压机的安装型号为 2000tf：13000mm×5000mm×10800mm，单机质(重)量 185t | 台 | 1 |

**【例 16】** 安装一台剪切机，本体安装，机重 5.3t，如图 1-12 所示，计算其相关工程量。

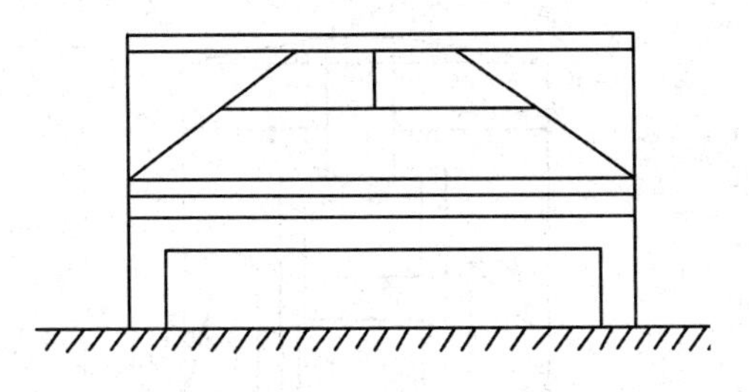

图1-12　剪切机示意图

**【解】**（1）2013清单与2008清单对照（表1-31）

**2013清单与2008清单对照表**　　**表1-31**

| 清单 | 项目编码 | 项目名称 | 项目特征 | 计算单位 | 工程量计算规则 | 工作内容 |
|---|---|---|---|---|---|---|
| 2013清单 | 030102005 | 剪切机 | 1. 名称<br>2. 型号<br>3. 规格<br>4. 质量<br>5. 灌浆配合比<br>6. 单机试运转要求 | 台 | 按设计图示数量计算 | 1. 本体安装<br>2. 随机附件安装<br>3. 地脚螺栓孔灌浆<br>4. 设备底座与基础间灌浆<br>5. 单机试运转<br>6. 补刷（喷）油漆 |
| 2008清单 | 030102005 | 剪切机 | 1. 名称<br>2. 型号<br>3. 质量 | 台 | 按设计图示数量计算 | 1. 安装<br>2. 地脚螺栓孔灌浆<br>3. 设备底座与基础间灌浆 |

**✲解题思路及技巧**

此题比较简单，主要考察该项目的清单工程量表的填写。

（2）清单工程量

剪切机（5.3t）：1台；

地脚螺栓孔灌浆（$m^3$）：0.2；

底座与基础间灌浆（$m^3$）：0.3；

一般机具重量（t）：5.3；

试运转电费（元）：50；

机油（kg）：20；

黄油（kg）：1。

（3）清单工程量计算表（表1-32）

**清单工程量计算表**　　**表1-32**

| 项目编码 | 项目名称 | 项目特征描述 | 计量单位 | 工程量 |
|---|---|---|---|---|
| 030102005001 | 剪切机 | 机重5.3t | 台 | 1 |

## 1.3　铸造设备安装

**【例17】** 安装一台落砂设备，本体安装，机重8t，如图1-13所示，计算其相关工程量。

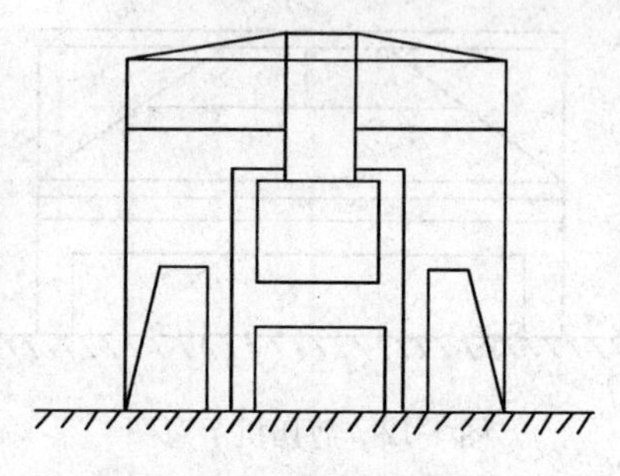

图 1-13　落砂设备示意图

**【解】**（1）2013 清单与 2008 清单对照（表 1-33）

**2013 清单与 2008 清单对照表**　　**表 1-33**

| 清单 | 项目编码 | 项目名称 | 项目特征 | 计算单位 | 工程量计算规则 | 工作内容 |
|---|---|---|---|---|---|---|
| 2013 清单 | 030103004 | 落砂设备 | 1. 名称<br>2. 型号<br>3. 规格<br>4. 质量<br>5. 灌浆配合比<br>6. 单机试运转要求 | 台(套) | 按设计图示数量计算 | 1. 本体安装、组装<br>2. 设备钢梁基础检查、复核调整<br>3. 随机附件安装<br>4. 设备底座与基础间灌浆<br>5. 管道酸洗、液压油冲洗<br>6. 安全护栏制作安装<br>7. 轨道安装调整<br>8. 单机试运转<br>9. 补刷（喷）油漆 |
| 2008 清单 | 030103004 | 落砂设备 | 1. 名称<br>2. 型号<br>3. 质量 | 台 | 按设计图示数量计算 | 1. 安装<br>2. 地脚螺栓孔灌浆<br>3. 设备底座与基础间灌浆<br>4. 管道支架制作、安装、除锈、刷漆 |

**✲解题思路及技巧**

此题比较简单，主要考察该项目的清单工程量表的填写。

（2）清单工程量

落砂设备（8t）：1 台；

地脚螺栓孔灌浆（$m^3$）：0.6；

底座与基础间灌浆（$m^3$）：0.8；

一般机具重量（t）：8；

试运转电费（元）：100；

机油（kg）：20；

黄油（kg）：1。

（3）清单工程量计算表（表 1-34）

**清单工程量计算表**　　**表 1-34**

| 项目编码 | 项目名称 | 项目特征描述 | 计量单位 | 工程量 |
|---|---|---|---|---|
| 030103004001 | 落砂设备 | 机重 8t | 台 | 1 |

【例 18】　混砂机（S114 型）2 台，外形尺寸（长×宽×高）为 2028mm×1882mm×1699mm，单机重量 3.965t，如图 1-14 所示计算其相关工程量。

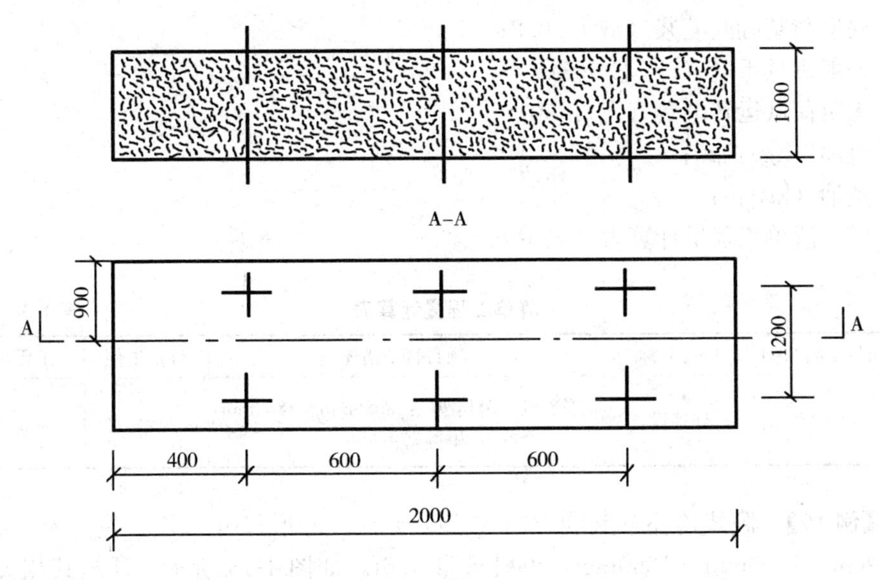


图 1-14　混砂机示意图（单位：mm）

【解】（1）2013 清单与 2008 清单对照（表 1-35）

**2013 清单与 2008 清单对照表**　　**表 1-35**

| 清单 | 项目编码 | 项目名称 | 项目特征 | 计算单位 | 工程量计算规则 | 工作内容 |
|---|---|---|---|---|---|---|
| 2013 清单 | 030103001 | 砂处理设备 | 1. 名称<br>2. 型号<br>3. 规格<br>4. 质量<br>5. 灌浆配合比<br>6. 单机试运转要求 | 台（套） | 按设计图示数量计算 | 1. 本体安装、组装<br>2. 设备钢梁基础检查、复核调整<br>3. 随机附件安装<br>4. 设备底座与基础间灌浆<br>5. 管道酸洗、液压油冲洗<br>6. 安全护栏制作安装<br>7. 轨道安装调整<br>8. 单机试运转<br>9. 补刷（喷）油漆 |
| 2008 清单 | 030103001 | 砂处理设备 | 1. 名称<br>2. 型号<br>3. 质量 | 台 | 按设计图示数量计算 | 1. 安装<br>2. 地脚螺栓孔灌浆<br>3. 设备底座与基础间灌浆<br>4. 管道支架制作、安装、除锈、刷漆 |

**✻解题思路及技巧**

此题比较简单，主要考察该项目的清单工程量表的填写。

（2）清单工程量

混砂机（重 3.965t）：2 台；

地脚螺栓孔灌浆（$m^3$）：0.6；

底座与基础间灌浆（$m^3$）：0.8；

一般机具重量（t）：3.965；

无负荷试运转电费（元）：50；

机油（kg）：20；

黄油（kg）：1。

（3）清单工程量计算表（表 1-36）

**清单工程量计算表** **表 1-36**

| 项目编码 | 项目名称 | 项目特征描述 | 计量单位 | 工程量 |
|---|---|---|---|---|
| 030103001001 | 砂处理设备 | 混砂机（S114 型）：2028mm×1882mm×1699mm，单机重 3.965t | 台 | 2 |

**【例 19】** 卧式冷室压铸机（J116 型）1 台，外形尺寸（长×宽×高）为：3670mm×1200mm×1360mm，单机重量 4.6t，如图 1-15 所示，计算其相关工程量。

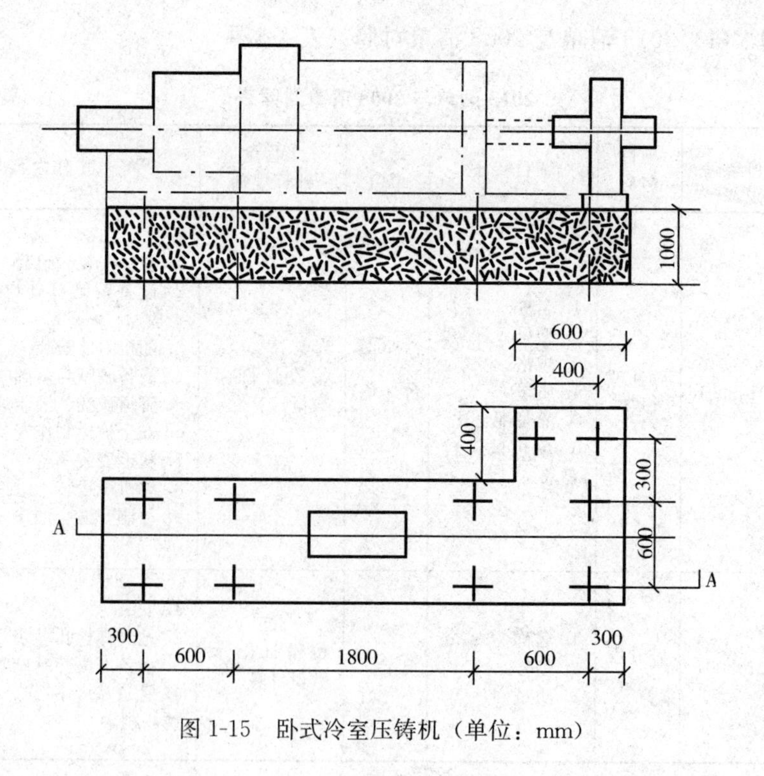


图 1-15 卧式冷室压铸机（单位：mm）

**【解】**（1）2013 清单与 2008 清单对照（表 1-37）

**2013清单与2008清单对照表**　　　　**表1-37**

| 清单 | 项目编码 | 项目名称 | 项目特征 | 计算单位 | 工程量计算规则 | 工作内容 |
|---|---|---|---|---|---|---|
| 2013清单 | 030103006 | 金属型铸造设备 | 1. 名称<br>2. 型号<br>3. 规格<br>4. 质量<br>5. 灌浆配合比<br>6. 单机试运转要求 | 台（套） | 按设计图示数量计算 | 1. 本体安装、组装<br>2. 设备钢梁基础检查、复核调整<br>3. 随机附件安装<br>4. 设备底座与基础间灌浆<br>5. 管道酸洗、液压油冲洗<br>6. 安全护栏制作安装<br>7. 轨道安装调整<br>8. 单机试运转<br>9. 补刷（喷）油漆 |
| 2008清单 | 030103006 | 金属型铸造设备 | 1. 名称<br>2. 型号<br>3. 质量 | 台 | 按设计图示数量计算 | 1. 安装<br>2. 地脚螺栓孔灌浆<br>3. 设备底座与基础间灌浆<br>4. 管道支架制作、安装、除锈、刷漆 |

**✲解题思路及技巧**

此题比较简单，主要考察该项目的清单工程量表的填写。

（2）清单工程量

卧式冷室压铸机（4.6t）：1台；

地脚螺栓孔灌浆（$m^3$）：0.6；

底座与基础间灌浆（$m^3$）：0.8；

一般起重机重量（t）：4.6；

试运转电费（元）：100；

机油（kg）：20；

黄油（kg）：1。

（3）清单工程量计算表（表1-38）

**清单工程量计算表**　　　　**表1-38**

| 项目编码 | 项目名称 | 项目特征描述 | 计量单位 | 工程量 |
|---|---|---|---|---|
| 030103006001 | 金属型铸造设备 | 卧式冷室压铸机（J116型）：3670mm×1200mm×1360mm，单机重4.6t | 台 | 1 |

**【例20】** 安装一座20000$m^3$低压湿式螺旋气柜，技术规格为：水槽直径42.6m，水槽高为12m，每一塔节高为9m，升起的极限高度为42m，总重450t，如图1-16所示，计算其相关工程量。

**【解】**（1）2013清单与2008清单对照（表1-39）

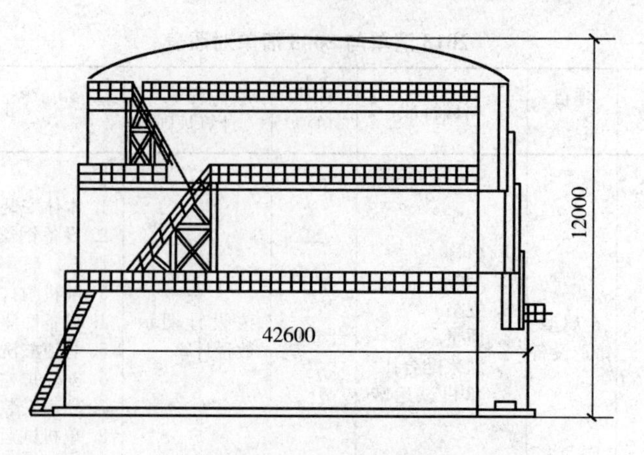


图 1-16　螺旋气柜示意图（单位：mm）

**2013 清单与 2008 清单对照表**　　　　**表 1-39**

| 清单 | 项目编码 | 项目名称 | 项目特征 | 计算单位 | 工程量计算规则 | 工作内容 |
|---|---|---|---|---|---|---|
| 2013清单 | 030306001 | 气柜制作安装 | 1. 名称<br>2. 构造形式<br>3. 容量<br>4. 质量<br>5. 配重块材质、尺寸、质量<br>6. 本体平台、梯子、栏杆类型、质量<br>7. 附件种类、规格及数量、材质<br>8. 充水、气密、快速升降试验设计要求<br>9. 焊缝热处理设计要求<br>10. 灌浆配合比 | 座 | 按设计图示数量计算 | 1. 气柜本体制作、安装<br>2. 焊缝热处理<br>3. 型钢圈煨制<br>4. 配重块安装<br>5. 气柜充水、气密、快速升降试验<br>6. 平台、梯子、栏杆制作安装<br>7. 附件制作安装<br>8. 二次灌浆 |
| 2008清单 | 030506001 | 气柜制作、安装 | 1. 构造形式<br>2. 容量 | 座 | 按设计图示数量计算<br>注：气柜金属质量包括气柜本体、附件、梯子、平台、栏杆的全部质量，但不包括配重块的质量<br>其质量按设计图示尺寸以展开面积计算，不扣除孔洞和切角面积所占质量 | 1. 气柜本体制作、安装<br>2. 焊缝热处理<br>3. 型钢圈煨制<br>4. 配重块安装<br>5. 气柜组装胎具制作、安装与拆除<br>6. 轨道煨弯胎具制作<br>7. 气柜充水、气密、快速升降试验<br>8. 气柜无损检验<br>9. 除锈、刷油 |

### ✲解题思路及技巧

此题比较简单，主要考察该项目的清单工程量表的填写。

（2）清单工程量

低压湿式螺旋气柜：

已知气柜体积为 20000$m^3$，直径 42.6m，高 12m，总重 450t，安装数量为1座。

水压试验：

设计压力为 $P_N$=1.5MPa，水压试验设备的数量为1座。

气密试验：

设计压力为 $P_N$=1.5MPa，气密试验设备的数量为1座。

脚手架搭拆费：

脚手架搭拆费按人工费的10%来计取。

金属桅杆：由于设备本身重量为 450t，所以采用 250t/55m 的双金属桅杆，共有16根缆绳，工程量为 0.95 座。

台次费：

由于使用双金属桅杆，所以台次为2。

（3）清单工程量计算表（表1-40）

**清单工程量计算表**　　　　**表1-40**

| 项目编码 | 项目名称 | 项目特征描述 | 计量单位 | 工程量 |
|---|---|---|---|---|
| 030306001001 | 气柜制作安装 | 体积 20000$m^3$，直径 42.6m，高 12m，重 450t | 座 | 1 |

## 1.4　起重设备安装

**【例21】** 安装一台电动双梁桥式起重机，100/20t，跨度 31m，单机重 110t，安装高度 20m，最重件 35t，如图1-17所示计算其相关工程量。

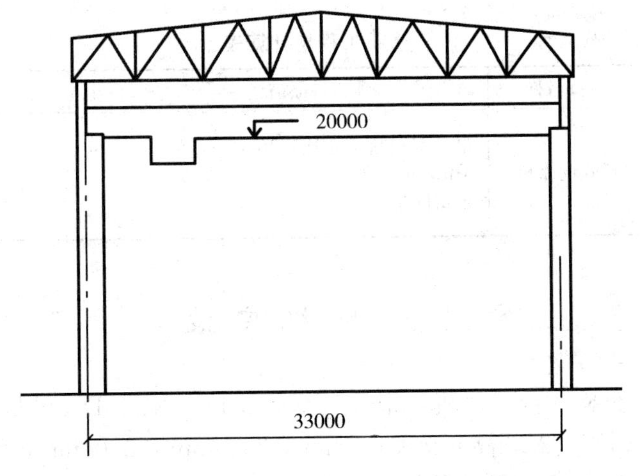


图1-17　电动双梁桥式示意图（单位：mm）

**【解】**（1）2013清单与2008清单对照（表1-41）

**2013 清单与 2008 清单对照表** **表 1-41**

| 清单 | 项目编码 | 项目名称 | 项目特征 | 计算单位 | 工程量计算规则 | 工作内容 |
|---|---|---|---|---|---|---|
| 2013 清单 | 030104001 | 桥式起重机 | 1. 名称<br>2. 型号<br>3. 质量<br>4. 跨距<br>5. 起重质量<br>6. 配线材质、规格、敷设方式<br>7. 单机试运转要求 | 台 | 按设计图示数量计算 | 1. 本体组装<br>2. 起重设备电气安装、调试<br>3. 单机试运转<br>4. 补刷（喷）油漆 |
| 2008 清单 | 030104001 | 桥式起重机 | 1. 名称<br>2. 型号<br>3. 起重质量 | 台 | 按设计图示数量计算 | 本体安装 |

**✲解题思路及技巧**

此题比较简单，主要考察该项目的清单工程量表的填写。

（2）清单工程量

电动双梁桥式起重机（110t）：1 台；

地脚螺栓孔灌浆（$m^3$）：2；

底座与基础间灌浆（$m^3$）：3；

一般起重机重量（t）：110；

试运转电费（元）：600；

机油（kg）：200；

黄油（kg）：20。

（3）清单工程量计算表（表 1-42）

**清单工程量计算表** **表 1-42**

| 项目编码 | 项目名称 | 项目特征描述 | 计量单位 | 工程量 |
|---|---|---|---|---|
| 030104001001 | 桥式起重机 | 电动双梁桥起重机，100/20t，跨度 31m，单机重 110t，安装高度 20m，最重件 35t | 台 | 1 |

## 1.5 风机安装

**【例 22】** 安装一台通风机，型号为 G4-73-11 NO16D，风量为 127000$m^3$/h，外形尺寸（长×宽×高）为 3133mm×2683mm×3300mm，质（重）量为 3.26t，如图 1-18 所示，计算其相关工程量。

**【解】** （1）2013 清单与 2008 清单对照（表 1-43）

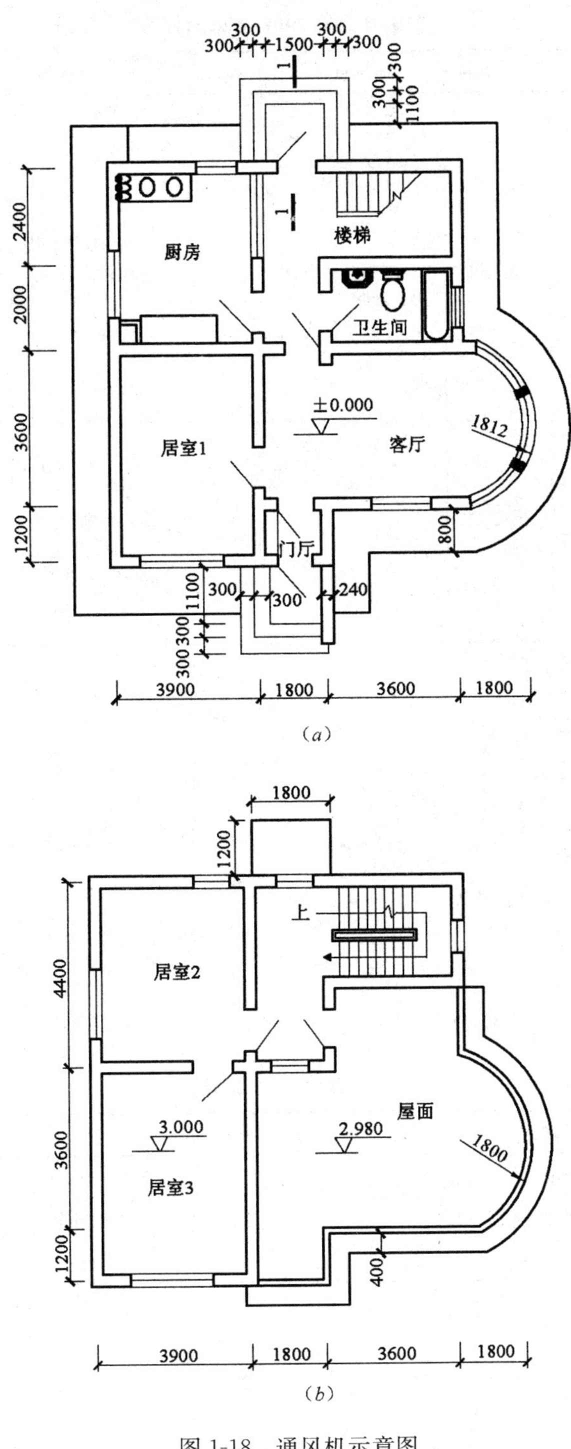


(a)

(b)

图1-18　通风机示意图

(a) 底层平面图；(b) 二层平面图

## ✲解题思路及技巧

此题比较简单，主要考察该项目的清单工程量表的填写。

2013清单与2008清单对照表 表1-43

| 清单 | 项目编码 | 项目名称 | 项目特征 | 计算单位 | 工程量计算规则 | 工作内容 |
|---|---|---|---|---|---|---|
| 2013清单 | 030108001 | 离心式通风机 | 1. 名称<br>2. 型号<br>3. 规格<br>4. 质量<br>5. 材质<br>6. 减振底座形式、数量<br>7. 灌浆配合比<br>8. 单机试运转要求 | 台 | 按设计图示数量计算 | 1. 本体安装<br>2. 拆装检查<br>3. 减振台座制作、安装<br>4. 二次灌浆<br>5. 单机试运转<br>6. 补刷（喷）油漆 |
| 2008清单 | 030108001 | 离心式通风机 | 1. 名称<br>2. 型号<br>3. 质量 | 台 | 1. 按设计图示数量计算<br>2. 直联式风机的质量包括本体及电机、底座的总质量 | 1. 本体安装<br>2. 拆装检查<br>3. 二次灌浆 |

（2）清单工程量

通风机（重3.26t）：1台；

地脚螺栓孔灌浆（$m^3$）：0.6；

底座与基础间灌浆（$m^3$）：0.8；

一般机具重量（t）：3.26；

试运转电费（元）：200；

机油（kg）：20；

黄油（kg）：3。

（3）清单工程量计算表（表1-44）

清单工程量计算表 表1-44

| 项目编码 | 项目名称 | 项目特征描述 | 计量单位 | 工程量 |
|---|---|---|---|---|
| 030108001001 | 离心式通风机 | 型号G4-73-11 NO16D，风量为127000$m^3$/h，外形尺寸（长×宽×高）为3133mm×2683mm×3300mm，质（重）量为3.26t | 台 | 1 |

## 1.6 泵安装

**【例23】** 安装一台双级离心泵，型号为沅江48I-35I型，技术规格为：流量16400$m^3$/h，扬程25m，泵的外形尺寸（长×宽×高）为：2840mm×3400mm×2990mm，单机重24t，双级离心泵的安装示意图如图1-19所示，计算其相关工程量。

**【解】**（1）2013清单与2008清单对照（表1-45）

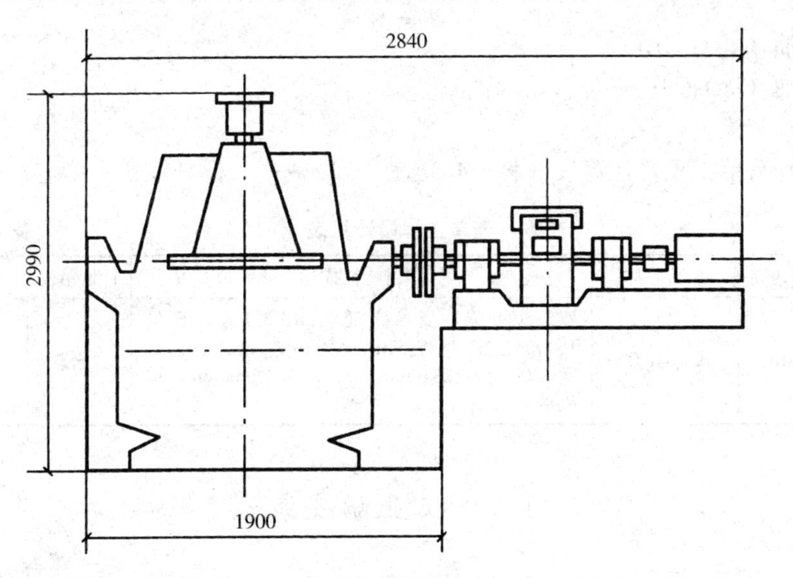


图1-19　双级离心泵示意图（单位：mm）

**2013清单与2008清单对照表**　　**表1-45**

| 清单 | 项目编码 | 项目名称 | 项目特征 | 计算单位 | 工程量计算规则 | 工作内容 |
|---|---|---|---|---|---|---|
| 2013清单 | 030109001 | 离心式泵 | 1. 名称<br>2. 型号<br>3. 规格<br>4. 质量<br>5. 材质<br>6. 减振装置形式、数量<br>7. 灌浆配合比<br>8. 单机试运转要求 | 台 | 按设计图示数量计算 | 1. 本体安装<br>2. 泵拆装检查<br>3. 电动机安装<br>4. 二次灌装<br>5. 单机试运转<br>6. 补刷（喷）油漆 |
| 2008清单 | 030109001 | 离心式泵 | 1. 名称<br>2. 型号<br>3. 质量<br>4. 输送介质<br>5. 压力<br>6. 材质 | 台 | 按设计图示数量计算直联式泵的质量包括本体、电机及底座的总质量；非直联式的不包括电动机质量；深井泵的质量包括本体、电动机、底座及设备扬水管的总质量 | 1. 本体安装<br>2. 泵拆装检查<br>3. 电动机安装<br>4. 二次灌浆 |

**✲解题思路及技巧**

此题比较简单，主要考察该项目的清单工程量表的填写。

(2) 清单工程量

双级离心泵（重24t）：1台；

地脚螺栓孔灌浆（$m^3$）：0.8；

底座与基础间灌浆（$m^3$）：1.2；

一般起重机重量（t）：24；

试运转电费（元）：100；

机油（kg）：10；

黄油（kg）：3；

泵拆装检查（台）：1。

（3）清单工程量计算表（表 1-46）

**清单工程量计算表　　表 1-46**

| 项目编码 | 项目名称 | 项目特征描述 | 计量单位 | 工程量 |
|---|---|---|---|---|
| 030109001001 | 离心式泵 | 双级离心泵，型号为沅江 48I-35I 型，流量 $16400m^3/h$，扬程 25m，泵的外形尺寸（长×宽×高）为：2840mm×3400mm×2990mm，单机重 24t | 台 | 1 |

## 1.7　工业炉安装

**【例 24】** 安装一台加热炉，本体安装，单机重 16t，如图 1-20 所示，计算其相关工程量。

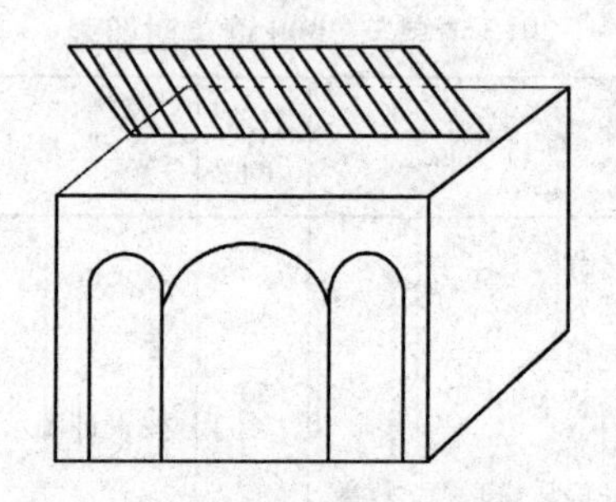

图 1-20　加热炉示意图

**【解】**（1）2013 清单与 2008 清单对照（表 1-47）

**2013 清单与 2008 清单对照表　　表 1-47**

| 清单 | 项目编码 | 项目名称 | 项目特征 | 计算单位 | 工程量计算规则 | 工作内容 |
|---|---|---|---|---|---|---|
| 2013 清单 | 030111007 | 加热炉 | 1. 名称<br>2. 型号<br>3. 质量<br>4. 结构形式<br>5. 内衬砌筑要求 | 台 | 按设计图示数量计算 | 1. 本体安装<br>2. 内衬砌筑、烘炉<br>3. 补刷（喷）油漆 |
| 2008 清单 | 030111007 | 加热炉 | 1. 名称<br>2. 型号<br>3. 质量<br>4. 结构形式<br>5. 内衬砌筑设计要求 | 台 | 按设计图示数量计算 | 1. 本体安装<br>2. 砌筑<br>3. 炉体结构件及设备刷漆 |

**✲解题思路及技巧**

此题比较简单，主要考察该项目的清单工程量表的填写。

(2) 清单工程量

加热炉：1 台；

地脚螺栓孔灌浆：$2m^3$；

地面与基础间灌浆：$3m^3$；

一般机具重量：16t；

无负荷试运转用电费：150 元；

煤油：6.8kg；

机油：2kg；

黄油：0.6kg。

(3) 清单工程量计算表（表 1-48）

**清单工程量计算表　　　　表 1-48**

| 项目编码 | 项目名称 | 项目特征描述 | 计量单位 | 工程量 |
|---|---|---|---|---|
| 030111007001 | 加热炉 | 单机重 16t | 台 | 1 |

## 1.8　煤气发生设备安装

**【例 25】** 洗涤塔的安装 $\phi$4020/H24460（mm），单重 28t，1 台，如图 1-21 所示计算其相关工程量。

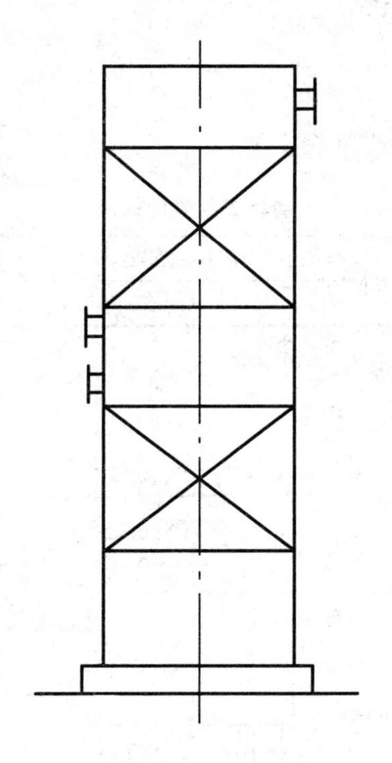

图 1-21　洗涤塔示意图

**【解】** (1) 2013 清单与 2008 清单对照（表 1-49）

**2013 清单与 2008 清单对照表** **表 1-49**

| 清单 | 项目编码 | 项目名称 | 项目特征 | 计算单位 | 工程量计算规则 | 工作内容 |
|---|---|---|---|---|---|---|
| 2013 清单 | 030112002 | 洗涤塔 | 1. 名称<br>2. 型号<br>3. 质量<br>4. 规格<br>5. 灌浆配合比 | 台 | 按设计图示数量计算 | 1. 本体安装<br>2. 二次灌浆<br>3. 补刷（喷）油漆 |
| 2008 清单 | 030112002 | 洗涤塔 | 1. 名称<br>2. 型号<br>3. 质量<br>4. 直径<br>5. 规格 | 台 | 按设计图示数量计算 | 1. 安装<br>2. 二次灌浆 |

**✻解题思路及技巧**

此题比较简单，主要考察该项目的清单工程量表的填写。

（2）清单工程量

洗涤塔（28t）：1 台；

地脚螺栓孔灌浆（$m^3$）：2；

底座与基础间灌浆（$m^3$）：3；

一般起重机重量（t）：28；

试运转电费（元）：400；

机油（kg）：10；

黄油（kg）：10。

（3）清单工程量计算表（表 1-50）

**清单工程量计算表** **表 1-50**

| 项目编码 | 项目名称 | 项目特征描述 | 计量单位 | 工程量 |
|---|---|---|---|---|
| 030112002001 | 洗涤塔 | $\phi$40201H24460（mm），单机重 28t | 台 | 1 |

**【例 26】** 安装一台煤气发生炉，本体安装，重 35t，炉膛内径为 3m，如图 1-22 所示，计算其相关工程量。

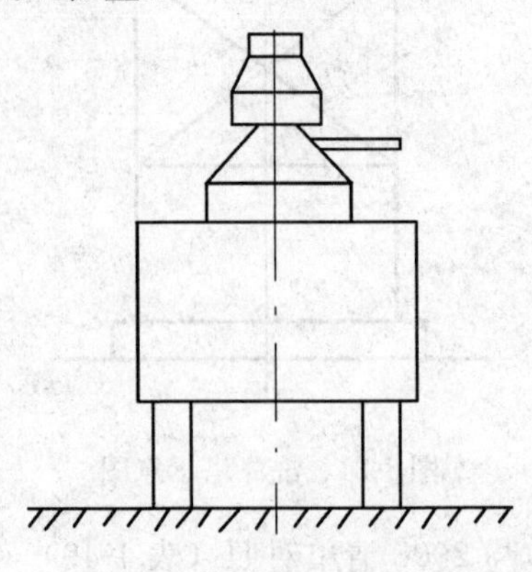

图 1-22　煤气发生炉示意图

【解】（1）2013 清单与 2008 清单对照（表 1-51）

**2013 清单与 2008 清单对照表**　　表 1-51

| 清单 | 项目编码 | 项目名称 | 项目特征 | 计算单位 | 工程量计算规则 | 工作内容 |
|---|---|---|---|---|---|---|
| 2013 清单 | 030112001 | 煤气发生炉 | 1. 名称<br>2. 型号<br>3. 质量<br>4. 规格<br>5. 构件材质 | 台 | 按设计图示数量计算 | 1. 本体安装<br>2. 容器构件制作、安装<br>3. 补刷（喷）油漆 |
| 2008 清单 | 030112001 | 煤气发生炉 | 1. 名称<br>2. 型号<br>3. 质量<br>4. 规格 | 台 | 按设计图示数量计算 | 1. 本体安装<br>2. 容器构件制作、安装 |

**✼解题思路及技巧**

此题比较简单，主要考察该项目的清单工程量表的填写。

（2）清单工程量

煤气发生炉（35t）：1 台；

地脚螺栓孔灌浆（$m^3$）：0.8；

底座与基础间灌浆（$m^3$）：1.2；

一般机具重量（t）：35；

试运转电费（元）：200；

机油（kg）：10；

黄油（kg）：0.8。

（3）清单工程量计算表（表 1-52）

**清单工程量计算表**　　表 1-52

| 项目编码 | 项目名称 | 项目特征描述 | 计量单位 | 工程量 |
|---|---|---|---|---|
| 030112001001 | 煤气发生炉 | 重 35t | 台 | 1 |

【例 27】安装一台双联竖管，直径 820mm，重 2.5t，如图 1-23 所示，计算其相关工程量。

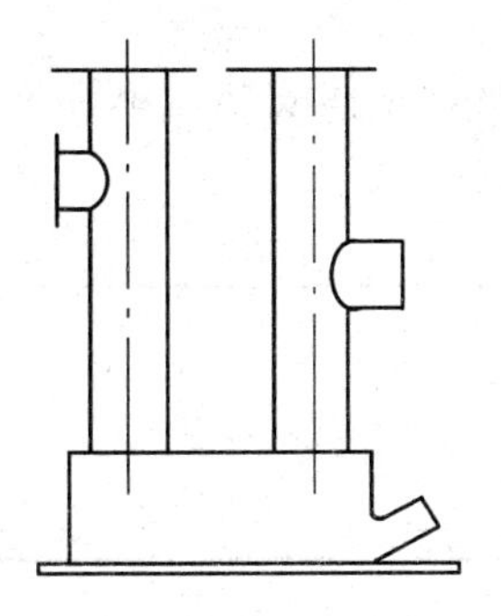

图 1-23　双联竖管示意图

【解】（1）2013清单与2008清单对照（表1-53）

**2013清单与2008清单对照表** **表1-53**

| 清单 | 项目编码 | 项目名称 | 项目特征 | 计算单位 | 工程量计算规则 | 工作内容 |
|---|---|---|---|---|---|---|
| 2013清单 | 030112004 | 竖管 | 1. 类型<br>2. 高度<br>3. 规格 | 台 | 按设计图示数量计算 | 1. 本体安装<br>2. 补刷（喷）油漆 |
| 2008清单 | 030112004 | 竖管 | 1. 类型<br>2. 高度<br>3. 直径<br>4. 规格 | 台 | 按设计图示数量计算 | 安装 |

**✻解题思路及技巧**

此题比较简单，主要考察该项目的清单工程量表的填写。

（2）清单工程量

双联竖管（2.5t）：1台；

地脚螺栓孔灌浆（$m^3$）：0.2；

底座与基础间灌浆（$m^3$）：0.3；

一般机具重量（t）：2.5；

试运转电费（元）：50；

机油（kg）：5；

黄油（kg）：0.5。

金属桅杆：采用250t/55m的双金属桅杆，一共16根缆绳，40t拖拉抗16个，工程量为0.95座。

（3）清单工程量计算表（表1-54）

**清单工程量计算表** **表1-54**

| 项目编码 | 项目名称 | 项目特征描述 | 计量单位 | 工程量 |
|---|---|---|---|---|
| 030112004001 | 竖管 | 双联，重2.5t | 台 | 1 |

## 1.9 其他机械安装

【例28】安装一台电动机，本体安装，单机重8t，如图1-24所示，计算其相关工程量。

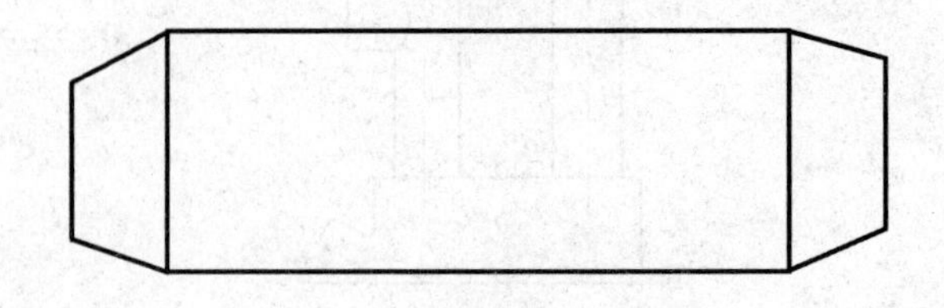

图1-24 电动机示意图

【解】(1)2013清单与2008清单对照(表1-55)

**2013清单与2008清单对照表** 表1-55

| 清单 | 项目编码 | 项目名称 | 项目特征 | 计算单位 | 工程量计算规则 | 工作内容 |
|---|---|---|---|---|---|---|
| 2013清单 | 030113009 | 电动机 | 1. 名称<br>2. 型号<br>3. 质量<br>4. 灌浆配合比<br>5. 单机试运转要求 | 台 | 按设计图示数量计算 | 1. 本体安装<br>2. 二次灌浆<br>3. 单机试运转<br>4. 补刷(喷)油漆 |
| 2008清单 | 030113008 | 电动机 | 1. 名称<br>2. 型号<br>3. 质量 | 台 | 按设计图示数量计算 | 1. 安装<br>2. 二次灌浆 |

**✲解题思路及技巧**

此题比较简单,主要考察该项目的清单工程量表的填写。

(2)清单工程量

电动机:1台;

地脚螺栓孔灌浆:0.2m$^3$;

底面与基础间灌浆:0.5m$^3$;

一般机具重量:8t;

无负荷试运转用电费:250元;

煤油:4kg;

机油:1kg;

黄油:0.657kg。

(3)清单工程量计算表(表1-56)

**清单工程量计算表** 表1-56

| 项目编码 | 项目名称 | 项目特征描述 | 计量单位 | 工程量 |
|---|---|---|---|---|
| 030113009001 | 电动机 | 单机重8t | 台 | 1 |

【例29】某氨贮罐的安装示意图如图1-25所示,其大致规格为直径4m,长15m,容积为2t,它为平底平盖碳钢容器,单重72.56t,安装基础标高为2.7m,共五台,每台间距9m,试求其工程量。

【解】(1)2013清单与2008清单对照(表1-57)

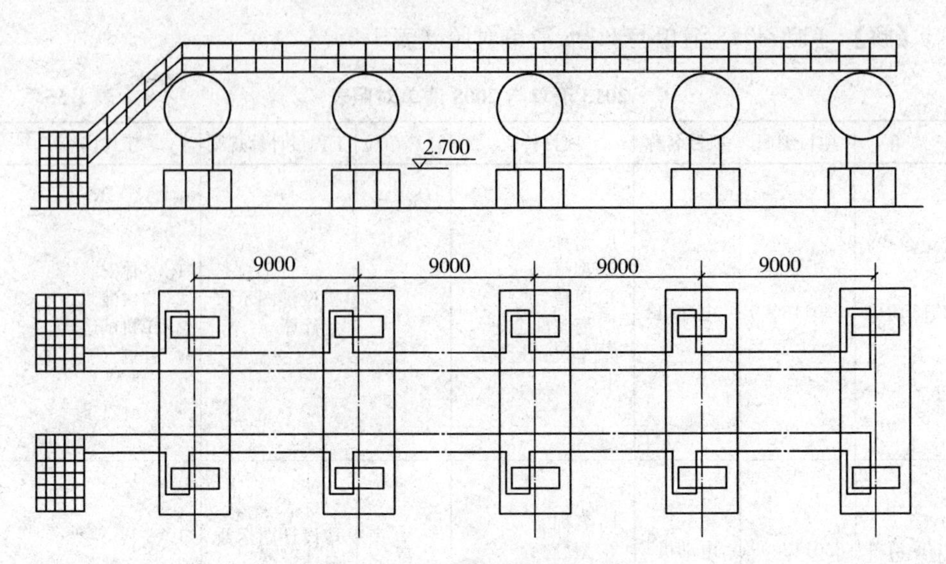


图 1-25　卧式氨储气罐安装示意图

**2013 清单与 2008 清单对照表**　　　　表 1-57

| 清单 | 项目编码 | 项目名称 | 项目特征 | 计算单位 | 工程量计算规则 | 工作内容 |
|---|---|---|---|---|---|---|
| 2013 清单 | 030113021 | 储气罐 | 1. 名称<br>2. 型号<br>3. 规格 | 台 | 按设计图示数量计算 | 1. 本体安装<br>2. 补刷（喷）油漆 |
| 2008 清单 | 030113020 | 储气罐 | 1. 名称<br>2. 型号<br>3. 容积 | 台 | 按设计图示数量计算 | 本体安装 |

### ✲解题思路及技巧

此题比较简单，主要考察该项目的清单工程量表的填写。

（2）清单工程量

项目名称：氨储气罐安装；项目编码：030113021001；计量单位：台。

$$工程量=\frac{5（储罐台数）}{1（计量单位）}=5。$$

（3）清单工程量计算表（表 1-58）

**清单工程量计算表**　　　　表 1-58

| 项目编码 | 项目名称 | 项目特征描述 | 计量单位 | 工程量 |
|---|---|---|---|---|
| 030113021001 | 储气罐 | 氨储气罐 | 台 | 5 |

# 第2章　热力设备安装工程

## 2.1　中压锅炉本体设备安装

【例1】 某锅炉房安装一台35t/h-39-450的中压煤粉炉，其型号为BG-35/39-M（北京锅炉厂），试计算其清单工程量

【解】（1）2013清单与2008清单对照（表2-1）

**2013清单与2008清单对照表**　　　　**表2-1**

| 清单 | 项目编码 | 项目名称 | 项目特征 | 计算单位 | 工程量计算规则 | 工作内容 |
|---|---|---|---|---|---|---|
| 2013清单 | 030201012 | 炉排及燃烧装置 | 1. 结构形式<br>2. 蒸汽出率（t/h） | 套 | 按设计图示数量计算 | 1. 35t/h炉的炉排、传动机组件安装<br>2. 煤粉炉的燃烧器、喷嘴、点火油枪安装<br>3. 循环硫化床锅炉的风帽安装 |
| 2008清单 | 030301001 | 锅炉本体 | 1. 结构形式<br>2. 蒸汽出率（t/h） | 台 | 按设计图示数量计算 | 1. 钢炉架安装<br>2. 汽包安装<br>3. 水冷系统安装<br>4. 过热系统安装<br>5. 省煤器安装<br>6. 空气预热器安装<br>7. 本体管路系统安装<br>8. 本体金属结构安装<br>9. 本体平台扶梯安装<br>10. 炉排及燃烧装置安装<br>11. 除渣装置安装<br>12. 锅炉酸洗<br>13. 锅炉水压试验<br>14. 锅炉风压试验<br>15. 烘炉、煮炉、蒸汽严密性试验及安全门调整<br>16. 本体刷油 |

**✲解题思路及技巧**

此题比较简单，主要考察该项目的清单工程量表的填写。

（2）清单工程量

项目名称：锅炉本体设备安装BG-35/39-M；项目编码030201012001；计量单位：套。

工程数量：$\frac{1（套数）}{1（计量单位）}=1$。

(3) 清单工程量计算表（表 2-2）

**清单工程量计算表** **表 2-2**

| 项目编码 | 项目名称 | 项目特征描述 | 计量单位 | 工程量 |
| --- | --- | --- | --- | --- |
| 030201012001 | 炉排及燃烧装置 | 型号 BG-35/39-M 的 35t/h-39-450 中压煤粉炉 | 套 | 1 |

## 2.2 中压锅炉风机安装

**【例 2】** 某锅炉房安装两台离心式引风机，规格为 Y4-73-11 型 8 机号，引风量为 16900m³/h，转速为 1450r/min，所配电机功率为 13kW，不带电机单机重量为 902kg，同时对应安装两台离心式送风机规格为 G4-73-11 型 8 机号，送风量为 16900m³/h，所配电机功率为 17kW，其不带电机单机重量为 815kg，试求引风机工程量。

**【解】** (1) 2013 清单与 2008 清单对照（表 2-3）

**2013 清单与 2008 清单对照表** **表 2-3**

| 清单 | 项目编码 | 项目名称 | 项目特征 | 计算单位 | 工程量计算规则 | 工作内容 |
| --- | --- | --- | --- | --- | --- | --- |
| 2013 清单 | 030203001 | 送、引风机 | 1. 用途<br>2. 名称<br>3. 型号<br>4. 规格 | 台 | 按设计图示数量计算 | 1. 本体安装<br>2. 电动机安装<br>3. 附属系统安装<br>4. 设备表面底漆修补 |
| 2008 清单 | 030302001 | 送、引风机 | 1. 用途<br>2. 名称<br>3. 型号<br>4. 规格 | 台 | 按设计图示数量计算 | 1. 本体安装<br>2. 电动机安装<br>3. 附属系统安装<br>4. 平台、扶梯、栏杆制作、安装<br>5. 保温<br>6. 油漆 |

**✲解题思路及技巧**

此题比较简单，主要考察该项目的清单工程量表的填写。

(2) 清单工程量

1) 项目名称：G4-73-11 型 8 机号送风机；项目编码：030203001001；计量单位：台。

工程量：$\frac{2（台数）}{1（计量单位）}=2$。

2) 项目名称：Y4-73-11 型 8 机号引风机；项目编号：030203001002；计量

单位：台。

工程量：$\frac{2（台数）}{1（计量单位）}=2$。

（3）清单工程量计算表（表2-4）

清单工程量计算表　　表2-4

| 序号 | 项目编码 | 项目名称 | 项目特征描述 | 计量单位 | 工程量 |
|---|---|---|---|---|---|
| 1 | 030203001001 | 送、引风机 | G4-73-11型8机号送风机 | 台 | 2 |
| 2 | 030203001002 | 送、引风机 | Y4-73-11型8机号引风机 | 台 | 2 |

## 2.3　中压锅炉烟、风、煤管道安装

**【例3】** 试计算35t/h煤粉炉的冷风道的工程量。计算范围包括从吸风口起算至送风机，再进入空气预热器，包括风道各部件，即吸风口滤网，入孔门，送风机出口闸板，支吊架等，如图2-1所示。

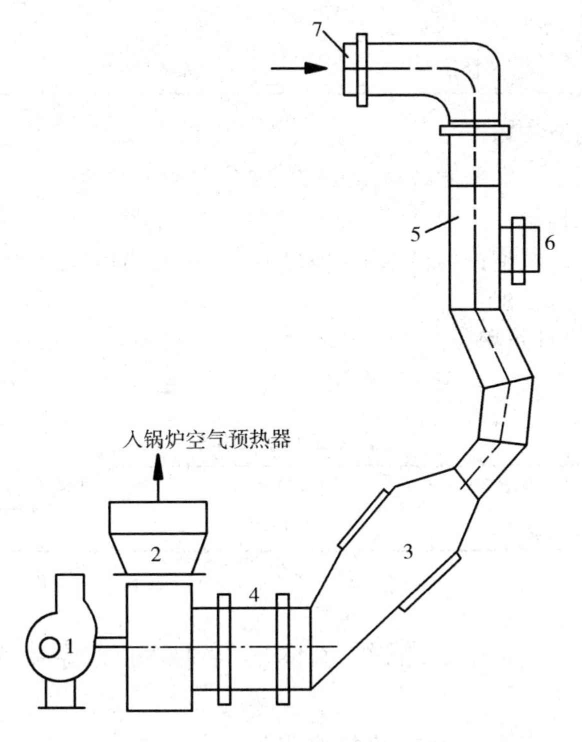


图2-1　冷风道安装示意图

1—送风机；2—扩散器；3—风机进口联箱；4—圆形直管；5—矩形直管；6—冷风吸入口；7—室内吸风口

**【解】**（1）2013清单与2008清单对照（表2-5）

**2013 清单与 2008 清单对照表** **表 2-5**

| 清单 | 项目编码 | 项目名称 | 项目特征 | 计算单位 | 工程量计算规则 | 工作内容 |
|---|---|---|---|---|---|---|
| 2013清单 | 030206003 | 冷风道 | 1. 管道形状<br>2. 管道断面尺寸<br>3. 管壁厚度 | t | 按设计图示质量计算 | 1. 管道安装<br>2. 送粉管弯头浇灌防磨混凝土<br>3. 风门、挡板安装<br>4. 管道附件安装<br>5. 支吊架组合、安装<br>6. 附属设备安装<br>7. 管道密封试验<br>8. 非保温金属表面底漆修补 |
| 2008清单 | 030305003 | 冷风道 | 1. 管道断面尺寸<br>2. 管壁厚度 | t | 按设计图示质量计算 | 1. 管道安装<br>2. 送粉管弯头浇灌防磨混凝土<br>3. 风门、挡板安装<br>4. 管道附件安装<br>5. 支吊架制作、安装<br>6. 附属设备安装<br>7. 油漆<br>8. 保温 |

**✲解题思路及技巧**

此题比较简单，主要考察该项目的清单工程量表的填写。

(2) 清单工程量

项目名称：冷风道；项目编码：030206003001；计量单位：t。

工程量：$\frac{20.83\text{t}}{1\text{（计量单位）}}=20.83\text{t}$。

(3) 清单工程量计算表（表 2-6）

**清单工程量计算表** **表 2-6**

| 项目编码 | 项目名称 | 项目特征描述 | 计量单位 | 工程量 |
|---|---|---|---|---|
| 030206003001 | 冷风道 | 冷风道 35t/h | t | 20.830 |

## 2.4 中压锅炉本体其他辅助设备安装

**【例 4】** 工程内容：安装 2 台通用型锅炉（型号 SHL25-13/300）25t/h，$P$=1.5MPa。锅炉及其辅助设备安装在从±0.000 到 15.00m，各个楼层的示意图以及锅炉房的立面图如图 2-2～图 2-5 所示，试计算其工程量。

**【解】** (1) 2013 清单与 2008 清单对照（表 2-7）

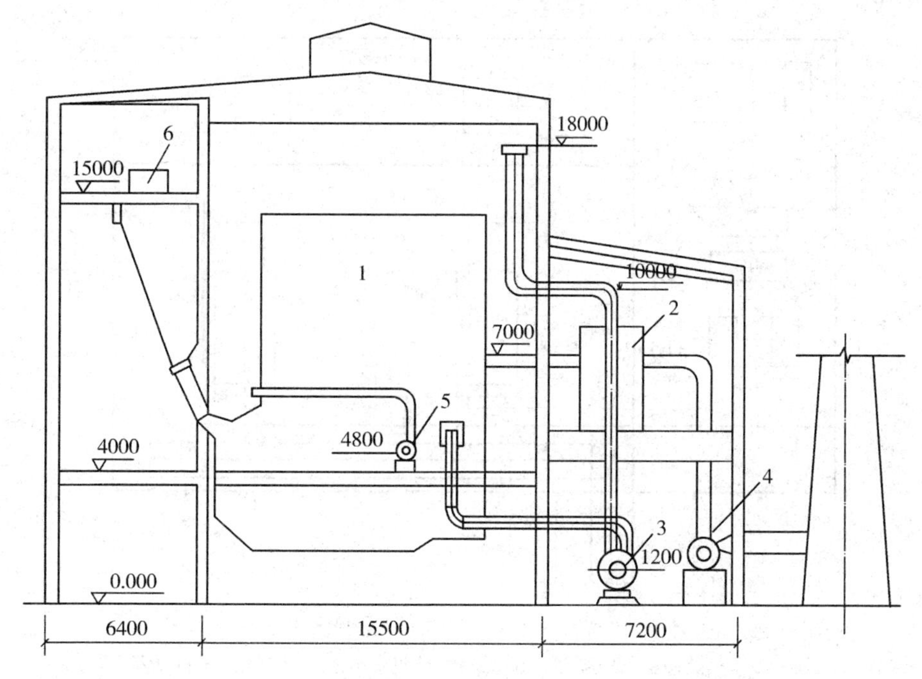


图 2-2　锅炉房立面示意图

(标高 0.000m、4.000m、8.000m、15.000m 层均有平面布置图)

1—锅炉；2—除尘器；3—鼓风机；4—引风机；5—二次风机；6—带式输煤系统

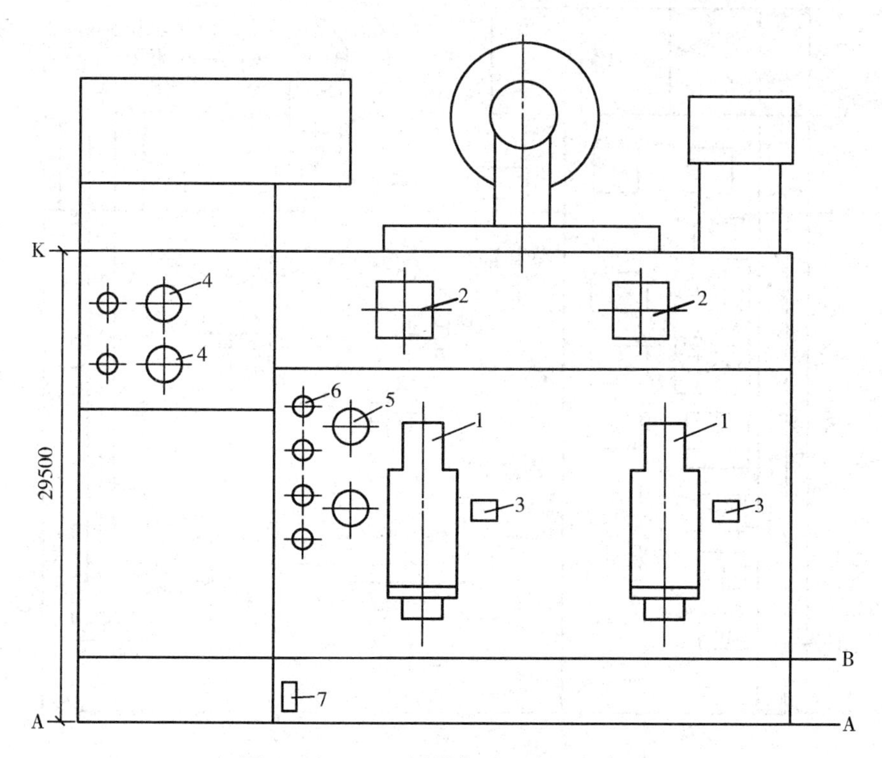


图 2-3　4.000m 层设备平面布置示意图

1—锅炉；2—除尘器；3—二次风机；4—流动床；5—连续排污膨胀器；6—取样冷却器；7—分气缸

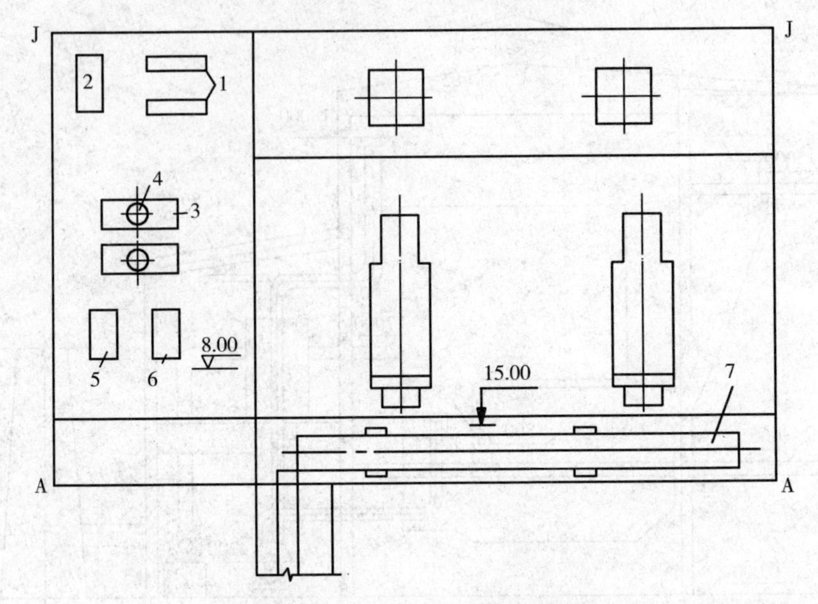


图 2-4　标高 8.000m、15.000m 设备平面图

1—汽-水热交换器；2—盐液高位槽；3—除氧水箱；4—大气压力式除氧器；
5—冷水水箱；6—热水水箱；7—带式输煤系统

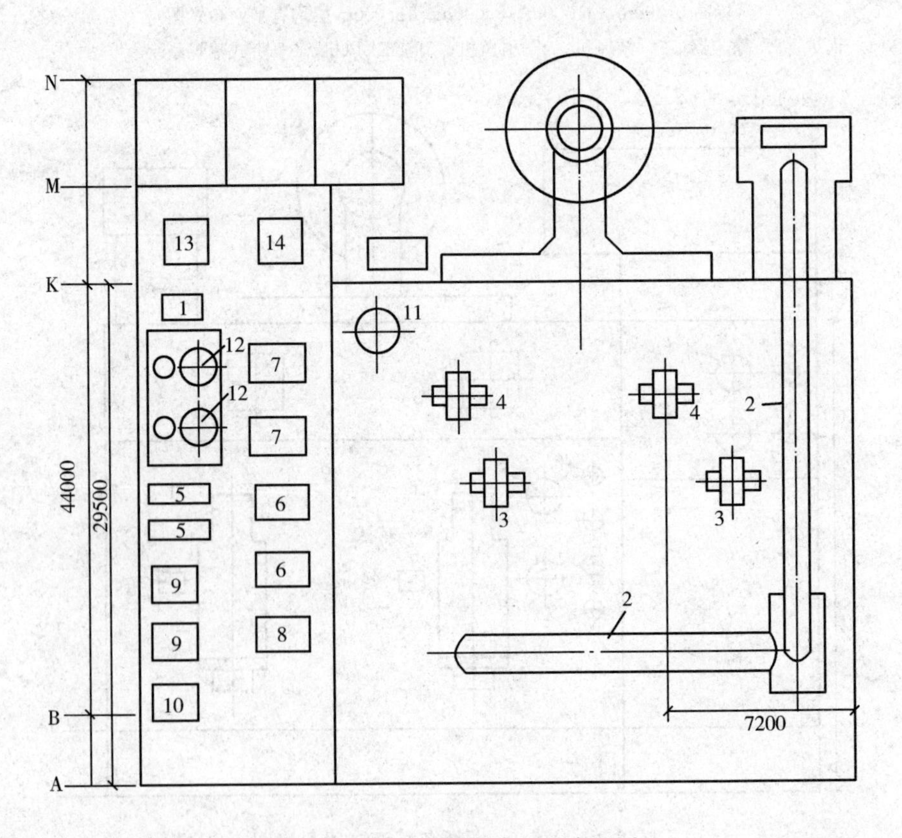


图 2-5　±0.000 层设备平面布置图

1—锅炉；2—刮板除灰系统；3—鼓风机；4—引风机；5—水热交换器；6—给水泵；7—软水水泵；
8—蒸汽泵；9—盐液泵；10—盐液池；11—定期排污膨胀器；12—流动床；13—给水水箱；14—软水箱

**2013 清单与 2008 清单对照表**　　　　**表 2-7**

| 序号 | 清单 | 项目编码 | 项目名称 | 项目特征 | 计算单位 | 工程量计算规则 | 工作内容 |
|---|---|---|---|---|---|---|---|
| 1 | 2013 清单 | 030201002 | 汽包 | 1. 结构形式<br>2. 蒸汽出率（t/h）<br>3. 质量 | 台 | 按设计图示数量计算 | 1. 汽包及其内部装置安装<br>2. 外置式汽水分离器及连接管道安装<br>3. 底座或吊架安装 |
|  | 2008 清单 | 030301001 | 锅炉本体 | 1. 结构形式<br>2. 蒸汽出率（t/h） | 台 | 按设计图示数量计算 | 1. 钢炉架安装<br>2. 汽包安装<br>3. 水冷系统安装<br>4. 过热系统安装<br>5. 省煤器安装<br>6. 空气预热器安装<br>7. 本体管路系统安装<br>8. 本体金属结构安装<br>9. 本体平台扶梯安装<br>10. 炉排及燃烧装置安装<br>11. 除渣装置安装<br>12. 锅炉酸洗<br>13. 锅炉水压试验<br>14. 锅炉风压试验<br>15. 烘炉、煮炉、蒸汽严密性试验及安全门调整<br>16. 本体刷油 |
| 2 | 2013 清单 | 030225001 | 除尘器 | 1. 名称<br>2. 型号<br>3. 规格<br>4. 质量 | 台 | 按设计图示数量计算 | 1. 本体安装<br>2. 附件安装<br>3. 非保温设备表面底漆修补 |
|  | 2008 清单 | 030322001 | 除尘器 | 1. 名称<br>2. 型号<br>3. 规格<br>4. 质量 | 台 | 按设计图示数量计算 | 1. 本体安装<br>2. 附件安装<br>3. 油漆 |
| 3 | 2013 清单 | 030203001 | 送、引风机 | 1. 用途<br>2. 名称<br>3. 型号<br>4. 规格 | 台 | 按设计图示数量计算 | 1. 本体安装<br>2. 电动机安装<br>3. 附属系统安装<br>4. 设备表面底漆修补 |
|  | 2008 清单 | 030302001 | 送、引风机 | 1. 用途<br>2. 名称<br>3. 型号<br>4. 规格 | 台 | 按设计图示数量计算 | 1. 本体安装<br>2. 电动机安装<br>3. 附属系统安装<br>4. 平台、扶梯、栏杆制作、安装<br>5. 保温<br>6. 油漆 |

续表

| 序号 | 清单 | 项目编码 | 项目名称 | 项目特征 | 计算单位 | 工程量计算规则 | 工作内容 |
|---|---|---|---|---|---|---|---|
| 4 | 2013清单 | 030207001 | 扩容器 | 1. 名称、型号<br>2. 出力（规格）<br>3. 结构形式<br>4. 质量 | 台 | 按设计图示数量计算 | 1. 本体安装<br>2. 附件安装<br>3. 支架组合、安装 |
| | 2008清单 | 030306001 | 扩容器 | 1. 名称、型号<br>2. 出力（规格）<br>3. 结构形式、质量 | 台 | 按设计图示数量计算 | 1. 本体安装<br>2. 附件安装<br>3. 支架制作、安装<br>4. 保温 |
| 5 | 2013清单 | 030211002 | 电动给水泵 | 1. 型号<br>2. 功率 | 台 | 按设计图示数量计算 | 1. 本体安装<br>2. 附件安装<br>3. 电动机安装<br>4. 设备表面底漆修补 |
| | 2008清单 | 030310002 | 电动给水泵 | 1. 型号<br>2. 功率 | 台 | 按设计图示数量计算 | 1. 本体安装<br>2. 附件安装<br>3. 电动机安装<br>4. 油漆 |

**✲解题思路及技巧**

此题比较简单，主要考察该项目的清单工程量表的填写。

(2) 清单工程量

1) 安装两台通用型锅炉，计量单位：台。

工程量：$\frac{2（台）}{1（计量单位）}=2$。

2) 多管式除尘器，6.9t，计量单位：台。

工程量：$\frac{2（台）}{1（计量单位）}=2$。

3) 送引风机

① 送风机，型号 G4-73-11，单重 1t，计量单位：台。

工程量：$\frac{2（台）}{1（计量单位）}=2$。

② 引风机，型号 Y4-73-11，单重 1.6t，计量单位：台。

工程量：$\frac{2（台）}{1（计量单位）}=2$。

4) 给水泵，4GCB×4，单重 0.35t，计量单位：台。

工程量：$\frac{2（台）}{1（计量单位）}=2$。

5) 排污扩容器

① 定期排污扩容器，$\phi$1500、7.5$m^3$，计量单位：台。

工程量：$\frac{1（台数）}{1（计量单位）}=1$。

② 连续排污扩容器，$\phi$2000、1.5m$^3$，单重 1.4t，计量单位：台。

工程量：$\frac{2\text{（台数）}}{1\text{（计量单位）}}=2$。

（3）清单工程量计算表（表 2-8）

**清单工程量计算表**　　　　**表 2-8**

| 序号 | 项目编码 | 项目名称 | 项目特征描述 | 计量单位 | 工程量 |
|---|---|---|---|---|---|
| 1 | 030224001001 | 锅炉本体 | 安装 2 台通用型锅炉（型号 SHL25-13/300）25t/h | 台 | 2 |
| 2 | 030225001001 | 除尘器 | 多管式除尘器，6.9t | 台 | 2 |
| 3 | 030203001001 | 送、引风机 | 送风机，型号 G4-73-11，单重 1t | 台 | 2 |
| 4 | 030203001002 | 送、引风机 | 引风机，型号 Y4-73-11，单重 1t | 台 | 2 |
| 5 | 030207001001 | 扩容器 | 定期排污扩容器，$\phi$1500 | 台 | 1 |
| 6 | 030207001002 | 扩容器 | 连续排污扩容器，$\phi$2000 | 台 | 2 |
| 7 | 030211002001 | 电动给水泵 | 给水泵，4GCBX4，单重 0.35t | 台 | 2 |

**【例 5】** 某锅炉房为充分利用排污水所含热量，分别采用定期排污扩容器 $\phi$2000，连续排污扩容器 LP-3.5$\phi$1500 各一台来回收热量，定期排污扩容器分离出来的二次蒸汽主要用于辅助加热水器的加热，废热水排入地沟，连续排污扩容器分离出来的二次蒸汽即可用来做冷凝器冷凝，也可用来加热除氧器内水，其示意图如图 2-6、图 2-7 所示，计算其工程量。

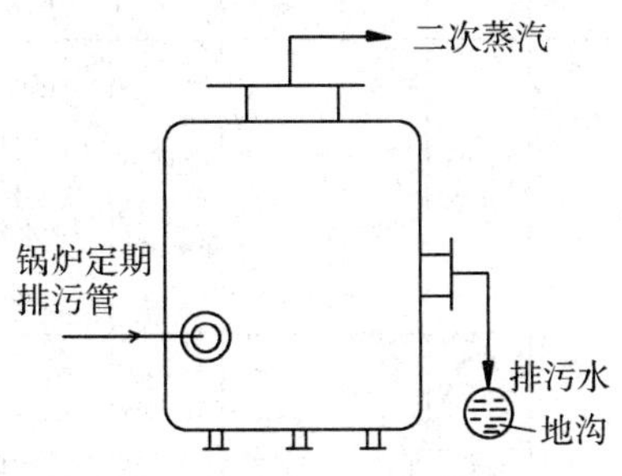


图 2-6　定期排污扩容器示意图

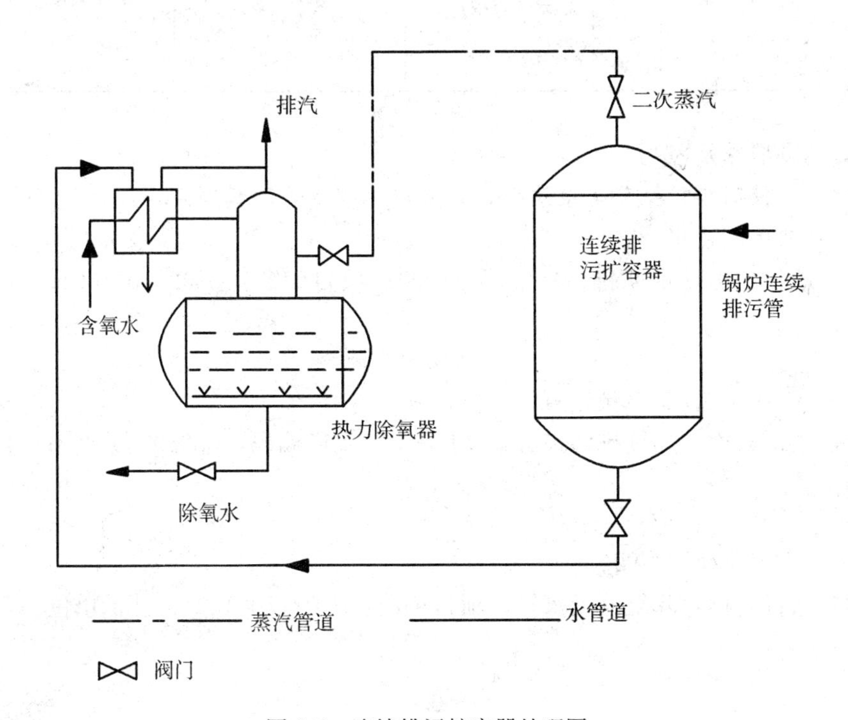


图 2-7　连续排污扩容器处理图

【解】（1）2013 清单与 2008 清单对照（表 2-9）

**2013 清单与 2008 清单对照表** **表 2-9**

| 序号 | 清单 | 项目编码 | 项目名称 | 项目特征 | 计算单位 | 工程量计算规则 | 工作内容 |
|---|---|---|---|---|---|---|---|
| 1 | 2013清单 | 030207001 | 扩容器 | 1. 名称、型号<br>2. 出力（规格）<br>3. 结构形式<br>4. 质量 | 台 | 按设计图示数量计算 | 1. 本体安装<br>2. 附件安装<br>3. 支架组合、安装 |
| | 2008清单 | 030306001 | 扩容器 | 1. 名称、型号<br>2. 出力（规格）<br>3. 结构形式、质量 | 台 | 按设计图示数量计算 | 1. 本体安装<br>2. 附件安装<br>3. 支架制作、安装<br>4. 保温 |
| 2 | 2013清单 | 030211001 | 除氧器及水箱 | 1. 结构形式<br>2. 型号<br>3. 水箱容积 | 台 | 按设计图示数量计算 | 1. 水箱本体及托架安装<br>2. 除氧器本体安装<br>3. 附件及平台安装 |
| | 2008清单 | 030310001 | 除氧器及水箱 | 1. 结构形式<br>2. 型号<br>3. 水箱容积 | 台 | 按设计图示数量计算 | 1. 水箱本体及托架安装<br>2. 除氧器本体安装<br>3. 附件安装<br>4. 保温<br>5. 油漆 |

**✻解题思路及技巧**

此题比较简单，主要考察该项目的清单工程量表的填写。

（2）清单工程量

1）项目名称：定期排污扩容器 $\phi$2000；项目编码：030207001001；计量单位：台。

工程量：$\frac{1（台）}{1（计量单位）}=1$。

2）项目名称：连续排污扩容器 LP-3.5；项目编码：030207001002；计量单位：台。

工程量：$\frac{1（台）}{1（计量单位）}=1$。

3）项目名称：除氧器及水箱；项目编码：030211001001；计量单位：台。

工程量：$\frac{1（台）}{1（计量单位）}=1$。

（3）清单工程量计算表（表 2-10）

**清单工程量计算表**　　　　**表 2-10**

| 序号 | 项目编码 | 项目名称 | 项目特征描述 | 计量单位 | 工程量 |
|---|---|---|---|---|---|
| 1 | 030207001001 | 扩容器 | 定期排污扩容器 $\phi$2000 | 台 | 1 |
| 2 | 030207001002 | 扩容器 | 连续排污扩容器 LP-3.5 | 台 | 1 |
| 3 | 030211001001 | 除氧器及水箱 | 热力除氧器 | 台 | 1 |

**【例 6】** 图示为蒸汽的暖风系统，其中采用的暖风器为 1 只，如图 2-8 所示求其工程量。

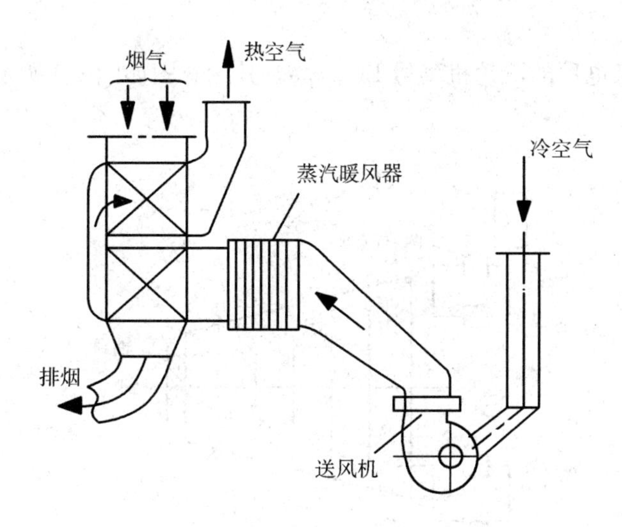


图 2-8　蒸汽暖风系统

**【解】**（1）2013 清单与 2008 清单对照（表 2-11）

**2013 清单与 2008 清单对照表**　　　　**表 2-11**

| 清单 | 项目编码 | 项目名称 | 项目特征 | 计算单位 | 工程量计算规则 | 工作内容 |
|---|---|---|---|---|---|---|
| 2013 清单 | 030207003 | 暖风器 | 1. 名称、型号<br>2. 出力（规格）<br>3. 结构形式<br>4. 质量 | 只 | 按设计图示数量计算 | 1. 本体安装<br>2. 框架组合、安装 |
| 2008 清单 | 030306003 | 暖风器 | 1. 名称、型号<br>2. 出力（规格）<br>3. 结构形式、质量 | 只 | 按设计图示数量计算 | 1. 本体安装<br>2. 框架制作、安装<br>3. 保温 |

**✲解题思路及技巧**

此题比较简单，主要考察该项目的清单工程量表的填写。

(2) 清单工程量

暖风器 1 只，项目编码：030207003001；计量单位：只。

工程量：$\frac{1（只）}{1（计量单位）}=1$。

(3) 清单工程量计算表（表 2-12）

**清单工程量计算表** **表 2-12**

| 项目编码 | 项目名称 | 项目特征描述 | 计量单位 | 工程量 |
| --- | --- | --- | --- | --- |
| 030207003001 | 暖风器 | 暖风器 | 只 | 1 |

## 2.5 汽轮发电机本体安装

**【例 7】** 某电厂的汽轮机型号 B6-35/5，其示意图如图 2-9 所示，试计算其安装工程量。

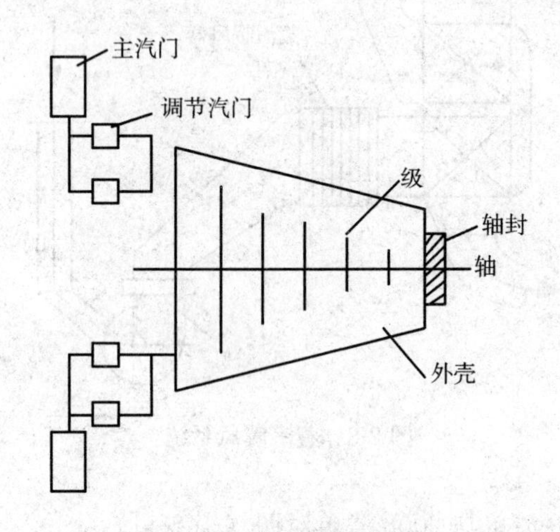


图 2-9 汽轮机示意图

**【解】** (1) 2013 清单与 2008 清单对照（表 2-13）

**2013 清单与 2008 清单对照表** **表 2-13**

| 清单 | 项目编码 | 项目名称 | 项目特征 | 计算单位 | 工程量计算规则 | 工作内容 |
| --- | --- | --- | --- | --- | --- | --- |
| 2013 清单 | 030209001 | 汽轮机 | 1. 结构形式<br>2. 型号<br>3. 质量 | 台 | 按设计图示数量计算 | 1. 汽轮机本体安装<br>2. 调速系统安装<br>3. 主汽门、联合汽门安装<br>4. 随本体设备成套供应的系统管道、管件、阀门安装<br>5. 管道系统水压试验<br>6. 非保温设备表面底漆修补 |

续表

| 清单 | 项目编码 | 项目名称 | 项目特征 | 计算单位 | 工程量计算规则 | 工作内容 |
|---|---|---|---|---|---|---|
| 2008 清单 | 030308001 | 汽轮发电机组 | 1. 汽轮机的结构形式、型号<br>2. 机组容量(MW)和发电机型号<br>3. 本体管道质量 | 组 | 按设计图示数量计算 | 一、汽轮机安装<br>1. 本体安装<br>2. 调速系统安装<br>3. 主汽门、联合汽门安装<br>4. 保温<br>5. 油漆<br>二、发电机及励磁机安装<br>1. 本体安装<br>2. 抽真空系统安装<br>3. 发电机整套风压试验<br>三、本体管道安装<br>1. 随本体设备成套供应的系统管道、管件、阀门安装<br>2. 管道系统水压试验<br>3. 油漆<br>4. 保温<br>四、空负荷试运<br>1. 危急保安器试运<br>2. 给水泵组试运<br>3. 润滑油系统试运<br>4. 真空系统试运<br>5. 汽机汽封系统试运<br>6. 调速系统试运<br>7. 发电机水冷系统试运<br>8. 低压缸喷水试运<br>9. 其他项目试运 |

**✲解题思路及技巧**

此题比较简单，主要考察该项目的清单工程量表的填写。

(2) 清单工程量

汽轮机型号为 B6-35/5；项目编码：030209001001；计量单位：台。

工程量：$\frac{1\text{（台数）}}{1\text{（计量单位）}}=1$。

(3) 清单工程量计算表（表 2-14）

**清单工程量计算表**　　　　**表 2-14**

| 项目编码 | 项目名称 | 项目特征描述 | 计量单位 | 工程量 |
|---|---|---|---|---|
| 030209001001 | 汽轮机 | 汽轮机型号为 B6-35/5 | 台 | 1 |

## 2.6　汽轮发电机辅助设备安装

**【例 8】** 某系统中所用的 2 台凝汽器如图 2-10 所示，型号为 N-560，计算其工程量。

【解】（1）2013 清单与 2008 清单对照（表 2-15）

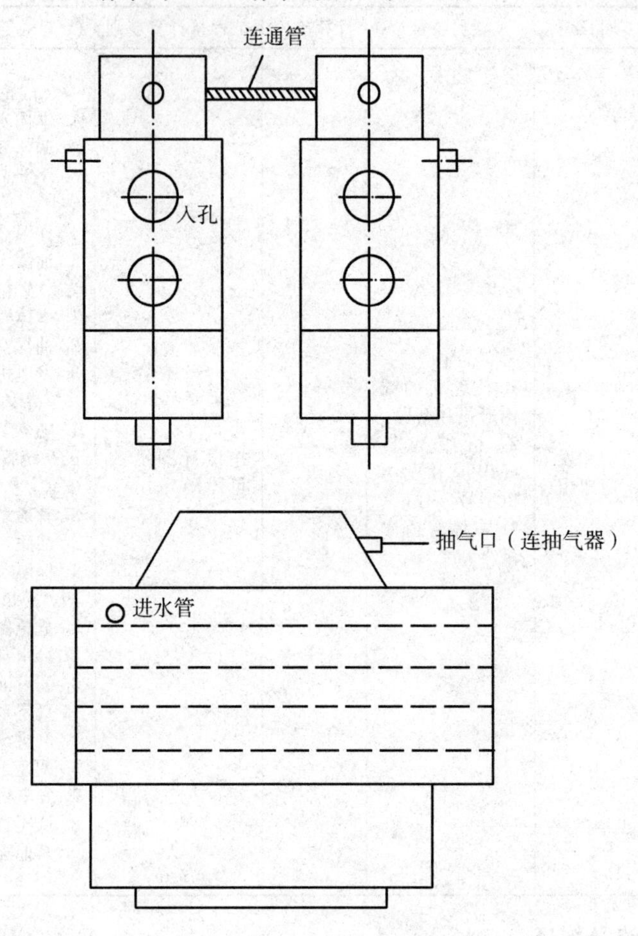


图 2-10　凝汽器的外形示意图

**2013 清单与 2008 清单对照表**　　　　**表 2-15**

| 清单 | 项目编码 | 项目名称 | 项目特征 | 计算单位 | 工程量计算规则 | 工作内容 |
|---|---|---|---|---|---|---|
| 2013 清单 | 030210001 | 凝汽器 | 1. 结构形式<br>2. 型号<br>3. 冷凝面积<br>4. 质量 | 台 | 按设计图示数量计算 | 1. 外壳组装<br>2. 铜管安装<br>3. 内部设备安装<br>4. 管件安装<br>5. 附件安装<br>6. 胶球清洗装置安装 |
| 2008 清单 | 030309001 | 凝汽器 | 1. 结构形式<br>2. 型号<br>3. 冷凝面积 | 台 | 按设计图示数量计算 | 1. 外壳组装<br>2. 铜管安装<br>3. 内部设备安装<br>4. 管件安装<br>5. 附件安装 |

**✲解题思路及技巧**

此题比较简单，主要考察该项目的清单工程量表的填写。

（2）清单工程量

N-560型凝汽器；项目编码：030210001001；计量单位：台。

工程量：$\frac{2（台数）}{1（计量单位）}=2$。

（3）清单工程量计算表（表2-16）

**清单工程量计算表**　　**表2-16**

| 项目编码 | 项目名称 | 项目特征描述 | 计量单位 | 工程量 |
|---|---|---|---|---|
| 030210001001 | 凝汽器 | N-560型凝汽器 | 台 | 2 |

## 2.7　汽轮发电机附属设备安装

**【例9】** 工程内容：某电厂为凝汽器配套两台凝结水泵。

型号规格如下：凝结水泵型号6N6、流量90m³/h、扬程66m、电机功率40kW，试计算其工程量，其系统如图2-11所示。

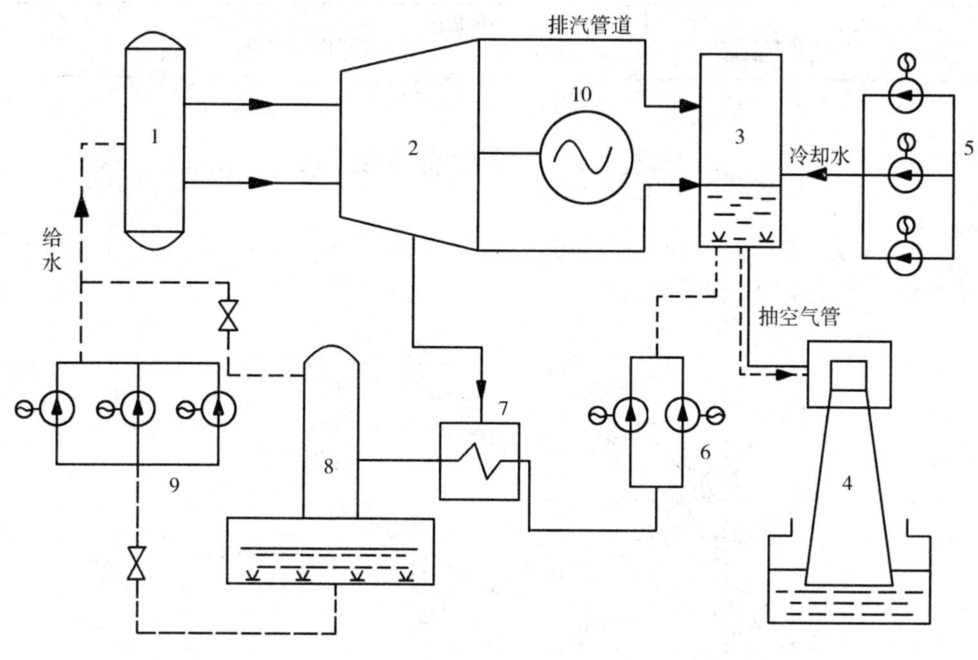


图2-11　火力发电厂流程系统图

1—锅炉；2—汽轮机；3—凝汽器；4—抽气器；5—循环水泵；6—凝结水泵；7—加热器；8—除氧器；9—给水泵；10—发电机

**【解】**（1）2013清单与2008清单对照（表2-17）

**2013 清单与 2008 清单对照表** **表 2-17**

| 清单 | 项目编码 | 项目名称 | 项目特征 | 计算单位 | 工程量计算规则 | 工作内容 |
|---|---|---|---|---|---|---|
| 2013 清单 | 030211004 | 凝结水泵 | 1. 型号<br>2. 功率 | 台 | 按设计图示数量计算 | 1. 本体安装<br>2. 附件安装<br>3. 电动机安装<br>4. 设备表面底漆修补 |
| 2008 清单 | 030310004 | 凝结水泵 | 1. 型号<br>2. 功率 | 台 | 按设计图示数量计算 | 1. 本体安装<br>2. 附件安装<br>3. 电动机安装<br>4. 油漆 |

**✲解题思路及技巧**

此题比较简单，主要考察该项目的清单工程量表的填写。

(2) 清单工程量

凝结水泵型号 6N6；项目编码：030211004001；计量单位：台。

工程量：$\frac{2（台数）}{1（计量单位）}=2$。

(3) 清单工程量计算表（表 2-18）

**清单工程量计算表** **表 2-18**

| 项目编码 | 项目名称 | 项目特征描述 | 计量单位 | 工程量 |
|---|---|---|---|---|
| 030211004001 | 凝结水泵 | 凝结水泵型号 6N6 | 台 | 2 |

## 2.8 碎煤设备安装

**【例 10】** 如图 2-12 所示，某电厂锅炉的煤破碎用机器选用的是反击式破碎机 2 台，试计算其工程量。

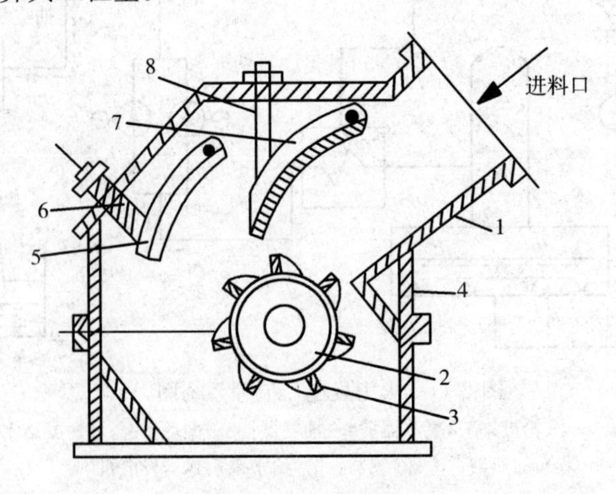


图 2-12 反击式破碎机

1，4—机壳；2—转子；3—锤板；5—后反击板；

6—带弹簧的拉杆；7—前反击板；8—拉杆

【解】（1）2013 清单与 2008 清单对照（表 2-19）

**2013 清单与 2008 清单对照表　　　　表 2-19**

| 清单 | 项目编码 | 项目名称 | 项目特征 | 计算单位 | 工程量计算规则 | 工作内容 |
|---|---|---|---|---|---|---|
| 2013 清单 | 030214001 | 反击式碎煤机 | 1. 型号<br>2. 功率 | 台 | 按设计图示数量计算 | 1. 本体安装<br>2. 电动机安装<br>3. 传动部件安装<br>4. 设备表面底漆修补 |
| 2008 清单 | 030313001 | 反击式碎煤机 | 1. 型号<br>2. 功率 | 台 | 按设计图示数量计算 | 1. 本体安装<br>2. 电动机安装<br>3. 传动部件安装<br>4. 油漆 |

**✲解题思路及技巧**

此题比较简单，主要考察该项目的清单工程量表的填写。

（2）清单工程量

项目名称：反击式破碎机；项目编码 030214001001；计量单位：台。

工程量：$\frac{2（台数）}{1（计量单位）}=2$。

（3）清单工程量计算表（表 2-20）

**清单工程量计算表　　　　表 2-20**

| 项目编码 | 项目名称 | 项目特征描述 | 计量单位 | 工程量 |
|---|---|---|---|---|
| 030214001001 | 反击式碎煤机 | 反击式破碎机 | 台 | 2 |

## 2.9　上煤设备安装

【例 11】某锅炉用皮带机的型号为 B650，尺寸如图 2-13 所示，一共 6 台，试计算其工程量。

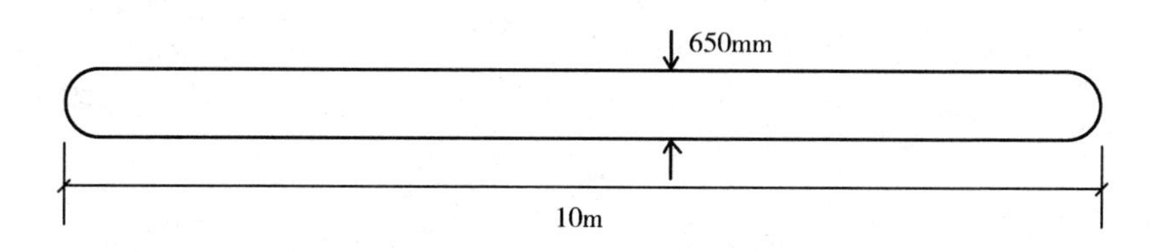


图 2-13　皮带机

【解】（1）2013 清单与 2008 清单对照（表 2-21）

2013 清单与 2008 清单对照表　　表 2-21

| 清单 | 项目编码 | 项目名称 | 项目特征 | 计算单位 | 工程量计算规则 | 工作内容 |
|---|---|---|---|---|---|---|
| 2013 清单 | 030215001 | 皮带机 | 1. 型号<br>2. 长度<br>3. 皮带宽度 | 1. 台<br>2. m | 1. 以台计量，按设计图示数量计算<br>2. 以米计量，按设计图示长度计算 | 1. 构架、托辊安装<br>2. 头部、尾部安装<br>3. 减速机安装<br>4. 电动机安装<br>5. 拉紧装置安装<br>6. 皮带安装<br>7. 附件安装<br>8. 扶手、平台安装<br>9. 设备表面底漆修补 |
| 2008 清单 | 030314001 | 皮带机 | 1. 型号<br>2. 长度<br>3. 皮带宽度 | m | 按设备安装图示长度计算 | 1. 构架、托辊安装<br>2. 头部、尾部安装<br>3. 减速机安装<br>4. 电动机安装<br>5. 拉紧装置安装<br>6. 皮带安装<br>7. 附件安装<br>8. 扶手、平台<br>9. 油漆 |

**✲解题思路及技巧**

此题比较简单，主要考察该项目的清单工程量表的填写。

（2）清单工程量

皮带机型号为 B650；项目编码：030215001001；计量单位：m。

工程量：$\frac{6\text{（台）}\times 10\text{m}}{1\text{（计量单位）}}=60\text{m}$。

（3）清单工程量计算表（表 2-22）

清单工程量计算表　　表 2-22

| 项目编码 | 项目名称 | 项目特征描述 | 计量单位 | 工程量 |
|---|---|---|---|---|
| 030215001001 | 皮带机 | 皮带机型号，B650 | m | 60.00 |

# 第3章　静置设备与工艺金属结构制作安装工程

## 3.1　静置设备制作

**【例1】** 一工厂有碳钢Q235填料塔制作$\phi$2500mm，$H$=40000mm，重101.6t，接管为4个$DN$80，4个$DN$100，2个设备人孔，36个地脚螺栓，做水压试验，420m焊缝，表面积为394m$^2$，需喷砂除锈，刷聚氨酯底漆二遍，如图3-1所示，试计算其工程量。

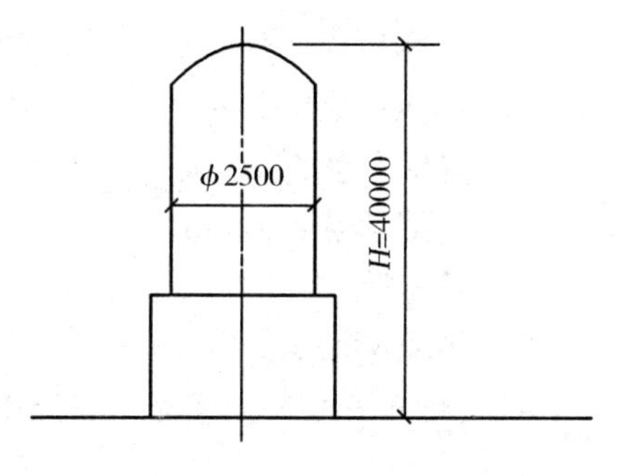


图3-1　碳钢塔示意图（单位：mm）

**【解】**（1）2013清单与2008清单对照（表3-1）

**2013清单与2008清单对照表**　　　　表3-1

| 清单 | 项目编码 | 项目名称 | 项目特征 | 计算单位 | 工程量计算规则 | 工作内容 |
|---|---|---|---|---|---|---|
| 2013清单 | 030301002 | 塔器制作 | 1. 名称<br>2. 构造形式<br>3. 材质<br>4. 质量<br>5. 压力等级<br>6. 附件种类、规格及数量、材质<br>7. 本体梯子、栏杆、扶手类型、质量<br>8. 焊接方式<br>9. 焊缝热处理设计要求 | 台 | 按设计图示数量计算 | 1. 本体制作<br>2. 附件制作<br>3. 塔本体平台、梯子、栏杆、扶手制作、安装<br>4. 预热、后热<br>5. 压力试验 |
| 2008清单 | 030501002 | 塔器制作 | 1. 构造形式<br>2. 材质<br>3. 焊接方式<br>4. 质量<br>5. 内部构件 | 台 | 按设计图示数量计算<br>注：塔器的金属质量是指塔器本体、塔器内部固定件、开孔件、加强板、裙座（支座）的金属质量。其质量按设计图示的几何尺寸展开计算，不扣除容器孔洞面积 | 1. 塔器制作<br>2. 接管、人孔、手孔制作与装配<br>3. 设备法兰制作<br>4. 地脚螺栓制作<br>5. 胎具的制作、安装与拆除<br>6. 塔附属梯子、栏杆、扶手制作、安装<br>7. 压力试验（整体塔器制作）<br>8. 预热、后热与整体热处理 |

**✲解题思路及技巧**

先要看图纸外形构造，以便结合图形采用数学原理进行快捷计算。另外，也可以结合计算规则和以往经验快速计算。

（2）清单工程量

项目编码：030301002001；计量单位：台；工程量：1。

1）容器制作：1台。

2）设备接管

*DN*80：4个；

*DN*100：4个。

3）设备人孔制作：2个。

4）地脚螺栓制作：36个。

5）水压试验：1台。

6）焊缝预热：420m；

焊缝后热：420m。

7）喷砂除锈：394m$^2$。

8）聚氨酯底漆：788m$^2$。

（3）清单工程量计算表（表3-2）

**清单工程量计算表** **表3-2**

| 项目编码 | 项目名称 | 项目特征描述 | 计量单位 | 工程量 |
|---|---|---|---|---|
| 030301002001 | 塔器制作 | 碳钢Q235填料塔本体制作 | 台 | 1 |

**【例2】** 制作浮头式换热器一台。

规格：Ⅱ类，材质：16MnR，换热管规格：$\phi$1.3×2（接管未超出6个）；设计压力为2.4MPa；设计温度为210℃，换热面积为68m$^2$，总重2978kg，管材重1026kg；试验压力为3.6MPa，焊缝总长21.5m；探伤比数：比率为24%，长度5.16m，射线拍片，纵缝8张（2.2m），环缝25张（3.8m）。

技术要求：① 设备壳体、管箱、封头管板所用钢材16MnR的化学成分及机械性能符合国家的有关规定。

② 所用搭接焊缝腰高均等于较薄板厚度，并且是连续焊。

③ 设备除中锈，涂两遍红丹底漆，一遍面漆。

④ 浮头盖焊后应作整体热处理（盖重56kg）。

⑤ 盲板管箱的隔板端面与法兰密封面加工前，需进行整体热处理（102kg）。

示意图如图3-2所示，试对其进行工程量计算。

**【解】**（1）2013清单与2008清单对照（表3-3）

**✲解题思路及技巧**

此题比较简单，主要考察该项目的清单工程量表的填写。

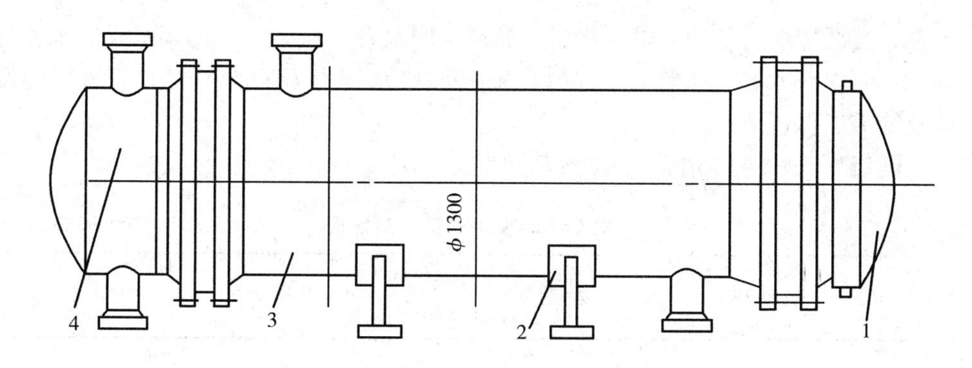


图 3-2　浮头式换热器外形结构示意图
1—外头盖；2—支座；3—壳体；4—盲板管箱

**2013 清单与 2008 清单对照表**　　**表 3-3**

| 清单 | 项目编码 | 项目名称 | 项目特征 | 计算单位 | 工程量计算规则 | 工作内容 |
|---|---|---|---|---|---|---|
| 2013 清单 | 030301003 | 换热器制作 | 1. 名称<br>2. 构造形式<br>3. 材质<br>4. 质量<br>5. 压力等级<br>6. 附件种类、规格及数量、材质<br>7. 焊接方式<br>8. 焊缝热处理设计要求 | 台 | 按设计图示数量计算 | 1. 换热器制作<br>2. 接管制作与装配<br>3. 附件制作<br>4. 预热、后热<br>5. 压力试验 |
| 2008 清单 | 030501003 | 换热器制作 | 1. 构造形式<br>2. 材质<br>3. 质量<br>4. 焊接方式 | 台 | 按设计图示数量计算<br>注：换热器的金属质量是指换热器本体的金属质量 | 1. 塔器制作<br>2. 接管制作与装配<br>3. 鞍座、支座制作、安装<br>4. 设备法兰制作<br>5. 地脚螺栓制作<br>6. 胎具的制作、安装与拆除<br>7. 压力试验<br>8. 预热、后热与整体热处理 |

（2）清单工程量

浮头式换热器一台，总重 2978kg（所用材料 16MnR，搭接焊），计量单位：台。

工程量：$\frac{1（台数）}{1（计量单位）}=1$。

（3）清单工程量计算表（表 3-4）

**清单工程量计算表**　　**表 3-4**

| 项目编码 | 项目名称 | 项目特征描述 | 计量单位 | 工程量 |
|---|---|---|---|---|
| 030301003001 | 换热器制作 | 规格：Ⅱ类；材质：16mmR，总重 2978kg | 台 | 1 |

## 3.2　静置设备安装

**【例 3】** 某一炼油厂的循环水厂设备，一共有 6 台玻璃钢冷却塔，7 台循环水泵，其循环水的各种管道规格为：循环水回水管：$DN900$；循环水泵压水管为$DN500$；循环水补充水管为$DN300$，循环水吸水管为$DN600$，试计算该厂的设备及管道工程量。

**【解】**（1）2013清单与2008清单对照（表3-5）

**2013清单与2008清单对照表** **表3-5**

| 序号 | 清单 | 项目编码 | 项目名称 | 项目特征 | 计算单位 | 工程量计算规则 | 工作内容 |
|---|---|---|---|---|---|---|---|
| 1 | 2013清单 | 030211003 | 循环水泵 | 1. 型号<br>2. 功率 | 台 | 按设计图示数量计算 | 1. 本体安装<br>2. 附件安装<br>3. 电动机安装<br>4. 设备表面底漆修补 |
| | 2008清单 | 030310003 | 循环水泵 | 1. 型号<br>2. 功率 | 台 | 按设计图示数量计算 | 1. 本体安装<br>2. 附件安装<br>3. 电动机安装<br>4. 油漆 |
| 2 | 2013清单 | 030302004 | 整体塔器安装 | 1. 名称<br>2. 构造形式<br>3. 质量<br>4. 规格<br>5. 安装高度<br>6. 压力试验设计要求<br>7. 清洗、脱脂、钝化设计要求<br>8. 塔盘结构类型<br>9. 填充材料种类<br>10. 灌浆配合比 | 台 | 按设计图示数量计算 | 1. 塔器安装<br>2. 吊耳制作、安装<br>3. 塔盘安装<br>4. 设备填充<br>5. 压力试验<br>6. 清洗、脱脂、钝化<br>7. 灌浆 |
| | 2008清单 | 030502004 | 整体塔器 | 1. 安装高度<br>2. 质量<br>3. 结构类型 | 台 | 按设计图示数量计算<br>注：塔器整体安装质量是指塔器本体、裙座、内部固定件、开孔件、吊耳、绝缘内衬以及随塔器一次吊装就位的附塔管线、平台、梯子、栏杆、扶手和吊装加固件的全部质量 | 1. 塔器安装<br>2. 吊耳制作、安装<br>3. 压力试验<br>4. 塔器除锈、刷油<br>5. 塔器绝热<br>6. 塔器清洗、脱脂、钝化<br>7. 二次灌浆<br>8. 塔盘安装<br>9. 塔类固定件安装<br>10. 设备填充 |

### ✲解题思路及技巧

此题比较简单，主要考察该项目的清单工程量表的填写。

（2）清单工程量

1）玻璃钢冷却塔，6台，计量单位：台。

工程量：6（台）/1(计量单位)＝6。

2）循环水泵，7台，计量单位：台。

工程量：7（台）/1(计量单位)＝7。

（3）清单工程量计算表（表 3-6）

**表 3-6　清单工程量计算表　　表 3-6**

| 序号 | 项目编码 | 项目名称 | 项目特征描述 | 计量单位 | 工程量 |
|---|---|---|---|---|---|
| 1 | 030211003001 | 循环水泵 | 循环水泵 | 台 | 7 |
| 2 | 030302004001 | 整体塔器安装 | 玻璃钢冷却塔 | 台 | 6 |

**【例 4】** 某氨储气罐的安装示意图如图 3-3 所示，其大致规格为直径 4m，长 15m，容积为 188.4$m^3$，它为平底平盖碳钢容器，单重 72.56t，安装基础标高为 2.7m，共 5 台，每台间距 9m，试计算其工程量。

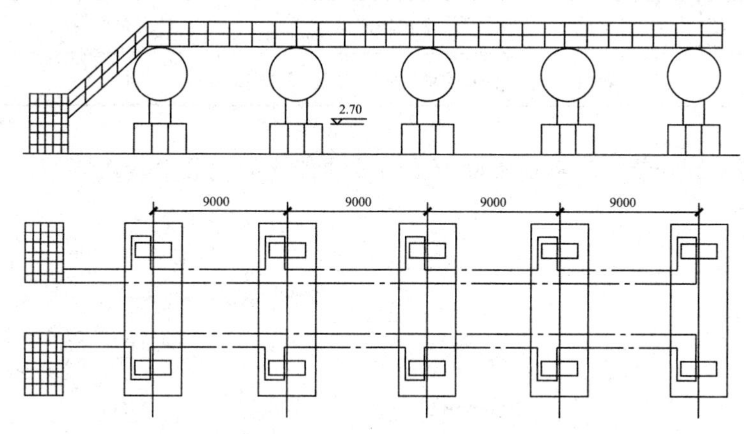


图 3-3　某氨储气罐的安装示意图

**【解】**（1）2013 清单与 2008 清单对照（表 3-7）

**2013 清单与 2008 清单对照表　　表 3-7**

| 清单 | 项目编码 | 项目名称 | 项目特征 | 计算单位 | 工程量计算规则 | 工作内容 |
|---|---|---|---|---|---|---|
| 2013 清单 | 030302002 | 整体容器安装 | 1. 名称<br>2. 构造形式<br>3. 质量<br>4. 规格<br>5. 压力试验设计要求<br>6. 清洗池、脱脂、钝化设计要求<br>7. 安装高度<br>8. 灌浆配合比 | 台 | 按设计图示数量计算 | 1. 安装<br>2. 吊耳制作、安装<br>3. 压力试验<br>4. 清洗、脱脂、钝化<br>5. 灌浆 |
| 2008 清单 | 030502002 | 整体容器 | 1. 立式<br>2. 卧式<br>3. 安装高度<br>4. 质量 | 台 | 按设计图示数量计算<br>注：容器整体安装质量是指容器本体、配件、内部构件、吊耳、绝缘、内衬以及随容器一次吊装的管线、梯子、平台、栏杆、扶手和吊装加固件的全部质量 | 1. 安装<br>2. 吊耳制作、安装<br>3. 压力试验<br>4. 容器除锈、刷油<br>5. 容器绝热<br>6. 容器清洗、脱脂、钝化<br>7. 二次灌浆 |

**✲解题思路及技巧**

此题比较简单，主要考察该项目的清单工程量表的填写。

(2) 清单工程量

项目名称：氨储气罐安装；项目编码：030502002001；计量单位：台。

工程量：$\frac{5\text{（储气罐台数）}}{1\text{（计量单位）}}=5$。

(3) 清单工程量计算表（表 3-8）

清单工程量计算表　　表 3-8

| 项目编码 | 项目名称 | 项目特征描述 | 计量单位 | 工程量 |
| --- | --- | --- | --- | --- |
| 030302002001 | 整体容器 | 卧式氨储气罐，单重 72.56t | 台 | 5 |

**【例 5】** 欲安装一套年产 100 万 t 的重油催化裂化装置，沉降管、再生器如图 3-4 所示。

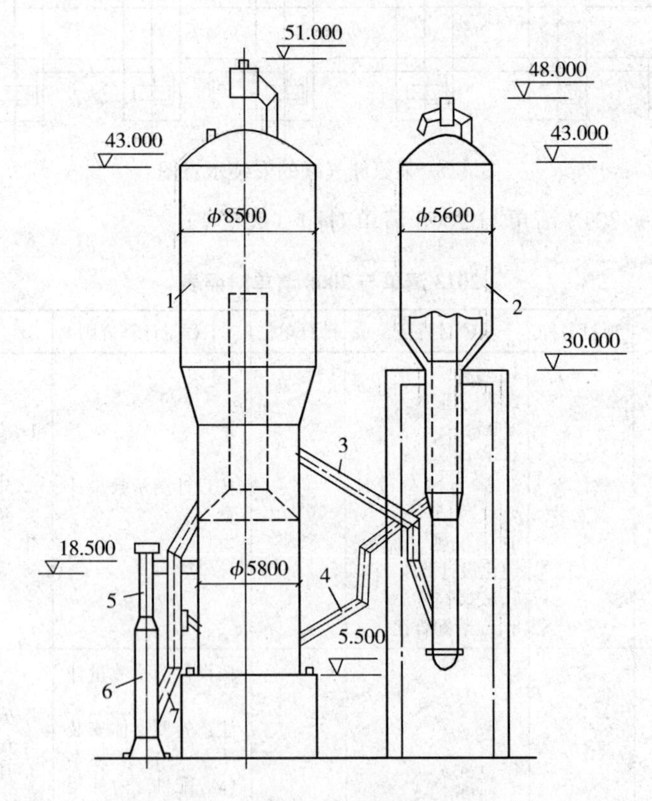


图 3-4　沉降器、再生器安装示意图

1—再生器；2—沉降器；3—再生立斜管系统；4—待生斜管；
5—外取热器催化剂出口管；6—外取热器；7—外取热器入口管

其工程主要内容：

① 沉降器重金属重90562kg（包括旋风分离系统）。

② 再生器重334092kg（包括旋风分离系统）。

③ 下部提升管再生立斜管系统重17026kg。

④ 待生斜管重4546kg。

⑤ 外取热器催化剂出口管重3083kg。

⑥ 外取热器重22564kg。

⑦ 外取热器入口管重4093kg。

总重：475966kg。

⑧ 龟甲网（两器总计）总计为3920m²。

端板（Q235AF）27078个，保温钉27078个，V形锚固钉14236个，矾土水泥隔热层衬里约189m³，矾土水泥耐磨层衬里约146m³，磷酸铝钢玉耐磨衬里约32m³，该设备分片供货到现场，试计算其安装组对的工程量。

**【解】**（1）2013清单与2008清单对照（表3-9）

**2013清单与2008清单对照表　　表3-9**

| 序号 | 清单 | 项目编码 | 项目名称 | 项目特征 | 计算单位 | 工程量计算规则 | 工作内容 |
|---|---|---|---|---|---|---|---|
| 1 | 2013清单 | 030302008 | 催化裂化再生器安装 | 1. 名称<br>2. 安装高度<br>3. 质量<br>4. 龟甲网材料 | 台 | 按设计图示数量计算 | 1. 安装<br>2. 冲击试验<br>3. 龟甲网安装 |
| | 2008清单 | 030502008 | 催化裂化再生器 | 1. 安装高度<br>2. 质量<br>3. 龟甲网材料 | 台 | 按设计图示数量计算 | 1. 安装<br>2. 压力试验<br>3. 补刷面漆<br>4. 绝热<br>5. 龟甲网安装 |
| 2 | 2013清单 | 030302009 | 催化裂化沉降器安装 | 1. 名称<br>2. 安装高度<br>3. 质量<br>4. 龟甲网材料 | 台 | 按设计图示数量计算 | 1. 安装<br>2. 冲击试验<br>3. 龟甲网安装 |
| | 2008清单 | 030502009 | 催化裂化沉降器 | 1. 安装高度<br>2. 质量<br>3. 龟甲网材料 | 台 | 按设计图示数量计算 | 1. 安装<br>2. 压力试验<br>3. 补刷面漆<br>4. 绝热<br>5. 龟甲网安装 |

**✲解题思路及技巧**

此题比较简单，主要考察该项目的清单工程量表的填写。

（2）清单工程量

1）再生器：安装高度为5.5m，质量为334092kg；计量单位：台。

则其安装工程量：$\frac{1（台数）}{1（计量单位）}=1$。

2）沉降器：安装高度为30m，质量为90562kg；计量单位：台。

则其安装工程量：$\frac{1（台数）}{1（计量单位）}=1$。

（3）清单工程量计算表（表3-10）

**清单工程量计算表** **表3-10**

| 序号 | 项目编码 | 项目名称 | 项目特征描述 | 计量单位 | 工程量 |
|---|---|---|---|---|---|
| 1 | 030302008001 | 催化裂化再生器 | 安装高度5.5m再生器重334092kg（包括旋风分离系统） | 台 | 1 |
| 2 | 030302009001 | 催化裂化沉降器 | 安装高度30m，沉降器重90562kg | 台 | 1 |

## 3.3 球形罐组对安装

**【例6】** 某化工厂需安装一球形罐，其大致外形结构如图3-5所示，其厚度为$\delta=36mm$，容积为$2000m^3$，总重225t，焊缝长602m，试计算其安装工程量。

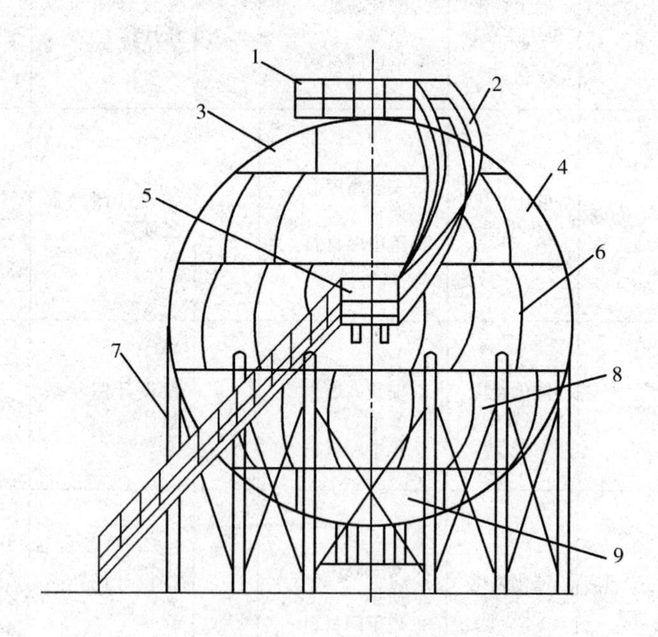


图3-5 球罐结构示意图

1—顶部平台；2—螺旋盘梯；3—北极板；4—上温带板；5—中间平台；6—赤道带板；7—支柱；8—下温带板；9—南极板

**【解】** （1）2013清单与2008清单对照（表3-11）

**2013清单与2008清单对照表**　　　　表3-11

| 清单 | 项目编码 | 项目名称 | 项目特征 | 计算单位 | 工程量计算规则 | 工作内容 |
|---|---|---|---|---|---|---|
| 2013清单 | 030305001 | 球形罐组对安装 | 1. 名称<br>2. 材质<br>3. 球罐容量<br>4. 球板厚度<br>5. 本体质量<br>6. 本体梯子、平台、栏杆类型、质量<br>7. 焊接方式<br>8. 焊缝热处理技术要求<br>9. 压力试验设计要求<br>10. 支柱耐火层材料<br>11. 灌浆配合比 | 台 | 按设计图示数量计算 | 1. 球形罐吊装、组对<br>2. 产品试板试验<br>3. 焊缝预热、后热<br>4. 球形罐水压试验<br>5. 球形罐气密性试验<br>6. 基础灌浆<br>7. 支柱耐火层施工<br>8. 本体梯子、平台、栏杆制作安装 |
| 2008清单 | 030505001 | 球形罐组对安装 | 1. 材质<br>2. 球罐容量<br>3. 规格尺寸<br>4. 球板厚度<br>5. 质量 | 台 | 按设计图示数量计算<br>注：球形罐组装的质量包括球壳板、支柱、拉杆、短管、加强板的全部质量，不扣除人孔、接管孔洞面积所占质量 | 1. 球形罐组装<br>2. 焊接工艺评定<br>3. 产品试板试验<br>4. 焊缝热处理<br>5. 整体热处理<br>6. 球形罐水压试验<br>7. 球形罐气密性试验<br>8. 球形罐除锈、刷油<br>9. 球形罐绝热<br>10. 二次灌浆<br>11. 组装胎具制作、安装、拆除 |

**※解题思路及技巧**

此题比较简单，主要考察该项目的清单工程量表的填写。

（2）清单工程量

球形罐2000m$^3$，项目编码：030305001001；计量单位：台。

工程量：$\frac{1（台数）}{1（计量单位）}=1$。

（3）清单工程量计算表（表3-12）

**清单工程量计算表**　　　　表3-12

| 项目编码 | 项目名称 | 项目特征描述 | 计量单位 | 工程量 |
|---|---|---|---|---|
| 030305001001 | 球形罐组对安装 | 球形罐2000m$^3$，厚36mm | 台 | 1 |

**【例7】** 某球罐，$\phi$4600mm，由板厚$\delta$=16mm材质Q235的钢板组对焊接而成。容器的设计压力为1.0MPa，公称容积50m$^3$，质量5.3t，其中容器本体质量为4.18t。试计算其清单工程量。

【解】（1）2013清单与2008清单对照（表3-13）

**2013清单与2008清单对照表** **表3-13**

| 清单 | 项目编码 | 项目名称 | 项目特征 | 计算单位 | 工程量计算规则 | 工作内容 |
|---|---|---|---|---|---|---|
| 2013清单 | 030305001 | 球形罐组对安装 | 1. 名称<br>2. 材质<br>3. 球罐容量<br>4. 球板厚度<br>5. 本体质量<br>6. 本体梯子、平台、栏杆类型、质量<br>7. 焊接方式<br>8. 焊缝热处理技术要求<br>9. 压力试验设计要求<br>10. 支柱耐火层材料<br>11. 灌浆配合比 | 台 | 按设计图示数量计算 | 1. 球形罐吊装、组对<br>2. 产品试板试验<br>3. 焊缝预热、后热<br>4. 球形罐水压试验<br>5. 球形罐气密性试验<br>6. 基础灌浆<br>7. 支柱耐火层施工<br>8. 本体梯子、平台、栏杆制作安装 |
| 2008清单 | 030505001 | 球形罐组对安装 | 1. 材质<br>2. 球罐容量<br>3. 规格尺寸<br>4. 球板厚度<br>5. 质量 | 台 | 按设计图示数量计算 | 1. 球形罐组装<br>2. 焊接工艺评定<br>3. 产品试板试验<br>4. 焊缝热处理<br>5. 整体热处理<br>6. 球形罐水压试验<br>7. 球形罐气密性试验<br>8. 球形罐除锈、刷油<br>9. 球形罐绝热<br>10. 二次灌浆<br>11. 组装胎具制作、安装、拆除 |

（2）清单工程量

1）该项目发生的工作内容

① 球罐组装；

② 组装胎具制作、安装、拆除；

③ 水压试验；

④ 整体热处理；

⑤ 除锈；

⑥ 刷油。

2）根据现行的计算规则计算工程量

① 球罐组装：1台；

② 组装胎具制作、安装、拆除：1 台；

③ 水压试验：1 台；

④ 整体热处理：1 台；

⑤ 除锈：66.4m²；

⑥ 刷油：66.4m²。

（3）清单工程量计算表（表 3-14）

**清单工程量计算表**　　**表 3-14**

| 项目编码 | 项目名称 | 项目特征描述 | 计量单位 | 工程数量 |
| --- | --- | --- | --- | --- |
| 030505001001 | 球形罐组对安装 | 1. 材质：Q235<br>2. 容量：$50m^3$<br>3. 球板厚度：16mm<br>4. 质量：5.3t | 台 | 1 |

## 3.4　气柜制作安装

**【例 8】** 制作安装一座 $600m^3$ 低压湿式直升气柜，技术规格：公称容积 $600m^3$，有效容积 $630m^3$，单位耗钢 $57.51kg/m^3$；几何尺寸：节数 1，全高 14.5m，水池直径 17.48m，水池高 7.4m；总重 38.56t，其中钟罩重 16.39t，水槽重 14.28t，零部件重量为 4.55t，平台、梯子以及栏杆为 3.34t；加重物重量：铸铁重锤 16.02t，混凝土重锤 15.90t。试计算其安装工程量。

**【解】**（1）2013 清单与 2008 清单对照（表 3-15）

**2013 清单与 2008 清单对照表**　　**表 3-15**

| 序号 | 清单 | 项目编码 | 项目名称 | 项目特征 | 计算单位 | 工程量计算规则 | 工作内容 |
| --- | --- | --- | --- | --- | --- | --- | --- |
| 1 | 2013 清单 | 030306001 | 气柜制作安装 | 1. 名称<br>2. 构造形式<br>3. 容量<br>4. 质量<br>5. 配重块材质、尺寸、质量<br>6. 本体平台、梯子、栏杆类型、质量<br>7. 附件种类、规格及数量、材质<br>8. 充水、气密、快速升降试验设计要求<br>9. 焊缝热处理设计要求<br>10. 灌浆配合比 | 座 | 按设计图示数量计算 | 1. 气柜本体制作、安装<br>2. 焊缝热处理<br>3. 型钢圈煨制<br>4. 配重块安装<br>5. 气柜充水、气密、快速升降试验<br>6. 平台、梯子、栏杆制作安装<br>7. 附件制作安装<br>8. 二次灌浆 |

续表

| 序号 | 清单 | 项目编码 | 项目名称 | 项目特征 | 计算单位 | 工程量计算规则 | 工作内容 |
|---|---|---|---|---|---|---|---|
| 1 | 2008清单 | 030506001 | 气柜制作、安装 | 1. 构造形式<br>2. 容量 | 座 | 按设计图示数量计算<br>注：气柜金属质量包括气柜本体、附件、梯子、平台、栏杆的全部质量，但不包括配重块的质量<br>其质量按设计图示尺寸以展开面积计算，不扣除孔洞和切角面积所占质量 | 1. 气柜本体制作、安装<br>2. 焊缝热处理<br>3. 型钢圈煨制<br>4. 配重块安装<br>5. 气柜组装胎具制作、安装与拆除<br>6. 轨道煨弯胎具制作<br>7. 气柜充水、气密、快速升降试验<br>8. 气柜无损检验<br>9. 除锈、刷油 |
| 2 | 2013清单 | 030307002 | 平台制作安装 | 1. 名称<br>2. 构造形式<br>3. 每组质量<br>4. 平台板材质 | t | 按设计图示尺寸以质量计算 | 制作、安装 |
| | 2008清单 | 030507002 | 平台制作、安装 | 1. 构造形式<br>2. 每组质量<br>3. 平台板材料 | t | 按设计图示尺寸以质量计算，不扣除孔眼和切角所占质量<br>注：多角形连接筋板质量以图示最长边和最宽边尺寸，按矩形面积计算。 | 1. 制作、安装<br>2. 除锈、刷油 |

（2）清单工程量

1）平台制作安装，平台属于环形，栏杆梯子，均采用钢制作，总重为3.34t；计量单位：t。

工程量：3.34t/1(计量单位)＝3.34t。

2）气柜制作安装：600$m^3$ 的低压湿式直立式气柜一座；计量单位：座。

工程量：$\frac{1\text{（气柜座数）}}{1\text{（计量单位）}}=1$。

（3）清单工程量计算表（表3-16）

**清单工程量计算表** **表3-16**

| 序号 | 项目编码 | 项目名称 | 项目特征描述 | 计量单位 | 工程量 |
|---|---|---|---|---|---|
| 1 | 030306001001 | 气柜制作、安装 | 600$m^3$ 低压湿式直立式气柜 | 座 | 1 |
| 2 | 030307002001 | 平台制作安装 | 平台属环形，栏杆梯子，采用钢制作 | t | 3.34 |

## 3.5 工艺金属结构制作安装

**【例9】** 某化工厂制作安装一座火炬排气筒，塔架为钢管制作，重48t，高度55m，排气筒的筒体为直径 $\phi$600mm×55000mm，重6.84t，火炬头为外购，采用整体吊装方法安装。特殊制作要求为：

① 筒体焊缝 5%进行磁粉探伤，塔柱对接焊缝 100%超声波检查，焊缝 X 射线透视检查 22 张。

② 金属表面刷红丹防锈漆两遍，厚漆两遍，试计算其工程量。

**【解】**（1）2013 清单与 2008 清单对照（表 3-17）

**2013 清单与 2008 清单对照表　　表 3-17**

| 清单 | 项目编码 | 项目名称 | 项目特征 | 计算单位 | 工程量计算规则 | 工作内容 |
| --- | --- | --- | --- | --- | --- | --- |
| 2013 清单 | 030307008 | 火炬及排气筒制作安装 | 1. 名称<br>2. 构造形式<br>3. 材质<br>4. 质量<br>5. 筒体直径<br>6. 高度<br>7. 灌浆配合比 | 座 | 按设计图示数量计算 | 1. 筒体制作组对<br>2. 塔架制作组装<br>3. 火炬、塔架、筒体吊装<br>4. 火炬头安装<br>5. 二次灌浆 |
| 2008 清单 | 030507008 | 火炬及排气筒制作、安装 | 1. 材质<br>2. 筒体直径<br>3. 质量 | 座 | 按设计图示数量计算<br>注：火炬、排气筒筒体按设计图示尺寸计算，不扣除孔洞所占面积及配件的质量 | 1. 筒体制作组对<br>2. 塔架制作组装<br>3. 吊装<br>4. 火炬头安装<br>5. 除锈、刷油<br>6. 二次灌浆 |

**✲解题思路及技巧**

此题比较简单，主要考察该项目的清单工程量表的填写。

（2）清单工程量

火炬排气筒制作：钢板卷制（碳钢），筒体直径为 600mm，重量 6.84t；计量单位：座。

工程量：$\frac{1（座）}{1（计量单位）}=1$。

（3）清单工程量计算表（表 3-18）

**清单工程量计算表　　表 3-18**

| 项目编码 | 项目名称 | 项目特征描述 | 计量单位 | 工程量 |
| --- | --- | --- | --- | --- |
| 030307008001 | 火炬及排气筒制作安装 | 钢板卷制（碳钢），筒径 600mm，6.84t | 座 | 1 |

## 3.6　铝制、铸铁、非金属设备安装

**【例 10】** 某厂化工装置安装静置设备三台，需采用桅杆吊装就位，其静置设备位置及间距如图 3-6 所示，试计算其工程量。

**【解】**（1）2013 清单与 2008 清单对照（表 3-19）

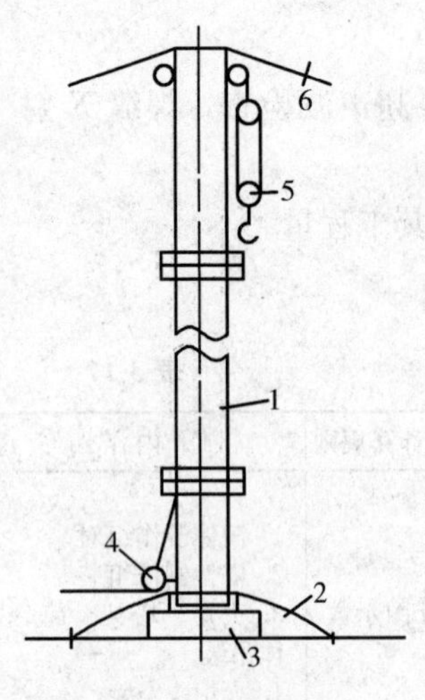

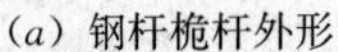

（a）钢杆桅杆外形

1—钢管；2—底部固定索；
3—底座；4—导向滑轮组；
5—起重滑轮组；6—缆索

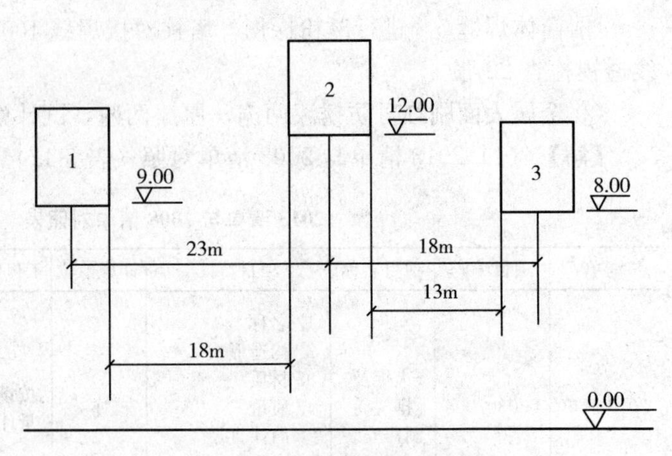


（b）静置设备的位置与间距

第1台：单重155t，安装标高9m
第2台：单重172t，安装标高12m
第3台：单重100t，安装标高8m

图3-6　静置设备示意图

**2013清单与2008清单对照表**　　　**表3-19**

| 清单 | 项目编码 | 项目名称 | 项目特征 | 计算单位 | 工程量计算规则 | 工作内容 |
|---|---|---|---|---|---|---|
| 2013清单 | 030308002 | 塔器安装 | 1. 名称<br>2. 材质<br>3. 质量<br>4. 规格、型号<br>5. 塔器清洗、钝化及脱脂设计要求<br>6. 灌浆配合比 | 台 | 按设计图示数量计算 | 1. 塔器整体安装<br>2. 塔器分段组装<br>3. 塔器清洗、钝化及脱脂<br>4. 二次灌浆 |
| 2008清单 | 030508002 | 塔器类 | 1. 材质<br>2. 构造<br>3. 质量<br>4. 绝热材质及要求 | 台 | 按设计图示数量计算<br>注：设备质量按设计图示计算，包括内件及附件的质量<br>多节铸铁塔的安装质量，包括塔本体、底座、冷却箱体、冷却水管、钛板换热器笠帽、塔盖等图示标注（供货）的全部质量 | 1. 塔器整体安装<br>2. 塔器分段组装<br>3. 塔器清洗、钝化及脱脂<br>4. 塔器除锈、刷油<br>5. 塔器绝热<br>6. 二次灌浆 |

### ✲解题思路及技巧

此题比较简单，主要考察该项目的清单工程量表的填写。

（2）清单工程量

1）静置设备安装，计量单位：台。

工程量：$\frac{3\text{（台数）}}{1\text{（计量单位）}}=3$。

2）桅杆安装拆除，计量单位：座。

工程量：$\frac{1（座）}{1（计量单位）}=1$。

3）桅杆水平移位，计量单位：座。

工程量：$\frac{3（座）}{1（计量单位）}=3$。

4）拖拉坑挖埋，计量单位：个。

工程量：$\frac{8（个）}{1（计量单位）}=8$。

5）设备吊装加固，计量单位：t。

工程量：$\frac{3t}{1（计量单位）}=3t$。

（3）清单工程量计算表（表 3-20）

**清单工程量计算表**　　　　**表 3-20**

| 项目编码 | 项目名称 | 项目特征描述 | 计量单位 | 工程量 |
|---|---|---|---|---|
| 030308002001 | 塔器安装 | 静置设备安装 | 台 | 3 |

## 3.7 无损检验

**【例 11】** 某化工厂组对安装一座乙烯塔，塔直径 3000mm，总高 58m（包括基座），单重 192t（不包括塔盘及其他部件），塔体分三段到货，试计算其工程量。

**【解】**（1）2013 清单与 2008 清单对照（表 3-21）

**2013 清单与 2008 清单对照表**　　　　**表 3-21**

| 序号 | 清单 | 项目编码 | 项目名称 | 项目特征 | 计算单位 | 工程量计算规则 | 工作内容 |
|---|---|---|---|---|---|---|---|
| 1 | 2013 清单 | 030308002 | 塔器安装 | 1. 名称<br>2. 材质<br>3. 质量<br>4. 规格、型号<br>5. 塔器清洗、钝化及脱脂设计要求<br>6. 灌浆配合比 | 台 | 按设计图示数量计算 | 1. 塔器整体安装<br>2. 塔器分段组装<br>3. 塔器清洗、钝化及脱脂<br>4. 二次灌浆 |
|  | 2008 清单 | 030508002 | 塔器类 | 1. 材质<br>2. 构造<br>3. 质量<br>4. 绝热材质及要求 | 台 | 按设计图示数量计算<br>注：设备质量按设计图示计算，包括内件及附件的质量<br>多节铸铁塔的安装质量，包括塔本体、底座、冷却箱体、冷却水管、钛板换热器笠帽、塔盖等图示标注（供货）的全部质量 | 1. 塔器整体安装<br>2. 塔器分段组装<br>3. 塔器清洗、钝化及脱脂<br>4. 塔器除锈、刷油<br>5. 塔器绝热<br>6. 二次灌浆 |

续表

| 序号 | 清单 | 项目编码 | 项目名称 | 项目特征 | 计算单位 | 工程量计算规则 | 工作内容 |
|---|---|---|---|---|---|---|---|
| 2 | 2013清单 | 030310001 | X射线探伤 | 1. 名称<br>2. 板厚<br>3. 底片规格 | 张 | 按规范或设计要求计算 | 无损检验 |
| | 2008清单 | 030510001 | X射线无损检测 | 1. 名称<br>2. 板厚 | 张 | 按设计图纸或规范要求计量 | 无损检测X射线 |
| 3 | 2013清单 | 030310003 | 超声波探伤 | 1. 名称<br>2. 部位<br>3. 板厚 | m<br>($m^2$) | 1. 金属板材对接焊缝、周边超声波探伤按长度计算<br>2. 板面超声波探伤检测按面积计算 | 1. 对接焊缝、板面、板材周边超声波探伤<br>2. 对比试块制作 |
| | 2008清单 | 030510003 | 超声波探伤 | 1. 名称<br>2. 部位<br>3. 板厚 | m、$m^2$ | 按设计图纸或规范要求计量。金属板材对接焊缝、周边超声波探伤按m计量，板面超声波探伤检测按$m^2$计量 | 1. 对接焊缝超声波探伤<br>2. 板面超声波探伤<br>3. 板材周边超声波探伤 |

**✲解题思路及技巧**

此题比较简单，主要考察该项目的清单工程量表的填写。

(2) 清单工程量

1) 分段安装——乙烯塔，直径 $\phi$3000mm，总高 58m，单重 192t，计量单位：台。

工程量：$\frac{1\text{（台数）}}{1\text{（计量单位）}}=1$。

2) X射线无损探伤，计量单位：张，工程量：14。

3) 超声波探伤，计量单位：m，工程量：20。

(3) 清单工程量计算表（表 3-22）

**清单工程量计算表** **表 3-22**

| 序号 | 项目编码 | 项目名称 | 项目特征描述 | 计量单位 | 工程量 |
|---|---|---|---|---|---|
| 1 | 030308002001 | 分片、分段塔器 | 分段安装——乙烯塔 | 台 | 1 |
| 2 | 030310001001 | X射线无损探伤 | X射线无损探伤 | 张 | 14 |
| 3 | 030310003001 | 超声波探伤 | 超声波探伤 | m | 20.00 |

**【例 12】** 工程内容：制作安装 4 台，1000$m^3$ 拱顶油罐，设计容积为 1095$m^3$，贮存介质为原油，拱顶油罐外形示意图如图 3-7 所示，试计算其安装工程量。

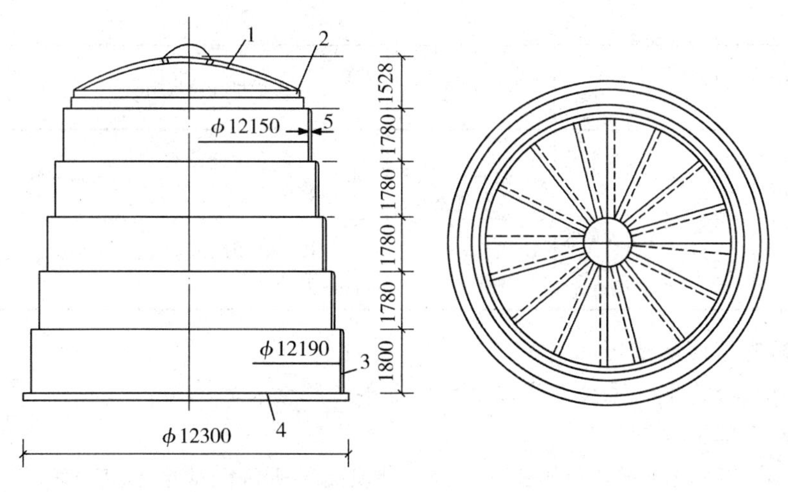


图3-7　1000m³ 拱顶油罐外形示意图

1—罐顶；2—角钢圈；3—罐壁板；4—罐底板

**【解】**（1）2013清单与2008清单对照（表3-23）

**2013清单与2008清单对照表**　　　　**表3-23**

| 序号 | 清单 | 项目编码 | 项目名称 | 项目特征 | 计算单位 | 工程量计算规则 | 工作内容 |
|---|---|---|---|---|---|---|---|
| 1 | 2013清单 | 030304001 | 拱顶罐制作安装 | 1. 名称<br>2. 构造形式<br>3. 材质<br>4. 容量<br>5. 质量<br>6. 本体梯子、平台、栏杆类型、质量<br>7. 安装位置<br>8. 型钢圈材质<br>9. 临时加固件材质<br>10. 附件种类、规格及数量、材质<br>11. 压力试验设计要求 | 台 | 按设计图示数量计 | 1. 罐本体制作、安装<br>2. 型钢圈煨制<br>3. 充水试验<br>4. 卷板平直<br>5. 拱顶罐临时加固件制作、安装与拆除<br>6. 本体梯子、平台、栏杆制作安装<br>7. 附件制作、安装 |
|  | 2008清单 | 030504001 | 拱顶罐制作、安装 | 1. 材质<br>2. 构造形式<br>3. 容量<br>4. 质量 | 台 | 按设计图示数量计算<br>注：质量包括罐底板、罐壁板、罐顶板（含中心板）、角钢圈、加固圈以及搭接、垫板、加强板的金属质量，不包括配附件的质量<br>其质量按设计尺寸以展开面积计算，不扣除罐体上孔洞所占面积 | 1. 罐本体制作、安装<br>2. 型钢圈煨制<br>3. 水压试验<br>4. 卷板平直<br>5. 除锈<br>6. 刷油<br>7. 绝热<br>8. 拱顶罐临时加固件制作、安装与拆除<br>9. 拱顶罐组装胎具制作、安装、拆除 |

续表

| 序号 | 清单 | 项目编码 | 项目名称 | 项目特征 | 计算单位 | 工程量计算规则 | 工作内容 |
|---|---|---|---|---|---|---|---|
| 2 | 2013清单 | 030310001 | X射线探伤 | 1. 名称<br>2. 板厚<br>3. 底板规格 | 张 | 按规范或设计要求计算 | 无损检验 |
| | 2008清单 | 030510001 | X射线无损检测 | 1. 名称<br>2. 板厚 | 张 | 按设计图纸或规范要求计量 | 无损检测X射线 |

**✲解题思路及技巧**

此题比较简单，主要考察该项目的清单工程量表的填写。

(2) 清单工程量

1) 拱顶罐制作安装：钢制 $1000m^3$ 拱顶油罐 4 台；计量单位：台。

工程量：4（台）/1(计量单位)=4。

2) X射线无损检测；计量单位：张，工程量：38。

(3) 清单工程量计算表（表3-24）

**清单工程量计算表** **表3-24**

| 序号 | 项目编码 | 项目名称 | 项目特征描述 | 计量单位 | 工程量 |
|---|---|---|---|---|---|
| 1 | 030304001001 | 拱顶罐制作、安装 | 拱顶油罐制作、安装 | 台 | 4 |
| 2 | 030310001001 | X射线无损探伤 | X射线探伤 | 张 | 38 |

**【例13】** 某容器直径5m，长度20m，板厚10mm，椭圆形封头，设计规定探伤方法：X射线透照20%，超声波探伤40%，计算其探伤工程量，如图3-8示。

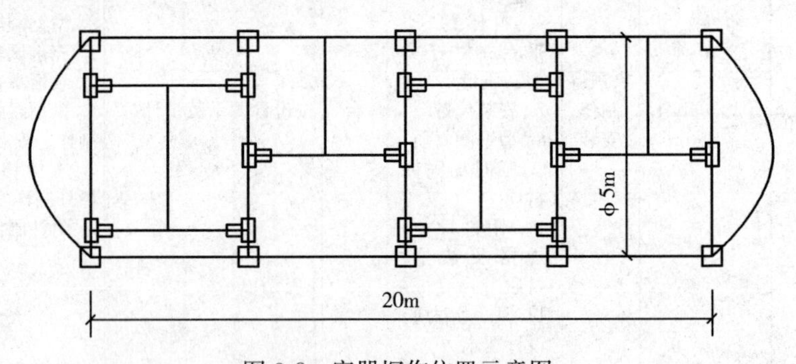


图3-8 容器探伤位置示意图

**【解】** (1) 2013清单与2008清单对照（表3-25）

**2013清单与2008清单对照表** **表3-25**

| 序号 | 清单 | 项目编码 | 项目名称 | 项目特征 | 计算单位 | 工程量计算规则 | 工作内容 |
|---|---|---|---|---|---|---|---|
| 1 | 2013清单 | 030310001 | X射线探伤 | 1. 名称<br>2. 板厚<br>3. 底板规格 | 张 | 按规范或设计要求计算 | 无损检验 |
| | 2008清单 | 030510001 | X射线无损检测 | 1. 名称<br>2. 板厚 | 张 | 按设计图纸或规范要求计量 | 无损检测X射线 |

续表

| 序号 | 清单 | 项目编码 | 项目名称 | 项目特征 | 计算单位 | 工程量计算规则 | 工作内容 |
| --- | --- | --- | --- | --- | --- | --- | --- |
| 2 | 2013清单 | 030310003 | 超声波探伤 | 1. 名称<br>2. 部位<br>3. 板厚 | m（$m^2$） | 1. 金属板材对接焊缝、周边超声波探伤按长度计算<br>2. 板面超声波探伤检测按面积计算 | 1. 对接焊缝、板面、板材周边超声波探伤<br>2. 对比试块制作 |
| | 2008清单 | 030510003 | 超声波探伤 | 1. 名称<br>2. 部位<br>3. 板厚 | m、$m^2$ | 按设计图纸或规范要求计量。金属板材对接焊缝、周边超声波探伤按 m 计量，板面超声波探伤检测按 $m^2$ 计量 | 1. 对接焊缝超声波探伤<br>2. 板面超声波探伤<br>3. 板材周边超声波探伤 |

（2）清单工程量

1）X 射线探伤：一共是 144 张，X 射线透照 20%，板厚 10mm，计量单位：张。

工程量：144（张）/1(计量单位)＝144。

2）超声波探伤

项目编码：030310003；超声波探伤，圆柱筒体直径为 5m，长 20m，板厚 10mm，椭圆形封头，其中探伤比率为 40%，总长 133.4m，计量单位：m。

工程量：133.4m/1(计量单位)＝133.4m。

（3）清单工程量计算表（表 3-26）

**清单工程量计算表　　表 3-26**

| 序号 | 项目编码 | 项目名称 | 项目特征描述 | 计量单位 | 工程量 |
| --- | --- | --- | --- | --- | --- |
| 1 | 030310001001 | X 射线无损探伤 | X 射线探伤 | 张 | 144 |
| 2 | 030310003001 | 超声波探伤 | 超声波探伤 | m | 133.40 |

**【例 14】** 制作安装一套联合平台、梯子、栏杆项目，图 3-9 为煤气发生设备的洗涤塔与除焦油器两台设备的联合平台与梯子、栏杆结构示意图。平台的结构为槽钢（I12）焊成圆框架，护栏为圆钢（$\phi$22）焊成，支撑为角钢（∟66×6）制成三角支撑；梯子由钢板作两侧板，圆钢（$\phi$19）焊成踏步，圆钢（$\phi$22）作扶手。已知各层材料净重，示意图如图 3-9 所示。

洗涤塔部分：

3m 层平台重 1.5t，7m 层平台重 1.5t，11m 层平台重 1.5t，15m 平台重 0.75t，19m 平台重 1.1t，21m 层护栏架重 0.32t，塔顶平台重 0.19t。

除焦油器部分：5m 层平台重 0.75t，8m 层平台重 1.5t，12.20m 层平台重 1.5t，7m 层到 8m 层的走台重 0.4t，11 层到 12.20 层走台重 0.45t，梯子每座重 0.21t。

试计算其工程量。

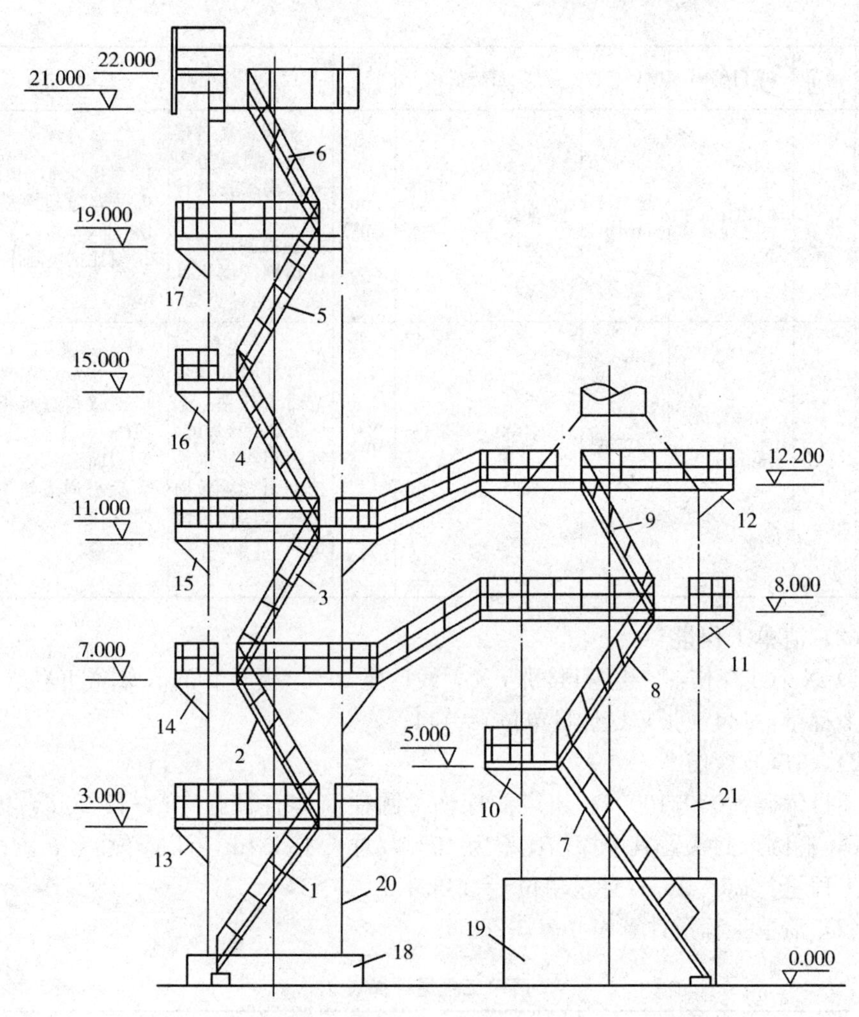


图 3-9 煤气静电除焦油器及洗涤塔平台、梯子、栏杆示意图

1～9—斜梯；10～17—支撑；18—洗涤塔基础；

19—静电除焦油器基础；20—洗涤塔；21—静电除焦油器

**【解】**（1）2013 清单与 2008 清单对照（表 3-27）

**2013 清单与 2008 清单对照表** **表 3-27**

| 清单 | 项目编码 | 项目名称 | 项目特征 | 计算单位 | 工程量计算规则 | 工作内容 |
|---|---|---|---|---|---|---|
| 2013 清单 | 030307001 | 联合平台制作安装 | 1. 名称<br>2. 每组质量<br>3. 平台板材质 | t | 按设计图示尺寸以质量计算 | 制作、安装 |
| 2008 清单 | 030507001 | 联合平台制作、安装 | 1. 每组质量<br>2. 平台板材质量 | t | 按设计图示尺寸以质量计算包括平台上梯子、栏杆、扶手质量，不扣除孔眼和切角所占质量<br>注：多角形连接筋板质量以图示最长边和最宽边尺寸，按矩形面积计算 | 1. 制作、安装<br>2. 除锈、刷油 |

（2）清单工程量

1）平台制作、安装

项目编码：030307001，平台所用材料为槽钢（C12），共重11.14t，计量单位：t。

工程量：11.14t/1(计量单位)＝11.14t。

2）梯子、栏杆总重

项目编码：030307001，总重：(1.89＋0.32)t＝2.21t，计量单位：t。

工程量：2.21t/1(计量单位)＝2.21t。

则联合平台工程量：(11.14＋2.21)t＝13.35t。

（3）清单工程量计算表（表3-28）

**清单工程量计算表**　　**表3-28**

| 项目编码 | 项目名称 | 项目特征描述 | 计量单位 | 工程量 |
| --- | --- | --- | --- | --- |
| 030307001001 | 联合平台制作、安装 | 槽钢C12，共11.14t | t | 13.35 |

# 第4章 电气设备安装工程

## 4.1 变压器安装

**【例1】** 某电杆坑为坚土，坑底实际宽度为2.1m，坑深2.8m，试求土方量。已知相邻偶数土方量为$A=19.52m^3$，$B=22.56m^3$。

**【解】** （1）2013清单与2008清单对照（表4-1）

**2013清单与2008清单对照表** **表4-1**

| 清单 | 项目编码 | 项目名称 | 项目特征 | 计算单位 | 工程量计算规则 | 工作内容 |
|---|---|---|---|---|---|---|
| 2013清单 | 010101002 | 挖一般土方 | 1. 土壤类别<br>2. 挖土深度<br>3. 弃土运距 | $m^3$ | 按设计图示尺寸以体积计算 | 1. 排地表水<br>2. 土方开挖<br>3. 维护（挡土板）及拆除<br>4. 基底钎探<br>5. 运输 |
| 2008清单 | 010101002 | 挖土方 | 1. 土壤类别<br>2. 挖土平均厚度<br>3. 弃土运距 | $m^3$ | 按设计图示尺寸以体积计算 | 1. 排地表水<br>2. 土方开挖<br>3. 挡土板支拆<br>4. 截桩头<br>5. 基地钎探<br>6. 运输 |

**✲解题思路及技巧**

先要看图纸外形构造，以便结合图形采用数学原理进行快捷计算。另外，也可以结合计算规则和以往经验快速计算。

（2）清单工程量

通常情况下，杆塔坑的计算底宽均按偶数排列，如出现奇数时，其土方量可按下列近似值公式求得：

$$V=\frac{A+B-0.02h}{2}$$

式中 $A$、$B$——为相邻偶数的土方量（$m^3$）；

$h$——为坑深（m）。

所以所求土方量为：$V=\frac{19.52+22.56-0.02\times2.8}{2}=21.01m^3$。

（3）清单工程量计算表（表4-2）

**清单工程量计算表** **表4-2**

| 项目编码 | 项目名称 | 项目特征描述 | 计量单位 | 工程量 |
|---|---|---|---|---|
| 010101002001 | 挖一般土方 | 坚土，坑深2.8m | $m^3$ | 21.01 |

【例2】 某电气工程需要安装三台10kV干式接地变压器，其中两台变压器型号为SCLB-JD-800/200kVA、另一台变压器型号为DKSCLB-606/125kVA，试做出该项目的清单列项。

【解】（1）2013清单与2008清单对照（表4-3）

**2013清单与2008清单对照表　　　表4-3**

| 清单 | 项目编码 | 项目名称 | 项目特征 | 计算单位 | 工程量计算规则 | 工作内容 |
| --- | --- | --- | --- | --- | --- | --- |
| 2013清单 | 030401002 | 干式变压器 | 1. 名称<br>2. 型号<br>3. 容量（kV·A）<br>4. 电压（kV）<br>5. 油过滤要求<br>6. 干燥要求<br>7. 基础型钢形式、规格<br>8. 网门、保护门材质、规格<br>9. 温控箱型号、规格 | 台 | 按设计图示数量计算 | 1. 本体安装<br>2. 基础型钢制作、安装<br>3. 温控箱安装<br>4. 接地<br>5. 网门、保护门制作、安装<br>6. 补刷（喷）油漆 |
| 2008清单 | 030201002 | 干式变压器 | 1. 名称<br>2. 型号<br>3. 容量（kV·A） | 台 | 按设计图示数量计算 | 1. 基础型钢制作、安装<br>2. 本体安装<br>3. 干燥<br>4. 端子箱（汇控箱）安装<br>5. 刷（喷）油漆 |

**✲解题思路及技巧**

此题比较简单，主要考察该项目的清单工程量表的填写。

（2）清单工程量

由体意可知：

变压器型号为SCLB-JD-800/200kVA的工程量为2台。

变压器型号为DKSCLB-606/125kVA的工程量为1台。

（3）清单工程量计算表（表4-4）

**清单工程量计算表　　　表4-4**

| 序号 | 项目编码 | 项目名称 | 项目特征描述 | 计量单位 | 工程数量 |
| --- | --- | --- | --- | --- | --- |
| 1 | 030401002001 | 干式接地变压器 | 名称：10kV干式接地变压器<br>型号：SCLB-JD<br>容量：200kVA | 台 | 2 |
| 2 | 030401002002 | 干式接地变压器 | 名称：10kV干式接地变压器<br>型号：DKSCLB<br>容量：125kVA | 台 | 1 |

【例3】 全长250m的电力电缆直埋工程，单根埋设时下口宽度0.4m，深度

1.3m。现若同沟并排埋设5根电缆。问：挖填土方量多少？若直埋的5根电缆横向穿过混凝土铺设的公路，已知路面宽28m，混凝土路面厚度200mm，电缆保护管为SC80（管厚3mm），埋设深度1.5m，试求路面开挖预算工程量。

计算用到表4-5。

**直埋电缆挖土（石）方量计算表** **表4-5**

| 项　目 | 电缆根数 | |
|---|---|---|
| | 1～2根 | 每增加1根 |
| 每米沟长挖填土方量（$m^3$） | 0.45 | 0.153 |

注：1. 两根以内电缆沟，按上口宽0.6m，下口宽0.4m，深0.9m计算常规土方量。
2. 每增加1根电缆，其沟宽增加0.17m。

**【解】**（1）2013清单与2008清单对照（表4-6）

**2013清单与2008清单对照表** **表4-6**

| 序号 | 清单 | 项目编码 | 项目名称 | 项目特征 | 计算单位 | 工程量计算规则 | 工作内容 |
|---|---|---|---|---|---|---|---|
| 1 | 2013清单 | 010101007 | 管沟土方 | 1. 土壤类别<br>2. 管外径<br>3. 挖沟深度<br>4. 回填要求 | 1. m<br>2. $m^3$ | 1. 以米计量，按设计图示以管道中心线长度计算<br>2. 以立方米计量，按设计图示管底垫层面积乘以挖土深度计算；无管底垫层按管外径的水平投影面积乘以挖土深度计算，不扣除各类井的长度，井的土方并入 | 1. 排地表水<br>2. 土方开挖<br>3. 维护（挡土板）、支撑<br>4. 运输<br>5. 回填 |
| | 2008清单 | 010101006 | 管沟土方 | 1. 土壤类别<br>2. 管外径<br>3. 挖沟平均厚度<br>4. 弃土运距<br>5. 回填要求 | m | 按设计图示以管道中心线长度计算 | 1. 排地表水<br>2. 土方开挖<br>3. 挡土板支拆<br>4. 运输<br>5. 回填 |
| 2 | 2013清单 | 010101004 | 挖基坑土方 | 1. 土壤类别<br>2. 挖土深度<br>3. 弃土运距 | $m^3$ | 按设计图示尺寸以基础垫层底面积乘以挖土深度计算 | 1. 排地表水<br>2. 土方开挖<br>3. 维护（挡土板）、支撑<br>4. 基地钎探<br>5. 运输 |
| | 2008清单 | 010101003 | 挖基础土方 | 1. 土壤类别<br>2. 基础类别<br>3. 垫层底宽、底面积<br>4. 挖土深度<br>5. 弃土运距 | $m^3$ | 按设计图示尺寸以基础垫层底面积乘以挖土深度计算 | 1. 排地表水<br>2. 土方开挖<br>3. 挡土板支拆<br>4. 截桩头<br>5. 基底钎探<br>6. 运输 |

**✲解题思路及技巧**

先要看图纸外形构造，以便结合图形采用数学原理进行快捷计算。另外，也可以结合计算规则和以往经验快速计算。

（2）清单工程量

1）填挖土方量

按表4-5，标准电缆沟下口宽 $a=0.4\text{m}$，上口宽 $b=0.6\text{m}$，沟深 $h=0.9\text{m}$，则电缆沟放坡系数为：

$$\zeta=(0.1/0.9)=0.11$$

题中已知下口宽 $a=0.4\text{m}$，沟深 $h'=1.3\text{m}$，所以上口宽为：

$$b'=a'+2\zeta h'=0.4+2\times0.11\times1.3=0.69\text{m}$$

根据表4-5及注可知同沟并排5根电缆，其电缆上下口宽度均增加 $0.17\times4=0.68\text{m}$，则挖填土方量为：

$$V_1=[(0.69+0.68+0.4+0.68)\times1.3/2]\times250=398.13\text{m}^3$$

**贴心助手**

式中（0.69+0.68）为上口宽，（0.4+0.68）为下口宽，1.3为深沟的高，$(0.69+0.68+0.4+0.68)\times1.3/2$ 为电缆沟横截面的面积，250m为深沟的全长。

2）路面开挖填土方量计算

已知电缆保护管为SC80，由电缆过路保护管埋地敷设土方量及计算规则求得电缆沟下口宽度为：

$$a_1=(0.08+0.003\times2)\times5+0.3\times2=1.03\text{m}$$

**贴心助手**

式中 $(0.08+0.003\times2)\times5$ 为5根电缆的横截面总长，$0.3\times2$ 为两边工作面的总宽度。

缆沟放坡系数 $\zeta=0.11$，则电缆沟上口宽度：

$$b_1=a_1+2\zeta h'=1.03+2\times0.11\times1.5=1.36\text{m}$$

其中，人工挖路面厚度为200mm，宽度28m的路面面积工程量为：

$$S=b_1B=1.36\times28=38.08\text{m}^2$$

据有关规定，电缆保护管横穿道路时，按路基宽度两端各增加2m，则保护管SC80总长度为：$L=(28+2\times2)\times5=160\text{m}$。

则路面开挖填土方量为：

$$V=[(1.03+1.36)\times1.5/2]\times(28+2\times2)-38.08\times0.2=49.74\text{m}^3$$

**贴心助手**

式中 $(1.03+1.36)\times1.5/2$ 是沟的截面积，$(28+2\times2)$ 是需要开挖的长度，$38.08\times0.2$ 是上面混凝土层所需开挖的土方量，必须减去。

(3) 清单工程量计算表(表 4-7)

**清单工程量计算表** **表 4-7**

| 序号 | 项目编码 | 项目名称 | 项目特征描述 | 计量单位 | 工程量 |
|---|---|---|---|---|---|
| 1 | 010101007001 | 管沟土方 | 电缆保护管 SC80,深 1.3m | m | 250 |
| 2 | 010101003001 | 挖沟槽土方 | 深度 1.3m | $m^3$ | 398.13 |
| 3 | 010101003002 | 挖沟槽土方 | 埋深 1.5m | $m^3$ | 49.74 |

## 4.2 母线安装

**【例 4】** 设某工程施工图设计要求工程信号盘 2 块,直流盘 3 块,共计 5 块,盘宽 800mm,安装小母线,试计算小母线安装总长度。

**【解】** (1) 2013 清单与 2008 清单对照(表 4-8)

**2013 清单与 2008 清单对照表** **表 4-8**

| 清单 | 项目编码 | 项目名称 | 项目特征 | 计算单位 | 工程量计算规则 | 工作内容 |
|---|---|---|---|---|---|---|
| 2013 清单 | 030403003 | 带形母线 | 1. 名称<br>2. 型号<br>3. 规格<br>4. 材质<br>5. 绝缘子类型、规格<br>6. 穿墙套管材质、规格<br>7. 穿通板材质、规格<br>8. 母线桥材质、规格<br>9. 引下线材质、规格<br>10. 伸缩节、过渡板材质、规格<br>11. 分相漆品种 | m | 按设计图示尺寸以单相长度计算 | 1. 母线安装<br>2. 穿通板制作、安装<br>3. 支持绝缘子、穿墙套管的耐压试验、安装<br>4. 引下线安装<br>5. 伸缩节安装<br>6. 过渡板安装<br>7. 刷分相漆 |
| 2008 清单 | 030203003 | 带形母线 | 1. 型号<br>2. 规格<br>3. 材质 | m | 按设计图示尺寸以单线长度计算 | 1. 支持绝缘子、穿墙套管的耐压试验、安装<br>2. 穿通板制作、安装<br>3. 母线安装<br>4. 母线桥安装<br>5. 引下线安装<br>6. 伸缩节安装<br>7. 过渡板安装<br>8. 刷分相漆 |

**✲解题思路及技巧**

可以结合计算规则和以往经验快速计算。

(2) 清单工程量

控制回路小母线计算方法如下:

已知盘数为5块，盘宽800mm，小母线15根。计算（5×0.8×15+15×5×0.05）=63.75m，则小母线安装总长度为63.75m。

**贴心助手**

5表示盘的个数，0.8表示盘的宽度，15表示小母线的根数。

（3）清单工程量计算表（表4-9）

**清单工程量计算表** **表4-9**

| 项目编码 | 项目名称 | 项目特征描述 | 计量单位 | 工程量 |
|---|---|---|---|---|
| 030403003001 | 带形母线 | 信号盘2块，直流盘3块，盘宽800mm，安装小母线 | m | 63.75 |

**【例5】** 某工厂车间变电所采用每相1片截面为1000mm$^2$带形铜母线，按设计图示尺寸计算为300m，试计算其安装工程量。

**【解】**（1）2013清单与2008清单对照（表4-10）

**2013清单与2008清单对照表** **表4-10**

| 清单 | 项目编码 | 项目名称 | 项目特征 | 计算单位 | 工程量计算规则 | 工作内容 |
|---|---|---|---|---|---|---|
| 2013清单 | 030403003 | 带形母线 | 1. 名称<br>2. 型号<br>3. 规格<br>4. 材质<br>5. 绝缘子类型、规格<br>6. 穿墙套管材质、规格<br>7. 穿通板材质、规格<br>8. 母线桥材质、规格<br>9. 引下线材质、规格<br>10. 伸缩节、过渡板材质、规格<br>11. 分相漆品种 | m | 按设计图示尺寸以单相长度计算（含预留长度） | 1. 母线安装<br>2. 穿通板制作、安装<br>3. 支持绝缘子、穿墙套管的耐压试验、安装<br>4. 引下线安装<br>5. 伸缩节安装<br>6. 过渡板安装<br>7. 刷分相漆 |
| 2008清单 | 030203003 | 带形母线 | 1. 型号<br>2. 规格<br>3. 材质 | m | 按设计图示尺寸以单线长度计算 | 1. 支持绝缘子、穿墙套管的耐压试验、安装<br>2. 穿通板制作、安装<br>3. 母线安装<br>4. 母线桥安装<br>5. 引下线安装<br>6. 伸缩节安装<br>7. 过渡板安装<br>8. 刷分相漆 |

**✲解题思路及技巧**

先要看图纸外形构造，以便结合图形采用数学原理进行快捷计算。另外，也可以结合计算规则和以往经验快速计算。

（2）清单工程量

依据图示，该母线一端与高压配电柜相接，故其工程量为：

$$300+0.5=300.5\text{m}$$

**贴心助手**

清单中带形母线的计算规则为按设计图示尺寸以单相长度计算（含预留长度），清单一般不考虑损耗。300 为设计图示尺寸，0.5 为预留长度，两者之和即为所要求的清单工程量。

（3）清单工程量计算表（表 4-11）

**清单工程量计算表** **表 4-11**

| 项目编码 | 项目名称 | 项目特征描述 | 计量单位 | 工程量 |
|---|---|---|---|---|
| 030403003001 | 带形母线 | 接地母线，100mm² 带形母线 | m | 300.5 |

## 4.3 控制设备及低压电器安装工程

**【例 6】** 如图 4-1 所示，电缆自 N1 电杆（9m）引入埋设引至 3 号厂房 N3 动力箱、4 号厂房 N2 动力箱，试求工程量（注：采用电缆沟铺砂盖砖，厂房内采用钢管保护）。

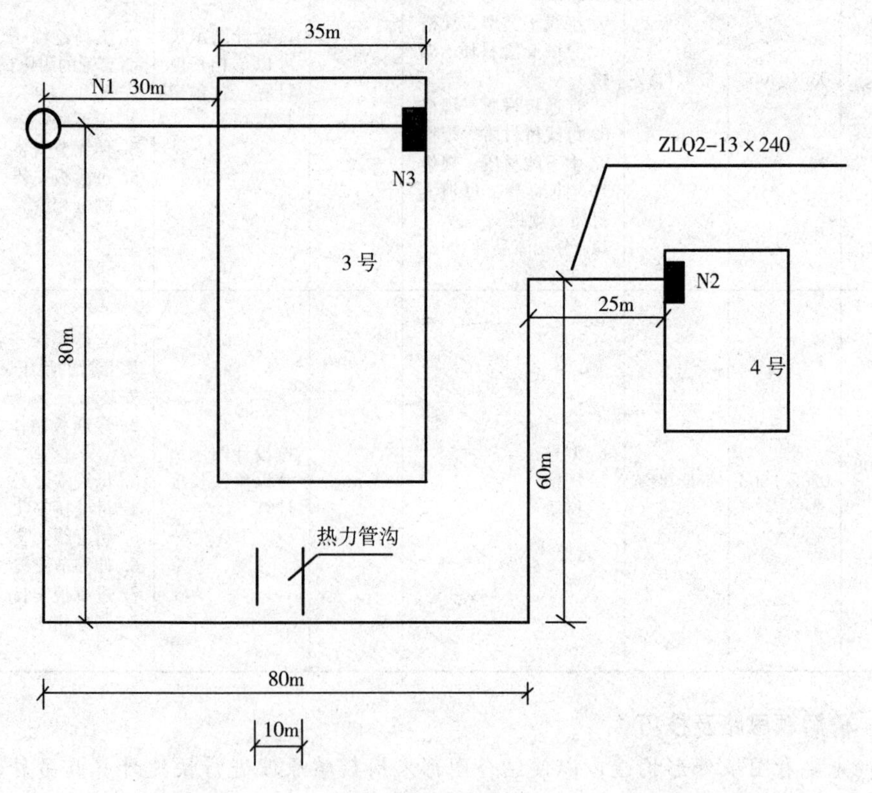


图 4-1 电缆敷设图

**【解】**（1）2013 清单与 2008 清单对照（表 4-12）

**2013 清单与 2008 清单对照表**　　　　表 4-12

| 序号 | 清单 | 项目编码 | 项目名称 | 项目特征 | 计算单位 | 工程量计算规则 | 工作内容 |
|---|---|---|---|---|---|---|---|
| 1 | 2013 清单 | 010101007 | 管沟土方 | 1. 土壤类别<br>2. 管外径<br>3. 挖沟深度<br>4. 回填要求 | 1. m<br>2. $m^3$ | 1. 以米计量，按设计图示以管道中心线长度计算<br>2. 以立方米计量，按设计图示管底垫层面积乘以挖土深度计算；无管底垫层按管外径的水平投影面积乘以挖土深度计算，不扣除各类井的长度，井的土方并入 | 1. 排地表水<br>2. 土方开挖<br>3. 维护（挡土板）、支撑<br>4. 运输<br>5. 回填 |
| | 2008 清单 | 010101006 | 管沟土方 | 1. 土壤类别<br>2. 管外径<br>3. 挖沟平均深度<br>4. 弃土运距<br>5. 回填要求 | m | 按设计图示以管道中心线长度计算 | 1. 排地表水<br>2. 土方开挖<br>3. 挡土板支拆<br>4. 运输<br>5. 回填 |
| 2 | 2013 清单 | 031001002 | 钢管 | 1. 安装部位<br>2. 介质<br>3. 规格、压力等级<br>4. 连接形式<br>5. 压力试验及吹、洗设计要求<br>6. 警示带形式 | m | 按设计图示管道中心线以长度计算 | 1. 管道安装<br>2. 管件制作、安装<br>3. 压力试验<br>4. 吹扫、冲洗<br>5. 警示带铺设 |
| | 2008 清单 | 030801002 | 钢管 | 1. 安装部位（室内、外）<br>2. 输送介质（给水、排水、热媒体、燃气、雨水）<br>3. 材质<br>4. 型号、规格<br>5. 连接方式<br>6. 套管形式、材质、规格<br>7. 接口材料<br>8. 除锈、刷油、防腐、绝热及保护层设计要求 | m | 按设计图示管道中心线长度以延长米计算，不扣除阀门、管件（包括减压器、疏水器、水表、伸缩器等组成安装）及各种井类所占的长度；方形补偿器以其所占长度按管道安装工程量计算 | 1. 管道、管件及弯管的制作、安装<br>2. 管件安装（指铜管管件、不锈钢管管件）<br>3. 套管（包括防水套管）制作、安装<br>4. 管道除锈、刷油防腐<br>5. 管道绝热及保护层安装、除锈、刷油<br>6. 给水管道消毒、冲洗<br>7. 水压及试漏试验 |

续表

| 序号 | 清单 | 项目编码 | 项目名称 | 项目特征 | 计算单位 | 工程量计算规则 | 工作内容 |
| --- | --- | --- | --- | --- | --- | --- | --- |
| 3 | 2013清单 | 031103009 | 电缆 | 1. 规格、型号<br>2. 敷设部位<br>3. 敷设方式 | m | 按设计图示尺寸以中心线长度计算 | 1. 测量<br>2. 敷设 |
| | 2008清单 | 031102032 | 架空电缆 | 1. 名称<br>2. 规格<br>3. 程式<br>4. 方式 | km | 按设计图示数量计算 | 敷设 |
| | 2008清单 | 031102033 | 埋式电缆 | 1. 名称<br>2. 规格<br>3. 程式<br>4. 方式 | km | 按设计图示数量计算 | 1. 测量<br>2. 敷设 |
| | 2008清单 | 031102034 | 管道（通道）电缆 | 1. 名称<br>2. 规格<br>3. 程式<br>4. 方式 | km | 按设计图示数量计算 | 敷设 |
| | 2008清单 | 031102035 | 墙壁电缆 | 1. 名称<br>2. 规格<br>3. 程式<br>4. 方式 | m | 按设计图示数量计算 | 敷设 |
| 4 | 2013清单 | 030408005 | 铺砂、盖保护板（砖） | 1. 种类<br>2. 规格 | m | 按设计图示尺寸以长度计算 | 1. 铺砂<br>2. 盖板（砖） |
| | 2008清单 | 030208003 | 电缆保护管 | 1. 材质<br>2. 规格 | m | 按设计图示尺寸以长度计算 | 保护管敷设 |
| 5 | 2013清单 | 030404017 | 配电箱 | 1. 名称<br>2. 型号<br>3. 规格<br>4. 基础形式、材质、规格<br>5. 接线端子材质、规格<br>6. 端子板外部接线材质、规格<br>7. 安装方式 | 台 | 按设计图示数量计算 | 1. 本体安装<br>2. 基础型钢制作、安装<br>3. 焊、压接线端子<br>4. 端子接线<br>5. 补刷（喷）油漆<br>6. 接地 |
| | 2008清单 | 030204018 | 配电箱 | 1. 名称、型号<br>2. 规格 | 台 | 按设计图示数量计算 | 1. 基础型钢制作、安装<br>2. 箱体安装 |

### ✲解题思路及技巧

先要看图纸外形构造，以便结合图形采用数学原理进行快捷计算。另外，也可以结合计算规则和以往经验快速计算。

（2）清单工程量

1）电缆沟挖土方量

① 由N1至N2：

电缆沟长度：80＋80＋60＋25－10＋3×2.28＝241.84m；

**贴心助手**

热力管沟所占的长度10m，电缆沟绕弯时预留2.28m，从N1到N2有三处绕弯，所以为3×2.28。

该电缆敷设工程敷设2根电缆，则电缆沟挖土方量为：241.84×0.45＝108.83m$^3$。

**贴心助手**

电缆根数为1～2根时，每米沟长挖方量为0.45m$^3$。

② 由N1至N3：

电缆沟长度：30.00m；

**贴心助手**

在厂房内直接采用钢管保护，将电缆引出至地板表面上用钢管敷盖，引至N3动力箱，无需挖沟。

则电缆沟挖土方量为：30×0.45＝13.50m$^3$。

2）电缆埋设工程量

① 从N1到动力箱N2：

80＋80＋60＋25＋1.5×2＋3×2.28＋1.5＋2＋1.5＝259.84m

**贴心助手**

规定电缆进出沟各预留1.5m，电缆转弯时预留2.28m，电缆进建筑物预留2m，电缆终端头接动力箱预留1.5m，电缆从电线杆引下预留1.5m，故总的电缆埋设工程量为259.84m。

② 从N1到动力箱N3：

30＋35＋1.5＋2＋1.5×2＝71.50m

**贴心助手**

参阅上面的解释。

3）电缆沿杆卡设：（9－1.5＋1）×2＝17.00m（总共）。

4）电缆保护管敷设：4根（总共）。

**贴心助手**

在电缆沟内共需2根保护管，过热力管沟需要一根保护管，在厂房3号内需要一根保护管。

5）电缆铺砂盖砖

由 N1 至 N2：80＋80＋60＋25＋2.28×3＝251.84m；

由 N1 至 N3：30m；

共 251.84＋30＝281.84m。

6）室外电缆头制作：2 个（共）。

7）室内电缆头制作：2 个（共）。

8）电缆试验：2 次/根。

则共 2×4＝8 次。

9）电缆沿杆上敷设支架制作：6 套（18kg）。

10）电缆进建筑物密封：2 处。

11）动力箱安装：2 台。

12）动力箱基础槽钢 8 号：2.2×2＝4.40m。

13）钢管：35＋10＝45m。

（3）清单工程量计算表（表 4-13）

**清单工程量计算表** **表 4-13**

| 序号 | 项目编码 | 项目名称 | 项目特征描述 | 计量单位 | 工程量 |
|---|---|---|---|---|---|
| 1 | 010101007001 | 管沟土方 | 截面积 0.45m$^2$ | m$^3$ | 108.83＋13.5＝122.33 |
| 2 | 031001002001 | 钢管 | 敷设 | m | 35＋10＝45 |
| 3 | 031103009001 | 电缆 | 埋式 | m | 259.84＋71.5≈331 |
| 4 | 030408005001 | 铺砂、盖保护板（砖） | 铺砂盖砖 | m | 281.84 |
| 5 | 030404017001 | 配电箱 | 动力配电箱，基础槽钢 8 号 | 台 | 2 |

**【例 7】** 某车间平面图上有 4 台配电箱，型号分别为 XL(F)-15-0600 三台，XL(F)-15-2020 一台，请做出其清单列项。

**【解】**（1）2013 清单与 2008 清单对照（表 4-14）

**2013 清单与 2008 清单对照表** **表 4-14**

| 清单 | 项目编码 | 项目名称 | 项目特征 | 计算单位 | 工程量计算规则 | 工作内容 |
|---|---|---|---|---|---|---|
| 2013 清单 | 030404017 | 配电箱 | 1. 名称<br>2. 型号<br>3. 规格<br>4. 基础形式、材质、规格<br>5. 接线端子材质、规格<br>6. 端子板外部接线材质、规格<br>7. 安装方式 | 台 | 按设计图示数量计算 | 1. 本体安装<br>2. 基础型钢制作、安装<br>3. 焊、压接线端子<br>4. 补刷（喷）油漆<br>5. 接地 |
| 2008 清单 | 030204018 | 配电箱 | 1. 名称、型号<br>2. 规格 | 台 | 按设计图示数量计算 | 1. 基础型钢制作、安装<br>2. 箱体安装 |

**✲解题思路及技巧**

此题比较简单，主要考察该项目的清单工程量表的填写。

（2）清单工程量

根据配电柜型号可知，这 3 台都是落地式防尘配电箱，其中 3 台有 6 个 200A 的回路；另一台有 60A 的 2 个回路、200A 也有 2 个回路，共 4 个回路。

（3）清单工程量计算表（表 4-15）

**清单工程量计算表**　　　　**表 4-15**

| 序号 | 项目编码 | 项目名称 | 项目特征描述 | 计量单位 | 工程量 |
|---|---|---|---|---|---|
| 1 | 030404017001 | 配电箱 | 落地式，XX（F）-15-0600 | 台 | 3 |
| 2 | 030404017002 | 配电箱 | 落地式，XL（F）-15-2020 | 台 | 1 |

## 4.4　电机检查接线及调试

**【例 8】** 如图 4-2 所示，各设备由 HHK、QZ、QC 控制，试求各项调试。

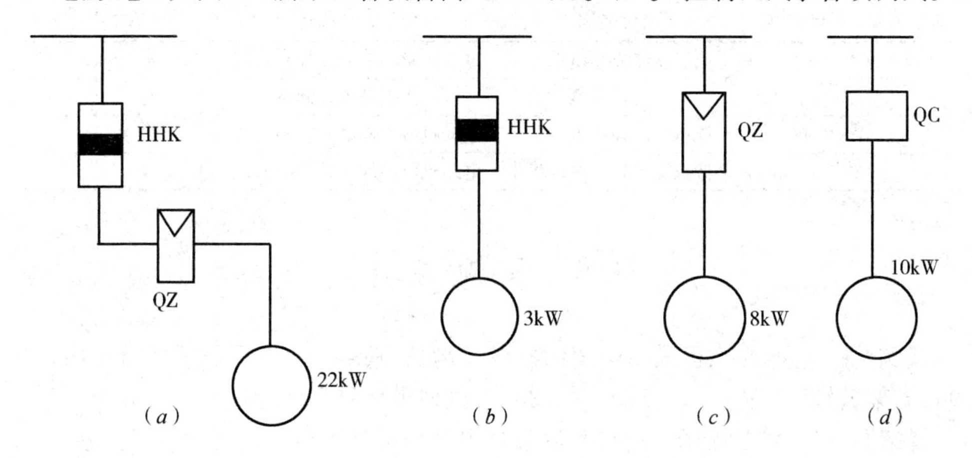


图 4-2　设备示意图

**【解】**（1）2013 清单与 2008 清单对照（表 4-16）

**2013 清单与 2008 清单对照表**　　　　**表 4-16**

| 清单 | 项目编码 | 项目名称 | 项目特征 | 计算单位 | 工程量计算规则 | 工作内容 |
|---|---|---|---|---|---|---|
| 2013 清单 | 030406006 | 低压交流异步电动机 | 1. 名称<br>2. 型号<br>3. 容量（kW）<br>4. 控制保护方式<br>5. 接线端子材质、规格<br>6. 干燥要求 | 台 | 按设计图示数量计算 | 1. 检查接线<br>2. 接地<br>3. 干燥<br>4. 调试 |
| 2008 清单 | 030206006 | 低压交流异步电动机 | 1. 名称、型号、类别<br>2. 控制保护方式 | 台 | 按设计图示数量计算 | 1. 检查接线（包括接地）<br>2. 干燥<br>3. 系统调试 |

**✲解题思路及技巧**

此题比较简单，主要考察该项目的清单工程量表的填写。

(2) 清单工程量

如图所示，应进行计算的调试如下：

1) 电动机磁力起动器控制调试：1台；

电动机检查接线22kW：1台。

2) 电动机刀开关控制调试：1台；

电动机检查接线3kW：1台。

3) 电动机磁力起动器控制调试：1台；

电动机检查接线8kW：1台。

4) 电动机电磁起动器控制调试：1台；

电动机检查接线10kW：1台。

(3) 清单工程量计算表（表4-17）

**清单工程量计算表** **表4-17**

| 序号 | 项目编码 | 项目名称 | 项目特征描述 | 计量单位 | 工程量 |
|---|---|---|---|---|---|
| 1 | 030406006001 | 低压交流异步电动机 | 电动机磁力起动器控制调试 | 台 | 1 |
| 2 | 030406006002 | 低压交流异步电动机 | 电动机刀开关控制调试 | 台 | 1 |
| 3 | 030406006003 | 低压交流异步电动机 | 电动机磁力起动器控制调试 | 台 | 1 |
| 4 | 030406006004 | 低压交流异步电动机 | 电动机电磁起动器控制调试 | 台 | 1 |

## 4.5 电缆安装

**【例9】** 某电缆工程采用电缆沟敷设，沟长90m，共16根电缆，分4层，双边，支架镀锌，$VV_{29}$（3×120+1×35），试列出项目和工程量。

**【解】** (1) 2013清单与2008清单对照（表4-18）

**2013清单与2008清单对照表** **表4-18**

| 清单 | 项目编码 | 项目名称 | 项目特征 | 计算单位 | 工程量计算规则 | 工作内容 |
|---|---|---|---|---|---|---|
| 2013清单 | 030408001 | 电力电缆 | 1. 名称<br>2. 型号<br>3. 规格<br>4. 材质<br>5. 敷设方式、部位<br>6. 电压等级（kV）<br>7. 地形 | m | 按设计图示尺寸以长度计算（含预留长度及附加长度） | 1. 电缆敷设<br>2. 揭（盖）盖板 |
| 2008清单 | 030208001 | 电力电缆 | 1. 型号<br>2. 规格<br>3. 敷设方式 | m | 按设计图示尺寸以长度计算 | 1. 揭（盖）盖板<br>2. 电缆敷设<br>3. 电缆头制作、安装<br>4. 过路保护管敷设<br>5. 防火堵洞<br>6. 电缆防护<br>7. 电缆防火隔板<br>8. 电缆防火涂料 |

**✲解题思路及技巧**

可以结合计算规则和以往经验快速计算。

（2）清单工程量

电缆沟支架制作安装工程量：90×2=180m；

电缆敷设工程量：(90+1.5+1.5×2+0.5×2+3)×16=1576.00m。

**贴心助手**

90 表示电缆沟的长度，2 表示双边，16 表示电缆的根数。

（注：电缆进建筑 1.5m，电缆头两个 1.5m×2。水平到垂直两次 0.5m×2，低压柜 3m，4 层，双边，每边 8 根。）

工程项目和工程量列于表 4-19 中。

**预算表**　　**表 4-19**

| 工程项目 | 单　位 | 数　量 | 单价（元） | 说　明 |
|---|---|---|---|---|
| 电缆支架制作安装 4 层 | m | 180.00 | 80.88 | 双边 90×2 |
| 电缆沿沟内敷设 | m | 1576.00 | 167.56 | 不考虑定额损耗 |

（3）清单工程量计算表（表 4-20）

**清单工程量计算表**　　**表 4-20**

| 项目编码 | 项目名称 | 项目特征描述 | 计量单位 | 工程量 |
|---|---|---|---|---|
| 030408001001 | 电力电缆 | 4 层，双边，支架镀锌 $VV_{29}$（3×120+1×35） | m | 1576.00 |

**【例 10】** 某电缆敷设工程，采用电缆沟直埋铺砂盖砖，5 根 $VV_{29}$（3×50+1×60），进建筑物时电缆穿管 SC50，电缆室外水平距离 100m，中途穿过热力管沟，需要有隔热材料，进入 1 号车间后 10m 到配电柜，从配电室配电柜到外墙 5m（室内部分共 15m，用电缆穿钢管保护，本暂不列项），如图 4-3 所示，试计算该项目的清单工程量。

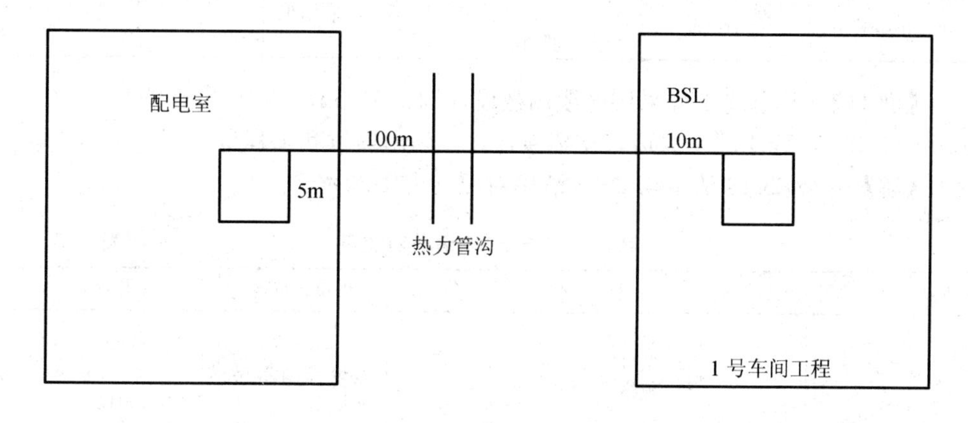


图 4-3　电缆敷设工程

**【解】**（1）2013 清单与 2008 清单对照（表 4-21）

**2013清单与2008清单对照表　　表4-21**

| 清单 | 项目编码 | 项目名称 | 项目特征 | 计算单位 | 工程量计算规则 | 工作内容 |
|---|---|---|---|---|---|---|
| 2013清单 | 030408001 | 电力电缆 | 1. 名称<br>2. 型号<br>3. 规格<br>4. 材质<br>5. 敷设方式、部位<br>6. 电压等级（kV）<br>7. 地形 | m | 按设计图示尺寸以长度计算（含预留长度及附加长度） | 1. 电缆敷设<br>2. 揭（盖）盖板 |
| 2008清单 | 030208001 | 电力电缆 | 1. 型号<br>2. 规格<br>3. 敷设方式 | m | 按设计图示尺寸以长度计算 | 1. 揭（盖）盖板<br>2. 电缆敷设<br>3. 电缆头制作、安装<br>4. 过路保护管敷设<br>5. 防火堵洞<br>6. 电缆防护<br>7. 电缆防火隔板<br>8. 电缆防火涂料 |

**✲解题思路及技巧**

先要看图纸外形构造，以便结合图形采用数学原理进行快捷计算。另外，也可以结合计算规则和以往经验快速计算。

（2）清单工程量

电力电缆工程量：100＋10＋5＝115m。

 **贴心助手**

清单工程量中电力电缆工程量计算规则为按设计图示尺寸以长度计算，所以电力电缆清单工程量中不考虑预留长度。

（3）清单工程量计算表（表4-22）

**清单工程量计算表　　表4-22**

| 项目编码 | 项目名称 | 项目特征描述 | 计量单位 | 工程量 |
|---|---|---|---|---|
| 030408001001 | 电力电缆 | 5根$VV_{29}$（3×50＋1×60），采用电缆沟直埋铺砂盖砖 | m | 115.00 |

**【例11】** 某电缆工程采用电缆沟敷设，沟长100m，共16根电缆$VV_{29}$（3×120＋1×35），分4层，双边，支架镀锌，试列出项目和工程量。

**【解】**（1）2013清单与2008清单对照（表4-23）

**2013清单与2008清单对照表　　表4-23**

| 清单 | 项目编码 | 项目名称 | 项目特征 | 计算单位 | 工程量计算规则 | 工作内容 |
|---|---|---|---|---|---|---|
| 2013清单 | 030408001 | 电力电缆 | 1. 名称<br>2. 型号<br>3. 规格<br>4. 材质<br>5. 敷设方式、部位<br>6. 电压等级（kV）<br>7. 地形 | m | 按设计图示尺寸以长度计算（含预留长度及附加长度） | 1. 电缆敷设<br>2. 揭（盖）盖板 |

续表

| 清单 | 项目编码 | 项目名称 | 项目特征 | 计算单位 | 工程量计算规则 | 工作内容 |
|---|---|---|---|---|---|---|
| 2008 清单 | 030208001 | 电力电缆 | 1. 型号<br>2. 规格<br>3. 敷设方式 | m | 按设计图示尺寸以长度计算 | 1. 揭（盖）盖板<br>2. 电缆敷设<br>3. 电缆头制作、安装<br>4. 过路保护管敷设<br>5. 防火堵洞<br>6. 电缆防护<br>7. 电缆防火隔板<br>8. 电缆防火涂料 |

**✲解题思路及技巧**

此题中已知其工程量，比较简单，主要考察该项目的清单工程量表的填写。

（2）清单工程量

电力电缆沟支架制作安装工程量：100m。

 **贴心助手**

清单工程量中电力电缆工程量计算规则为按设计图示尺寸以长度计算，所以电力电缆清单工程量中不考虑预留长度，清单工程量为：100m。

（3）清单工程量计算表（表 4-24）

**清单工程量计算表**　　**表 4-24**

| 项目编码 | 项目名称 | 项目特征描述 | 计量单位 | 工程量 |
|---|---|---|---|---|
| 030408001001 | 电力电缆 | 16 根 $VV_{29}$（3×120＋1×35） | m | 100.00 |

## 4.6　防雷及接地装置

**【例 12】** 有一层塔楼檐高 90m，层高 3m，外墙轴线周长为 80m，有避雷网格长 22m。30m 以上钢窗 80 樘。有 6 组接地极，$\phi$19mm，每组 4 根。求均压环焊接工程量和避雷带的工程量。

**【解】** （1）2013 清单与 2008 清单对照（表 4-25）

**2013 清单与 2008 清单对照表**　　**表 4-25**

| 序号 | 清单 | 项目编码 | 项目名称 | 项目特征 | 计算单位 | 工程量计算规则 | 工作内容 |
|---|---|---|---|---|---|---|---|
| 1 | 2013 清单 | 030409004 | 均压环 | 1. 名称<br>2. 材质<br>3. 规格<br>4. 安装形式 | m | 按设计图示尺寸以长度计算（含附加长度） | 1. 均压环敷设<br>2. 钢铝窗接地<br>3. 柱主筋与圈梁焊接<br>4. 利用圈梁钢筋焊接<br>5. 补刷（喷）油漆 |

续表

| 序号 | 清单 | 项目编码 | 项目名称 | 项目特征 | 计算单位 | 工程量计算规则 | 工作内容 |
|---|---|---|---|---|---|---|---|
| 1 | 2008清单 | 030209002 | 避雷装置 | 1. 受雷体名称、材质、规格、技术要求（安装部位）<br>2. 引下线材质、规格、技术要求（引下形式）<br>3. 接地极材质、规格、技术要求<br>4. 接地母线材质、规格、技术要求<br>5. 均压环材质、规格、技术要求 | 项 | 按设计图示数量计算（含附加长度） | 1. 避雷针（网）制作、安装<br>2. 引下线敷设、断接卡子制作、安装<br>3. 拉线制作、安装<br>4. 接地极（板、桩）制作、安装<br>5. 极间连线<br>6. 油漆（防腐）<br>7. 换土或化学处理<br>8. 钢铝窗接地<br>9. 均压环敷设<br>10. 柱主筋与圈梁焊接 |
| 2 | 2013清单 | 030409003 | 避雷引下线 | 1. 名称<br>2. 材质<br>3. 规格<br>4. 安装部位<br>5. 安装形式<br>6. 断接卡子、箱材质、规格 | m | 按设计图示尺寸以长度计算（含附加长度） | 1. 避雷引下线制作、安装<br>2. 断接卡子、箱制作、安装<br>3. 利用主钢筋焊接<br>4. 补刷（喷）油漆 |
|  | 2008清单 | 030209002 | 避雷装置 | 1. 受雷体名称、材质、规格、技术要求（安装部位）<br>2. 引下线材质、规格、技术要求（引下形式）<br>3. 接地极材质、规格、技术要求<br>4. 接地母线材质、规格、技术要求<br>5. 均压环材质、规格、技术要求 | 项 | 按设计图示数量计算 | 1. 避雷针（网）制作、安装<br>2. 引下线敷设、断接卡子制作、安装<br>3. 拉线制作、安装<br>4. 接地极（板、桩）制作、安装<br>5. 极间连线<br>6. 油漆（防腐）<br>7. 换土或化学处理<br>8. 钢铝窗接地<br>9. 均压环敷设<br>10. 柱主筋与圈梁焊接 |

**✻解题思路及技巧**

可以结合计算规则和以往经验快速计算。

(2) 清单工程量

均压环焊接工程量：80×3＝240.00m；

避雷带的工程量：(90－27) ÷9＝63÷9＝7圈

80×7＝560.00m

**贴心助手**

3表示均压环的圈数，因为每9m焊一圈均压环，所以27m以下设均压环，9表示每三层设一圈避雷带，80表示避雷带的长度即为外墙轴线的周长。

（3）清单工程量计算表（表 4-26）

**清单工程量计算表**　　**表 4-26**

| 序号 | 项目编码 | 项目名称 | 项目特征描述 | 计量单位 | 工程量 |
|---|---|---|---|---|---|
| 1 | 030409004001 | 均压环 | 圈长 80m，焊接 3 圈 | m | 240.00 |
| 2 | 030409003001 | 避雷引下线 | 长 80m，焊接 7 圈 | m | 560.00 |

**【例 13】** 有一高层建筑物层高为 3m，檐高 106m，外墙轴线周长为 92m，求均压环焊接工程量和设在圈梁中的避雷带的工程量。

**【解】**（1）2013 清单与 2008 清单对照（表 4-27）

**2013 清单与 2008 清单对照表**　　**表 4-27**

| 序号 | 清单 | 项目编码 | 项目名称 | 项目特征 | 计算单位 | 工程量计算规则 | 工作内容 |
|---|---|---|---|---|---|---|---|
| 1 | 2013 清单 | 030409004 | 均压环 | 1. 名称<br>2. 材质<br>3. 规格<br>4. 安装形式 | m | 按设计图示尺寸以长度计算（含附加长度） | 1. 均压环敷设<br>2. 钢铝窗接地<br>3. 柱主筋与圈梁焊接<br>4. 利用圈梁钢筋焊接<br>5. 补刷（喷）油漆 |
| | 2008 清单 | 030209002 | 避雷装置 | 1. 受雷体名称、材质、规格、技术要求（安装部位）<br>2. 引下线材质、规格、技术要求（引下形式）<br>3. 接地极材质、规格、技术要求<br>4. 接地母线材质、规格、技术要求<br>5. 均压环材质、规格、技术要求 | 项 | 按设计图示数量计算 | 1. 避雷针（网）制作、安装<br>2. 引下线敷设、断接卡子制作、安装<br>3. 拉线制作、安装<br>4. 接地极（板、桩）制作、安装<br>5. 极间连线<br>6. 油漆（防腐）<br>7. 换土或化学处理<br>8. 钢铝窗接地<br>9. 均压环敷设<br>10. 柱主筋与圈梁焊接 |
| 2 | 2013 清单 | 030409003 | 避雷引下线 | 1. 名称<br>2. 材质<br>3. 规格<br>4. 安装部位<br>5. 安装形式<br>6. 断接卡子、箱材质、规格 | m | 按设计图示尺寸以长度计算（含附加长度） | 1. 避雷引下线制作、安装<br>2. 断接卡子、箱制作、安装<br>3. 利用主钢筋焊接<br>4. 补刷（喷）油漆 |
| | 2008 清单 | 030209002 | 避雷装置 | 1. 受雷体名称、材质、规格、技术要求（安装部位）<br>2. 引下线材质、规格、技术要求（引下形式）<br>3. 接地极材质、规格、技术要求<br>4. 接地母线材质、规格、技术要求<br>5. 均压环材质、规格、技术要求 | 项 | 按设计图示数量计算 | 1. 避雷针（网）制作、安装<br>2. 引下线敷设、断接卡子制作、安装<br>3. 拉线制作、安装<br>4. 接地极（板、桩）制作、安装<br>5. 极间连线<br>6. 油漆（防腐）<br>7. 换土或化学处理<br>8. 钢铝窗接地<br>9. 均压环敷设<br>10. 柱主筋与圈梁焊接 |

**✲解题思路及技巧**

可以结合计算规则和以往经验快速计算。

（2）清单工程量

因为均压环每三层焊一圈，即每 9m 焊一圈，因此 30m 以下可以设 3 圈，即

$$92\times3=276\text{m}$$

三圈以上（即 3m×3 层×3 圈＝27m 以上）每二层设一避雷带，工程量为

$$(106-27)\div6\approx13\text{圈}$$

$$92\times13=1196\text{m}$$

**贴心助手**

此例中避雷带制造安装或套用砖混结构接地母线埋设子目。这项和楼顶上的避雷网安装项目不同。92 表示均压环的圈长即为外墙轴线周长，3 表示 30m 以下均压环的圈数，27 表示均压环的设置的高度，6 表示两层的高度，13 表示避雷带的圈数

（3）清单工程量计算表（表 4-28）

**清单工程量计算表** **表 4-28**

| 序号 | 项目编码 | 项目名称 | 项目特征描述 | 计量单位 | 工程量 |
|---|---|---|---|---|---|
| 1 | 030409004001 | 均压环 | 圈长 92m，焊接 3 圈 | m | 276.00 |
| 2 | 030409003001 | 避雷引下线 | 长 92m，焊接 13 圈 | m | 1196.00 |

**【例 14】** 某工程设计图示有一教学楼，高 24.2m，长 35m，宽 20m，屋顶四周装有避雷网，沿折板支架敷设，分 4 处引下与接地网连接，设 4 处断接卡。地梁中心标高－0.4m，土质为普通土。避雷网采用 $\phi$10mm 的镀锌圆钢，引下线利用建筑物柱内主筋（二根），接地母线为 40mm×4mm 的镀锌扁钢，埋设深度为 0.8m，接地极共 6 根，为 50mn×5mn 的镀锌角钢，2.5m 长，距离建筑物 3m。试编制该避雷接地工程的分部分项工程量清单。

**【解】**（1）2013 清单与 2008 清单对照（表 4-29）

**2013 清单与 2008 清单对照表** **表 4-29**

| 序号 | 清单 | 项目编码 | 项目名称 | 项目特征 | 计算单位 | 工程量计算规则 | 工作内容 |
|---|---|---|---|---|---|---|---|
| 1 | 2013 清单 | 030409001 | 接地极 | 1. 名称<br>2. 材质<br>3. 规格<br>4. 土质<br>5. 基础接地形式 | 根（块） | 按设计图示数量计算 | 1. 接地极（板、桩）制作、安装<br>2. 基础接地网安装<br>3. 补刷（喷）油漆 |
| | 2008 清单 | 030209001 | 接地装置 | 1. 按母线材质、规格<br>2. 按地极材质、规格 | 项 | 按设计图示数量计算 | 1. 接地极（板）制作、安装<br>2. 换地母线敷设<br>3. 换土或化学处理<br>4. 接地跨接线<br>5. 构架接线 |

续表

| 序号 | 清单 | 项目编码 | 项目名称 | 项目特征 | 计算单位 | 工程量计算规则 | 工作内容 |
|---|---|---|---|---|---|---|---|
| 2 | 2013清单 | 030409002 | 接地母线 | 1. 名称<br>2. 材质<br>3. 规格<br>4. 安装部位<br>5. 安装形式 | m | 按设计图示尺寸以长度计算（含附加长度） | 1. 接地母线制作、安装<br>2. 补刷（喷）油漆 |
|  | 2008清单 | 030209001 | 接地装置 | 1. 按母线材质、规格<br>2. 按地极材质、规格 | 项 | 按设计图示数量计算 | 1. 接地极（板）制作、安装<br>2. 换地母线敷设<br>3. 换土或化学处理<br>4. 接地跨接线<br>5. 构架接线 |
| 3 | 2013清单 | 030409003 | 避雷引下线 | 1. 名称<br>2. 材质<br>3. 规格<br>4. 安装部位<br>5. 安装形式<br>6. 断接卡子、箱材质、规格 | m | 按设计图示尺寸以长度计算（含附加长度） | 1. 避雷引下线制作、安装<br>2. 断接卡子、箱制作、安装<br>3. 利用主钢筋焊接<br>4. 补刷（喷）油漆 |
|  | 2008清单 | 030209002 | 避雷装置 | 1. 受雷体名称、材质、规格、技术要求（安装部位）<br>2. 引下线材质、规格、技术要求（引下形式）<br>3. 接地极材质、规格、技术要求<br>4. 接地母线材质、规格、技术要求<br>5. 均压环材质、规格、技术要求 | 项 | 按设计图示数量计算 | 1. 避雷针（网）制作、安装<br>2. 引下线敷设、断接卡子制作、安装<br>3. 拉线制作、安装<br>4. 接地极（板、桩）制作、安装<br>5. 极间连线<br>6. 油漆（防腐）<br>7. 换土或化学处理<br>8. 钢铝窗接地<br>9. 均压环敷设<br>10. 柱主筋与圈梁焊接 |
| 4 | 2013清单 | 030409005 | 避雷网 | 1. 名称<br>2. 材质<br>3. 规格<br>4. 安装形式<br>5. 混凝土块标号 | m | 按设计图示尺寸以长度计算（含附加长度） | 1. 避雷网制作、安装<br>2. 跨接<br>3. 混凝土块制作<br>4. 补刷（喷）油漆 |
|  | 2008清单 | 030209002 | 避雷装置 | 1. 受雷体名称、材质、规格、技术要求（安装部位）<br>2. 引下线材质、规格、技术要求（引下形式）<br>3. 接地极材质、规格、技术要求<br>4. 接地母线材质、规格、技术要求<br>5. 均压环材质、规格、技术要求 | 项 | 按设计图示数量计算 | 1. 避雷针（网）制作、安装<br>2. 引下线敷设、断接卡子制作、安装<br>3. 拉线制作、安装<br>4. 接地极（板、桩）制作、安装<br>5. 极间连线<br>6. 油漆（防腐）<br>7. 换土或化学处理<br>8. 钢铝窗接地<br>9. 均压环敷设<br>10. 柱主筋与圈梁焊接 |

续表

| 序号 | 清单 | 项目编码 | 项目名称 | 项目特征 | 计算单位 | 工程量计算规则 | 工作内容 |
|---|---|---|---|---|---|---|---|
| 5 | 2013清单 | 030414011 | 接地装置 | 1. 名称<br>2. 类别 | 1. 系统<br>2. 组 | 1. 以系统计量，按设计图示系统计算<br>2. 以组计量，按设计图示数量计算 | 接地电阻测试 |
|  | 2008清单 | 030211008 | 接地装置 | 类别 | 系统 | 按设计图示系统计算 | 接地电阻测试 |

**✲解题思路及技巧**

可以结合计算规则和以往经验快速计算。

(2) 清单工程量

避雷网敷设（$\phi$10 的镀锌圆钢）：(35＋20)×2＝110m；

引下线敷设（利用建筑物柱内主筋二根）：(24.2＋0.1＋0.4)×4＝98.8m；

断接卡子制作、安装：4 套；

接地极制作、安装（50mm×5mm 的镀锌角钢）：6 根；

接地母线敷设（40mm×4mm 的镀锌扁钢）：

$$[(35+6)+(20+6)]\times2+3\times4+(0.8-0.4)\times4=147.6\text{m}$$

**贴心助手**

接地母线敷设，按设计长度以“米”为计量单位计算工程量，接地极制作安装以“根”为计量单位，断接卡子制作安装以“套”为计量单位，按设计规定装设的断接卡子数量计算，35 表示教学楼的长度，20 表示教学楼的宽度，因为避雷网在屋顶四周安装，所以 (35＋20)×2 就表示避雷网的长度，引下线敷设：24.2 表示教学楼的高度，0.1 表示板厚，0.4 表示地梁的中心标高，乘以 4 表示分 4 处引下与接地网连接，4 套表示断接卡子的制作、安装的套数，6 表示接地极的根数，6 表示距离建筑物两边的长度，(35＋6)＋(20＋6) 表示建筑物四周的母线长度，3×4 表示距离建筑物四周的距离，0.8 表示地母线的埋设深度，0.4 表示地梁中心的标高，4 表示地母线的根数。

(3) 清单工程量计算表（表 4-30）

**清单工程量计算表** **表 4-30**

| 序号 | 项目编码 | 项目名称 | 项目特征描述 | 计量单位 | 工程量 |
|---|---|---|---|---|---|
| 1 | 030409001001 | 接地极 | 50×5，2.5m 长的镀锌角钢，距离建筑物 3m，土质为普通土 | 根 | 6 |
| 2 | 030409002001 | 接地母线 | 40×4 的镀锌扁钢，埋设深度为 0.8m | m | 147.60 |

续表

| 序号 | 项目编码 | 项目名称 | 项目特征描述 | 计量单位 | 工程量 |
|---|---|---|---|---|---|
| 3 | 030409003001 | 避雷引下线 | 利用建筑物柱内主筋（二根），4 套断接卡子 | m | 98.80 |
| 4 | 030409005001 | 避雷网 | $\phi$10 的镀锌圆钢，沿折板支架敷设 | m | 110.00 |
| 5 | 030414011001 | 接地装置 | 接地网 | 系统 | 1 |

**【例 15】** 某防雷接地系统及装置图如图 4-4～图 4-7 所示，图中说明如下：

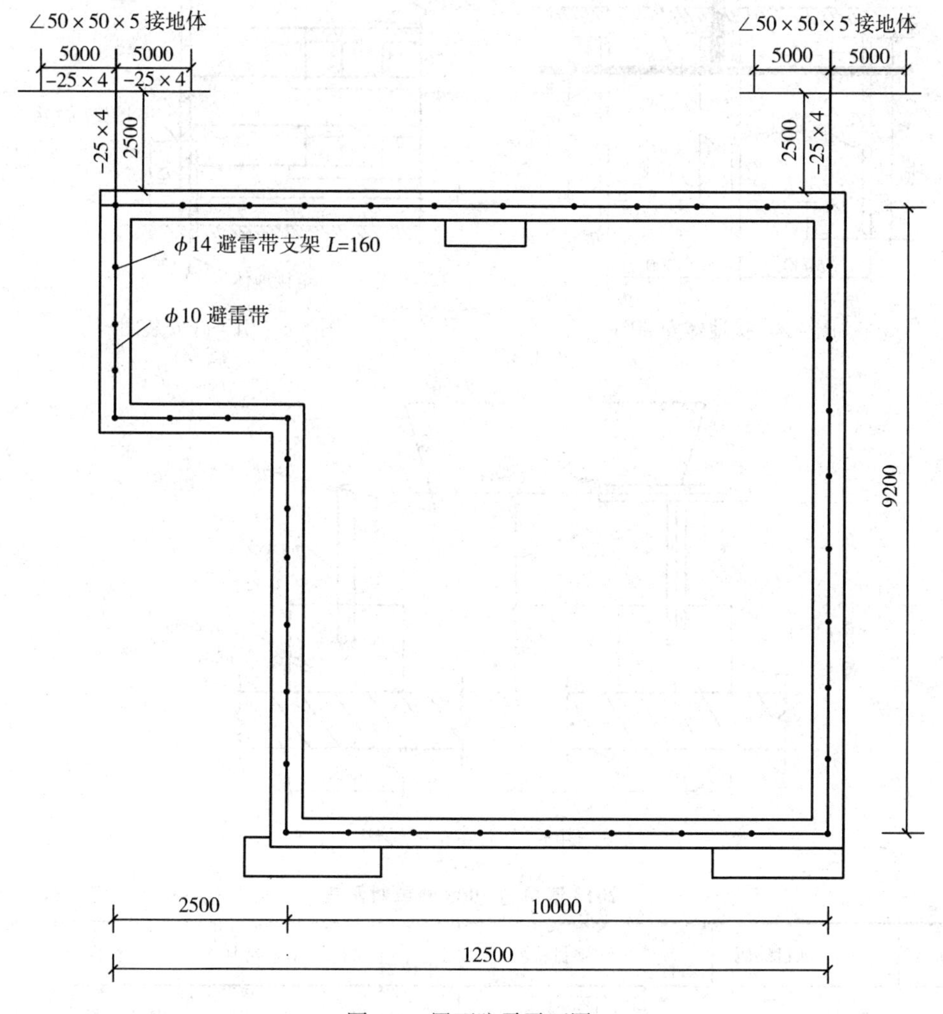


图 4-4　屋面防雷平面图

（1）工程采用避雷带作防雷保护，其接地电阻不大于 20Ω。

（2）防雷装置各种构件镀锌处理，引下线与接地母线采用螺栓连接；接地体与接地母线采用焊接，焊接处刷红丹一道，沥青防腐漆两道。

（3）接地体埋地深度为 2500mm，接地母线埋设深度为 800mm。试求其工程量。

**【解】**（1）2013 清单与 2008 清单对照（表 4-31）

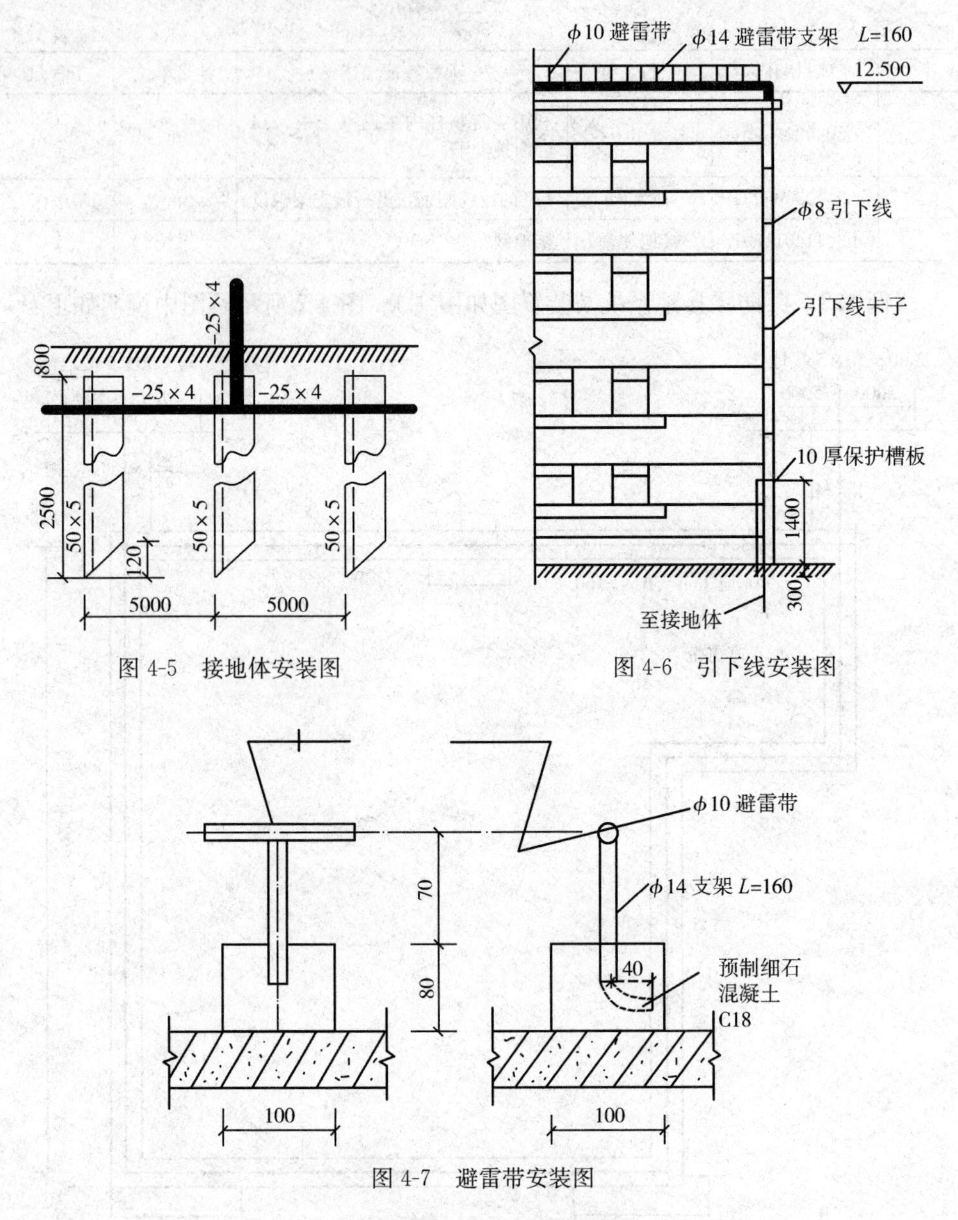


图 4-5 接地体安装图

图 4-6 引下线安装图

图 4-7 避雷带安装图

**2013 清单与 2008 清单对照表** **表 4-31**

| 序号 | 清单 | 项目编码 | 项目名称 | 项目特征 | 计算单位 | 工程量计算规则 | 工作内容 |
|---|---|---|---|---|---|---|---|
| 1 | 2013清单 | 030409001 | 接地极 | 1. 名称<br>2. 材质<br>3. 规格<br>4. 土质<br>5. 基础接地形式 | 根（块） | 按设计图示数量计算 | 1. 接地极（板、桩）制作、安装<br>2. 基础接地网安装<br>3. 补刷（喷）油漆 |
| | 2008清单 | 030209001 | 接地装置 | 1. 接地母线材质、规格<br>2. 接地极材质、规格 | 项 | 按设计图示尺寸以长度计算 | 1. 接地极（板）制作、安装<br>2. 接地母线敷设<br>3. 换土或化学处理<br>4. 接地跨接线<br>5. 构架接地 |

续表

| 序号 | 清单 | 项目编码 | 项目名称 | 项目特征 | 计算单位 | 工程量计算规则 | 工作内容 |
|---|---|---|---|---|---|---|---|
| 2 | 2013 清单 | 030409002 | 接地母线 | 1. 名称<br>2. 材质<br>3. 规格<br>4. 安装部位<br>5. 安装形式 | m | 按设计图示尺寸以长度计算（含附加长度） | 1. 接地母线制作、安装<br>2. 补刷（喷）油漆 |
| | 2008 清单 | 030209001 | 接地装置 | 1. 接地母线材质、规格<br>2. 接地极材质、规格 | 项 | 按设计图示尺寸以长度计算 | 1. 接地极（板）制作、安装<br>2. 接地母线敷设<br>3. 换土或化学处理<br>4. 接地跨接线<br>5. 构架接地 |
| 3 | 2013 清单 | 030409003 | 避雷引下线 | 1. 名称<br>2. 材质<br>3. 规格<br>4. 安装部位<br>5. 安装形式<br>6. 断接卡子、箱材质、规格 | m | 按设计图示尺寸以长度计算（含附加长度） | 1. 避雷引下线制作、安装<br>2. 断接卡子、箱制作、安装<br>3. 利用主钢筋焊接<br>4. 补刷（喷）油漆 |
| | 2008 清单 | 030209002 | 避雷装置 | 1. 受雷体名称、材质、规格、技术要求（安装部位）<br>2. 引下线材质、规格、技术要求（引下形式）<br>3. 接地极材质、规格、技术要求<br>4. 接地母线材质、规格、技术要求<br>5. 均压环材质、规格、技术要求 | 项 | 按设计图示数量计算 | 1. 避雷针（网）制作、安装<br>2. 引下线敷设、断接卡子制作、安装<br>3. 拉线制作、安装<br>4. 接地极（板、桩）制作、安装<br>5. 极间连线<br>6. 油漆（防腐）<br>7. 换土或化学处理<br>8. 钢铝窗接地<br>9. 均压环敷设<br>10. 柱主筋与圈梁焊接 |
| 4 | 2013 清单 | 030409005 | 避雷网 | 1. 名称<br>2. 材质<br>3. 规格<br>4. 安装形式<br>5. 混凝土块标号 | m | 按设计图示尺寸以长度计算（含附加长度） | 1. 避雷网制作、安装<br>2. 跨接<br>3. 混凝土块制作<br>4. 补刷（喷）油漆 |
| | 2008 清单 | 030209002 | 避雷装置 | 1. 受雷体名称、材质、规格、技术要求（安装部位）<br>2. 引下线材质、规格、技术要求（引下形式）<br>3. 接地极材质、规格、技术要求<br>4. 接地母线材质、规格、技术要求<br>5. 均压环材质、规格、技术要求 | 项 | 按设计图示数量计算 | 1. 避雷针（网）制作、安装<br>2. 引下线敷设、断接卡子制作、安装<br>3. 拉线制作、安装<br>4. 接地极（板、桩）制作、安装<br>5. 极间连线<br>6. 油漆（防腐）<br>7. 换土或化学处理<br>8. 钢铝窗接地<br>9. 均压环敷设<br>10. 柱主筋与圈梁焊接 |

续表

| 序号 | 清单 | 项目编码 | 项目名称 | 项目特征 | 计算单位 | 工程量计算规则 | 工作内容 |
|---|---|---|---|---|---|---|---|
| 5 | 2013清单 | 030414011 | 接地装置 | 1. 名称<br>2. 类别 | 1. 系统<br>2. 组 | 1. 以系统计量，按设计图示系统计算<br>2. 以组计量，按设计图示数量计算 | 接地电阻测试 |
| | 2008清单 | 030211008 | 接地装置 | 类别 | 系统 | 按设计图示系统计算 | 接地电阻测试 |

**✲解题思路及技巧**

先要看图纸外形构造，以便结合图形采用数学原理进行快捷计算。另外，也可以结合计算规则和以往经验快速计算。

（2）清单工程量

1）接地极制作安装：

∠50×50×5，$L$＝2500mm，6根。

2）接地母线敷设－25×4：

1.4×2＋2.5×2＋10×2＝27.80m

3）避雷带敷设：

$\phi$10：9.20×2＋12.5×2＝43.40m；

$\phi$14参看平面及安装图：

0.16×42＝6.72m

4）引下线安装$\phi$8：

(12.50－1.40)×2＝11.10×2＝22.20m

5）接地跨接线安装：2处。

6）混凝土块制作安装：100×100×80，42个。

7）接地极电阻试验有2个系统。

（3）清单工程量计算表（表4-32）

**清单工程量计算表** **表4-32**

| 序号 | 项目编码 | 项目名称 | 项目特征描述 | 计量单位 | 工程量 |
|---|---|---|---|---|---|
| 1 | 030409001001 | 接地极 | 镀锌，接地体与接地母线焊接，埋地深度2500mm | 根 | 6 |
| 2 | 030409002001 | 接地母线 | 镀锌，埋设深度800mm | m | 27.80 |
| 3 | 030409003001 | 避雷引下线 | 与接地母线采用螺栓连接 | m | 22.20 |
| 4 | 030409005001 | 避雷网 | $\phi$10敷设 | m | 43.40 |
| 5 | 030414011001 | 接地装置 | 接地极电阻试验 | 系统 | 2 |

## 4.7　10kV 以下架空配电线路

**【例 16】** 如图 4-8 所示为某低压架空线路工程室外线路平面图，图中说明如下：

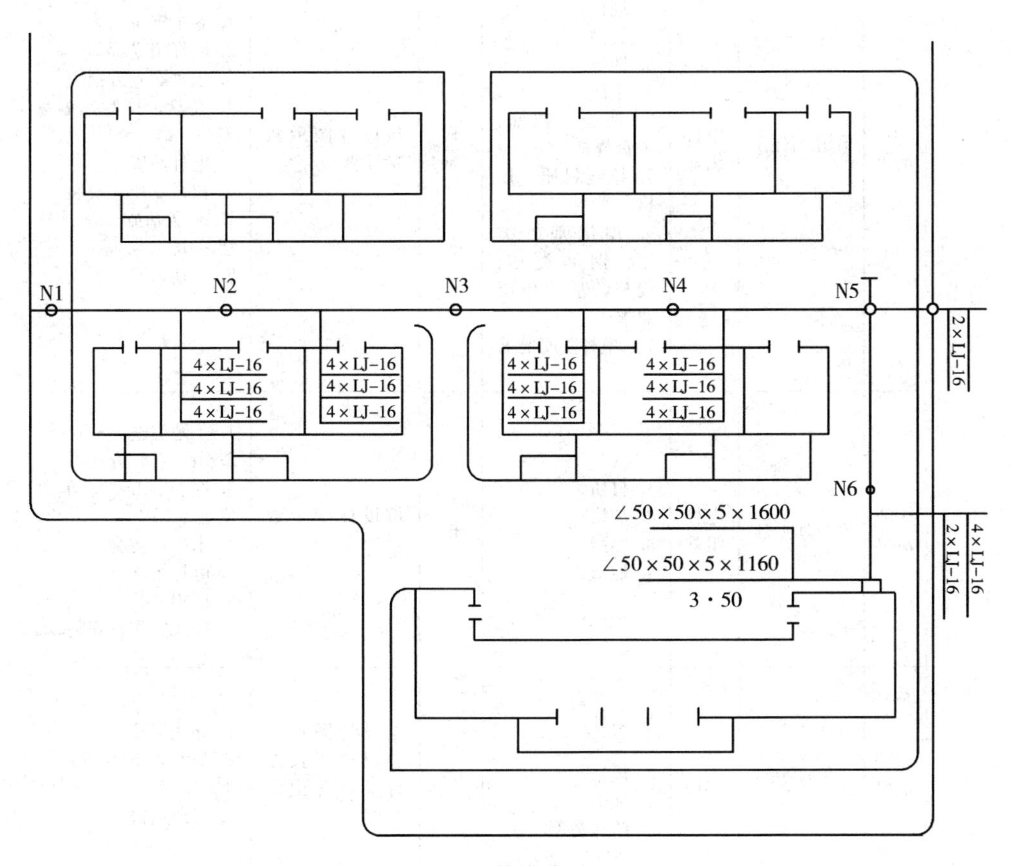


图 4-8　室外线路平面图

（1）室外线路采用裸铝绞线架空敷设；

（2）拉线杆为 $\phi$150－7－A 电杆（杆高 7m，埋深 1.2m）；

（3）路灯为电杆上安装 JTY16－1 马路弯灯；

（4）房屋引入线横担为∠50×50×5 镀锌角钢两端埋设式，双线式和四线式各一副；

（5）由变电所至 N1 电杆线路为电缆沿沟敷设后，加保护管上杆，由建设单位自埋；

（6）拉线采用镀锌钢绞线。

试求其工程量。

**【解】**（1）2013 清单与 2008 清单对照（表 4-33）

**2013清单与2008清单对照表** **表4-33**

| 序号 | 清单 | 项目编码 | 项目名称 | 项目特征 | 计算单位 | 工程量计算规则 | 工作内容 |
|---|---|---|---|---|---|---|---|
| 1 | 2013清单 | 030410001 | 电杆组立 | 1. 名称<br>2. 材质<br>3. 规格<br>4. 类型<br>5. 地形<br>6. 土质<br>7. 底盘、拉盘、卡盘规格<br>8. 拉线材质、规格、类型<br>9. 现浇基础类型、钢筋类型、规格，基础垫层要求<br>10. 电杆防腐要求 | 根（基） | 按设计图示数量计算 | 1. 施工定位<br>2. 电杆组立<br>3. 土（石）方挖填<br>4. 底盘、拉盘、卡盘安装<br>5. 电杆防腐<br>6. 拉线制作、安装<br>7. 现浇基础、基础垫层<br>8. 工地运输 |
| | 2008清单 | 030210001 | 电杆组立 | 1. 材质<br>2. 规格<br>3. 类型<br>4. 地形 | 根 | 按设计图示数量计算 | 1. 工地运输<br>2. 土（石）方挖填<br>3. 底盘、拉盘、卡盘安装<br>4. 木电杆防腐<br>5. 电杆组立<br>6. 横担安装<br>7. 拉线制作、安装 |
| 2 | 2013清单 | 030410003 | 导线架设 | 1. 名称<br>2. 型号<br>3. 规格<br>4. 地形<br>5. 跨越类型 | km | 按设计图示尺寸以单线长度计算（含预留长度） | 1. 导线架设<br>2. 导线跨越及进户线架设<br>3. 工地运输 |
| | 2008清单 | 030210002 | 导线架设 | 1. 型号（材质）<br>2. 规格<br>3. 地形 | km | 按设计图示尺寸以长度计算 | 1. 导线架设<br>2. 导线跨越及进户线架设<br>3. 进户横担安装 |

**✲解题思路及技巧**

先要看图纸外形构造，以便结合图形采用数学原理进行快捷计算。另外，也可以结合计算规则和以往经验快速计算。

（2）清单工程量

1）混凝土电杆组立，拉线杆1根，$\phi150\times7000$mm。

N1～N5，5根，$\phi150\times9000$；N6，1根，$\phi150\times8000$。

2）混凝土底盘：

N1、N5、N6、DP6，600mm×600mm×200mm，3个。

3）混凝土卡盘：

N1、N5，800mm×400mm×200mm，4 个（含拉线杆）。

4）导线架设（LJ-16mm$^2$）：

N1-N2：20×10=200m；N2-N3：22×10=220m；

N3-N4：20×10=200m；N4-N5：23×10=230m；

N5-N6：12×6=72m；N1（尽头）：0.5×10=5m；

N5（转角）：1.5×6=9m。

小计：200+220+200+230+72+5+9=936m。

（3）清单工程量计算表（表 4-34）

**清单工程量计算表**　　　　**表 4-34**

| 序号 | 项目编码 | 项目名称 | 项目特征描述 | 计量单位 | 工程量 |
|---|---|---|---|---|---|
| 1 | 030410001001 | 电杆组立 | 拉线杆，$\phi$150×7000 | 根 | 1 |
| 2 | 030410001002 | 电杆组立 | N1～N5，$\phi$150×9000 | 根 | 5 |
| 3 | 030410001003 | 电杆组立 | N6，$\phi$150×8000 | 根 | 1 |
| 4 | 030410003001 | 导线架设 | LJ－16mm$^2$ | km | 0.936 |

**【例 17】** 有一架空线路工程共有 4 根电杆，人工费合计 900 元，是在丘陵地带施工，请做出其清单列项。

**【解】**（1）2013 清单与 2008 清单对照（表 4-35）

**2013 清单与 2008 清单对照表**　　　　**表 4-35**

| 清单 | 项目编码 | 项目名称 | 项目特征 | 计算单位 | 工程量计算规则 | 工作内容 |
|---|---|---|---|---|---|---|
| 2013 清单 | 030410001 | 电杆组立 | 1. 名称<br>2. 材质<br>3. 规格<br>4. 类型<br>5. 地形<br>6. 土质<br>7. 底盘、拉盘、卡盘规格<br>8. 拉线材质、规格、类型<br>9. 现浇基础类型、钢筋类型、规格，基础垫层要求<br>10. 电杆防腐要求 | 根（基） | 按设计图示数量计算 | 1. 施工定位<br>2. 电杆组立<br>3. 土（石）方挖填<br>4. 底盘、拉盘、卡盘安装<br>5. 电杆防腐<br>6. 拉线制作、安装<br>7. 现浇基础、基础垫层<br>8. 工地运输 |
| 2008 清单 | 030210001 | 电杆组立 | 1. 材质<br>2. 规格<br>3. 类型<br>4. 地形 | 根 | 按设计图示数量计算 | 1. 工地运输<br>2. 土（石）方挖填<br>3. 底盘、拉盘、卡盘安装<br>4. 木电杆防腐<br>5. 电杆组立<br>6. 横担安装<br>7. 拉线制作、安装 |

**✲解题思路及技巧**

此题比较简单，主要考察该项目的清单工程量表的填写。

（2）清单工程量

由题意可知该架空线路共有 4 根电杆。

（3）清单工程量计算表（表 4-36）

**清单工程量计算表** **表 4-36**

| 项目编码 | 项目名称 | 项目特征描述 | 计量单位 | 工程量 |
|---|---|---|---|---|
| 030410001001 | 电杆组立 | 丘陵 | 根 | 4 |

## 4.8 配管、配线

**【例 18】** 如图 4-9 所示为一混凝土砖石结构平房（毛石基础、砖墙、钢筋混凝土板盖顶）顶板距地面高度为 3.5m，室内装置定型照明配电箱（XM－7－3/0）1 台，单管日光灯（40W）8 盏，拉线开关 4 个，由配电箱引上 2.5m 为钢管明设（$\phi$25），其余为磁夹板配线，用 BLX2.5 电线，引入线设计属于低压配电室范围，所以不用考虑。试求其工程量。

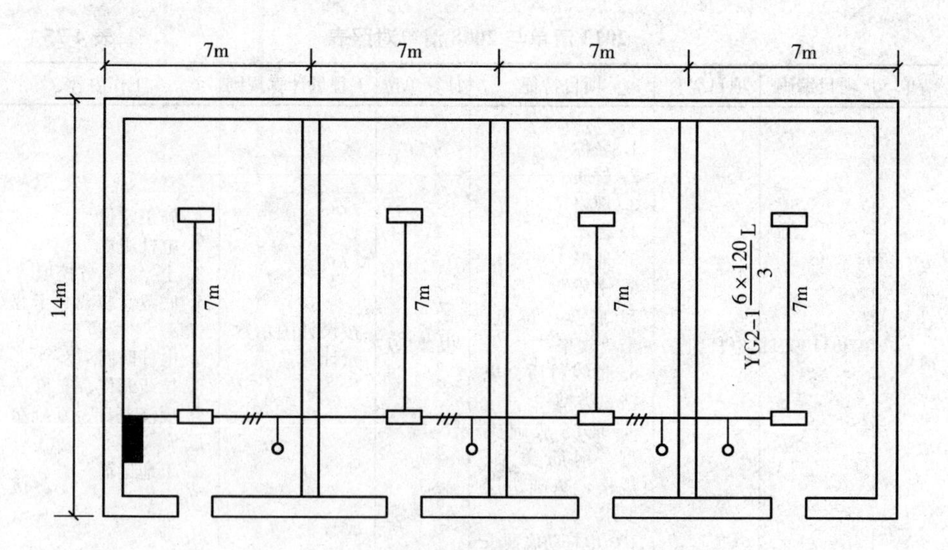


图 4-9 混凝土砖石结构平房配线平面图

**【解】** （1）2013 清单与 2008 清单对照（表 4-37）

**✲解题思路及技巧**

先要看图纸外形构造，以便结合图形采用数学原理进行快捷计算。另外，也可以结合计算规则和以往经验快速计算。

**2013清单与2008清单对照表　　表4-37**

| 序号 | 清单 | 项目编码 | 项目名称 | 项目特征 | 计算单位 | 工程量计算规则 | 工作内容 |
|---|---|---|---|---|---|---|---|
| 1 | 2013清单 | 030404017 | 配电箱 | 1. 名称<br>2. 型号<br>3. 规格<br>4. 基础形式、材质、规格<br>5. 接线端子材质、规格<br>6. 端子板外部接线材质、规格<br>7. 安装方式 | 台 | 按设计图示数量计算 | 1. 本体安装<br>2. 基础型钢制作、安装<br>3. 焊、压接线端子<br>4. 端子接线<br>5. 补刷（喷）油漆<br>6. 接地 |
| | 2008清单 | 030204018 | 配电箱 | 1. 名称、型号<br>2. 规格 | 台 | 按设计图示数量计算 | 1. 基础型钢制作、安装<br>2. 箱体安装 |
| 2 | 2013清单 | 030411001 | 配管 | 1. 名称<br>2. 材质<br>3. 规格<br>4. 配置形式<br>5. 接地要求<br>6. 钢索材质、规格 | m | 按设计图示尺寸以长度计算 | 1. 电线管路敷设<br>2. 钢索架设（拉紧装置安装）<br>3. 预留沟槽<br>4. 接地 |
| | 2008清单 | 030212001 | 电气配管 | 1. 名称<br>2. 材质<br>3. 规格<br>4. 配置形式及部位 | m | 按设计图示尺寸以延长米计算。不扣除管路中间的接线箱（盒）、灯头盒、开关盒所占长度 | 1. 刨沟槽<br>2. 钢索架设（拉紧装置安装）<br>3. 支架制作、安装<br>4. 电线管路敷设<br>5. 接线盒（箱）、灯头盒、开关盒、插座盒安装<br>6. 防腐油漆<br>7. 接地 |
| 3 | 2013清单 | 030411004 | 配线 | 1. 名称<br>2. 配线形式<br>3. 型号<br>4. 规格<br>5. 材质<br>6. 配线部位<br>7. 配线线制<br>8. 钢索材质、规格 | m | 按设计图示尺寸以单线长度计算（含预留长度） | 1. 配线<br>2. 钢索架设（拉紧装置安装）<br>3. 支持体（夹板、绝缘子、槽板等）安装 |
| | 2008清单 | 030212003 | 电气配线 | 1. 配线形式<br>2. 导线型号、材质、规格<br>3. 敷设部位或线制 | m | 按设计图示尺寸以单线延长米计算 | 1. 支持体（夹板、绝缘子、槽板等）安装<br>2. 支架制作、安装<br>3. 钢索架设（拉紧装置安装）<br>4. 配线<br>5. 管内穿线 |

续表

| 序号 | 清单 | 项目编码 | 项目名称 | 项目特征 | 计算单位 | 工程量计算规则 | 工作内容 |
|---|---|---|---|---|---|---|---|
| 4 | 2013清单 | 030412001 | 普通灯具 | 1. 名称<br>2. 型号<br>3. 规格<br>4. 类型 | 套 | 按设计图示数量计算 | 本体安装 |
| | 2008清单 | 030213001 | 普通吸顶灯及其他灯具 | 1. 名称、型号<br>2. 规格 | 套 | 按设计图示数量计算 | 1. 支架制作、安装<br>2. 组装<br>3. 油漆 |
| 5 | 2013清单 | 030404034 | 照明开关 | 1. 名称<br>2. 材质<br>3. 规格<br>4. 安装方式 | 个 | 按设计图示数量计算 | 1. 本体安装<br>2. 接线 |
| | 2008清单 | 030204031 | 小电器 | 1. 名称<br>2. 型号<br>3. 规格 | 个（套） | 按设计图示数量计算 | 1. 安装<br>2. 焊压端子 |

（2）清单工程量

1）配电箱安装：

① 配电箱安装 XM-7-3/0：1 台（高 0.5，宽 0.4）。

② 支架制作：2.1kg。

2）配管配线：

① 钢管明设：$\phi$25，2.5m。

② 管内穿线：BLX2.5，[2.5+(0.5+0.4)]×2=6.80m。

**贴心助手**

式中的（0.5+0.4）即为配电箱的半周长，2 为管中穿 2 根线。

③ 二线式夹板配线：BLX2.5，(3.5+7+3.5+7+3.5+7+3.5+7+0.2×4)×2=85.60m。

**贴心助手**

3.5m 为每间屋子第一个单管日光灯的左边配线长，7m 为单间屋子两个日光灯间距，0.2m 为拉线开关的配线长。

④ 三线式夹板配线：BLX2.5。

$$(3.5+3.5+3.5)\times3=10.5\times3=31.5\text{m}$$

**贴心助手**

3.5m 为每间屋子第一个单管日光灯的右边配线长。

3）灯具安装：

单管日光灯安装：YG2-1 $\frac{6\times120}{3}$L，8 套。

4）开关安装：拉线开关，4 套。

（3）清单工程量计算表（表 4-38）

**清单工程量计算表**　　　　**表 4-38**

| 序号 | 项目编码 | 项目名称 | 项目特征描述 | 计量单位 | 工程量 |
|---|---|---|---|---|---|
| 1 | 030404017001 | 配电箱 | XM－7－3/0（高 0.5，宽 0.4） | 台 | 1 |
| 2 | 030411001001 | 配管 | 钢管明设 $\phi$25 | m | 2.50 |
| 3 | 030411004001 | 配线 | 管内穿线 BLX25 | m | 6.80 |
| 4 | 030411004002 | 配线 | 二/三线式夹板配线，BLX2.5 | m | 117.10 |
| 5 | 030412001001 | 普通灯具 | 单管日光灯 YG2－1 $\frac{6\times120}{3}$L | 套 | 8 |
| 6 | 030404034001 | 照明开关 | 拉线开关 | 套 | 4 |

**【例 19】** 如图 4-10 所示为电焊车间动力平面图，电源由室外架空引入至 1K 动力箱，1K 为 XL-12-400 动力箱，2K—8K 为 XL-12-100 动力箱，$A_1$、$A_2$ 为∠50×50×5×1600 横担，B 为∠50×50×5×1400 横担（共 6 根）。电源入 1K 动力箱后再由 1K 动力箱至 $A_1$、B、$A_2$ 角钢横担，针式绝缘子配线，由主干线引至 2K、3K、4K、5K、6K、7K、8K，均用 $\phi$1.25″钢管明配，管内穿 BLX(3×16＋1×10）的电线再由 2K、3K、4K、5K、6K、7K、8K 引至电焊机，用 YZ(3×16＋1×6）软电缆。试求其工程量。

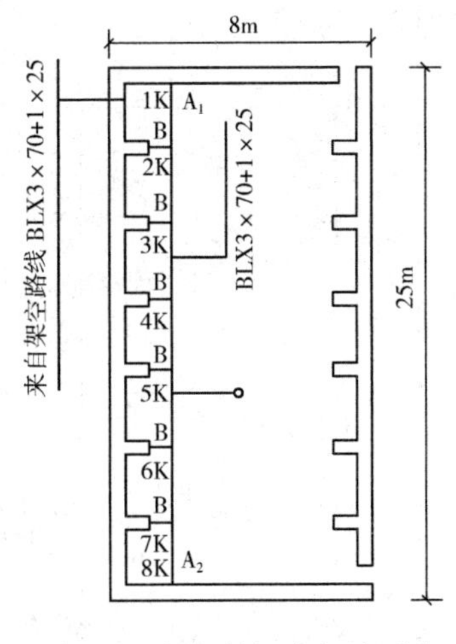


图 4-10　电焊车间动力平面图

**【解】**（1）2013 清单与 2008 清单对照（表 4-39）

**2013 清单与 2008 清单对照表**　　　　**表 4-39**

| 序号 | 清单 | 项目编码 | 项目名称 | 项目特征 | 计算单位 | 工程量计算规则 | 工作内容 |
|---|---|---|---|---|---|---|---|
| 1 | 2013 清单 | 030411001 | 配管 | 1. 名称<br>2. 材质<br>3. 规格<br>4. 配置形式<br>5. 接地要求<br>6. 钢索材质、规格 | m | 按设计图示尺寸以长度计算 | 1. 电线管路敷设<br>2. 钢索架设（拉紧装置安装）<br>3. 预留沟槽<br>4. 接地 |

续表

| 序号 | 清单 | 项目编码 | 项目名称 | 项目特征 | 计算单位 | 工程量计算规则 | 工作内容 |
| --- | --- | --- | --- | --- | --- | --- | --- |
| 1 | 2008清单 | 030212001 | 电气配管 | 1. 名称<br>2. 材质<br>3. 规格<br>4. 配置形式及部位 | m | 按设计图示尺寸以延长米计算。不扣除管路中间的接线箱（盒）、灯头盒、开关盒所占长度 | 1. 刨沟槽<br>2. 钢索架设（拉紧装置安装）<br>3. 支架制作、安装<br>4. 电线管路敷设<br>5. 接线盒（箱）、灯头盒、开关盒、插座盒安装<br>6. 防腐油漆<br>7. 接地 |
| 2 | 2013清单 | 030411004 | 配线 | 1. 名称<br>2. 配线形式<br>3. 型号<br>4. 规格<br>5. 材质<br>6. 配线部位<br>7. 配线线制<br>8. 钢索材质、规格 | m | 按设计图示尺寸以单线长度计算（含预留长度） | 1. 配线<br>2. 钢索架设（拉紧装置安装）<br>3. 支持体（夹板、绝缘子、槽板等）安装 |
|  | 2008清单 | 030212003 | 电气配线 | 1. 配线形式<br>2. 导线型号、材质、规格<br>3. 敷设部位或线制 | m | 按设计图示尺寸以单线延长米计算 | 1. 支持体（夹板、绝缘子、槽板等）安装<br>2. 支架制作、安装<br>3. 钢索架设（拉紧装置安装）<br>4. 配线<br>5. 管内穿线 |
| 3 | 2013清单 | 030408001 | 电力电缆 | 1. 名称<br>2. 型号<br>3. 规格<br>4. 材质<br>5. 敷设方式、部位<br>6. 电压等级（kV）<br>7. 地形 | m | 按设计图示尺寸以长度计算（含预留长度及附加长度） | 1. 电缆敷设<br>2. 揭（盖）盖板 |
|  | 2008清单 | 030208001 | 电力电缆 | 1. 型号<br>2. 规格<br>3. 敷设方式 | m | 按设计图示尺寸以长度计算 | 1. 揭（盖）盖板<br>2. 电缆敷设<br>3. 电缆头制作、安装<br>4. 过路保护管敷设<br>5. 防火堵洞<br>6. 电缆防护<br>7. 电缆防火隔板<br>8. 电缆防火涂料 |

**✲解题思路及技巧**

先要看图纸外形构造，以便结合图形采用数学原理进行快捷计算。另外，也可以结合计算规则和以往经验快速计算。

(2) 清单工程量

1) 架空线引入线工程量计算(只计算进户线横担以内)

① 角钢横担安装：∟50×50×5×1600，2 根。

蝶式绝缘子 ED-2：4 套。

② 管内穿线

BLX70：(1.5+1.5+1)×3=12.00m；

BLX25：(1.5+1.5+1)×1=4.00m。

**贴心助手**

1.5 为管内穿线与干线接点需预留长度，1.0 配线引至动力箱需预留长度，3 为管内配线 BLX70 的根数。

2) 室内主干线工程量计算(由 $A_1$ 经 6B 至 $A_2$)

① 横担安装(四线式)：8 根；

角钢横担：∠50×50×5×1600，($A_1A_2$ 用) 2 根；

角钢横担：∠50×50×5×1400，(B 用 6 根) 6 根；

蝶式绝缘子：ED-2，10 套；

针式绝缘子：PD-1-2，22 个。

② 针式绝缘子配线：(25+1.5+1.5)×4=112.00m；

电线：BLX70，(25+1.5+1.5)×3=84.00m；

电线：BLX25，(25+1.5+1.5)×1=28.00m；

**贴心助手**

25 为 $A_1$ 到 $A_2$ 间绝缘子配线的长度，1.5 为管内穿线与干线接点需预留长度。

③ 由 1K 引至 $A_1$ 保护管明设 $\phi1.25''$；

穿线：(1.5+1.5+1)×4=16.00m；

电线 BLX70：(1.5+1.5+1)×3=12.00m；

电线 BLX25：(1.5+1.5+1)×1=4.00m。

3) 由室内主干线至各 K 的支线工程量计算：

① 钢管明设 $\phi1.25''$：1.5×7=10.50m；

**贴心助手**

1.5 为管内穿线与干线接点的预留长度，7 为主干线 2K 到 8K 之间钢管明设 $\phi1.25''$的段数。

② 2～8K 穿线：[(1.5+1+1.5)×4]×7=112.00m；

电线 BLX16：(4×3)×7=84.00m；

电线 BLX10：(4×1)×7=28.00m。

4) 由各 K 至用电器具工程量计算：

2～8K 用 YZ (3×16+1×6) 软电缆 5×7=35.00m。

**贴心助手**

5 为 0.5+4+0.5 得来，其中 0.5 为电缆至电动机预留长度和电缆至电焊机预留长度，4 为中间电缆的长度，7 为 2K 到 8K 之间的段数。

(3) 清单工程量计算表（表 4-40）

**清单工程量计算表** **表 4-40**

| 序号 | 项目编码 | 项目名称 | 项目特征描述 | 计量单位 | 工程量 |
|---|---|---|---|---|---|
| 1 | 030411001001 | 配管 | 由 1K 引至 A，保护管明设 $\phi 2''$ | m | 1.50 |
| 2 | 030411001002 | 配管 | 由室内主干线至各 K 点的支线工程量钢管明设 $\phi 1.25''$ | m | 10.50 |
| 3 | 030411004001 | 配线 | BLX70 | m | 108.00 |
| 4 | 030411004002 | 配线 | BLX25 | m | 36.00 |
| 5 | 030411004003 | 配线 | BLX16 | m | 84.00 |
| 6 | 030411004004 | 配线 | BLX10 | m | 28.00 |
| 7 | 030408001001 | 电力电缆 | YZ(3×16+1×6) | m | 35.00 |

**【例 20】** 如图 4-11、图 4-12 所示为某工程局部照明系统图及平面图，图中说明如下：

(1) 电源由低压屏引来，钢管为 *DN*20 埋地敷设，管内穿 BV-3×6mm$^2$ 线；

(2) 照明配电箱为 300mm×270mm×130mmPZ30 箱，下口距地为 2.5m；墙厚 300mm；

(3) 全部插座，照明线路采用 BV-2.5mm$^2$ 线，穿 PVC-15 管暗敷设；

(4) 跷板单、双联开关安装高度距地 1.60m；

(5) 单相五孔插座为 86 系列，安装高度距地 0.40m；

(6) YLM47 为空气开关。

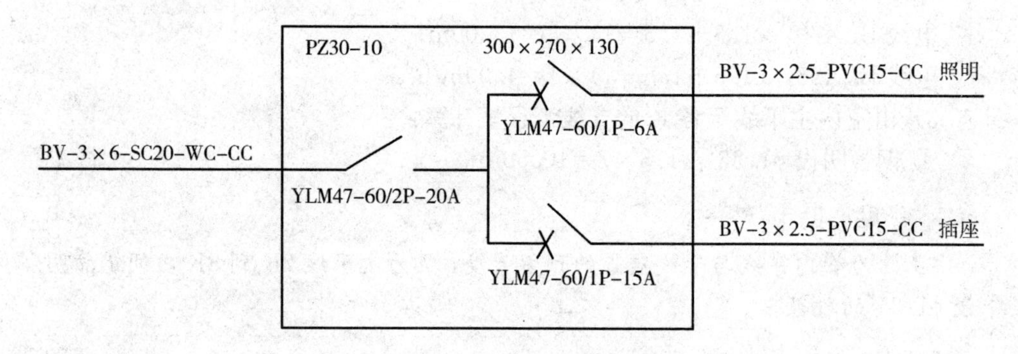


图 4-11 某工程局部照明系统图

试求其工程量。

**【解】** (1) 2013 清单与 2008 清单对照（表 4-41）

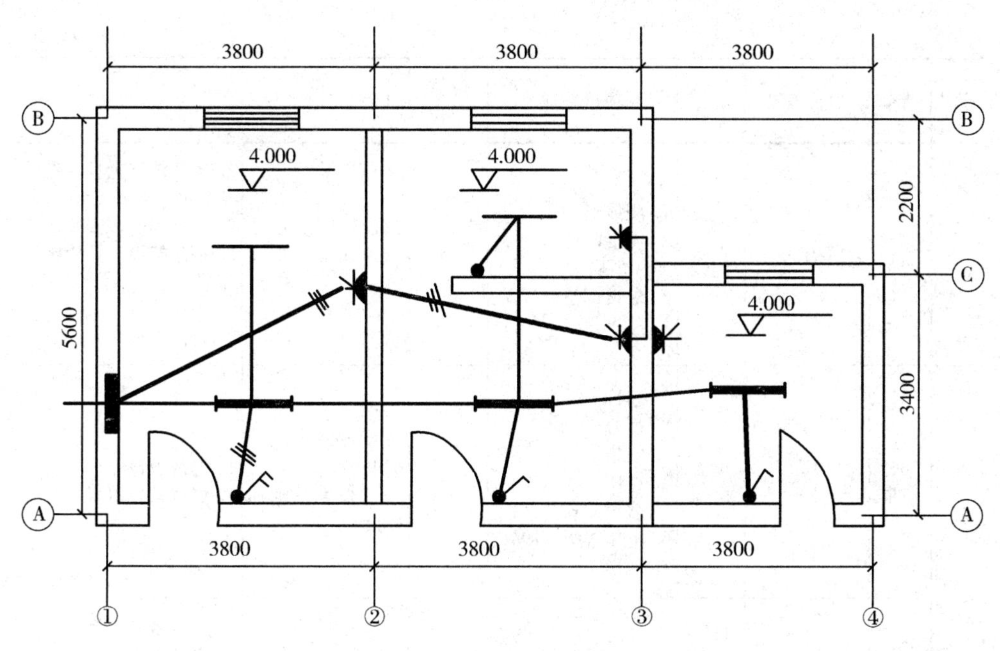


图 4-12　某工程局部照明平面图

**2013 清单与 2008 清单对照表　　　　表 4-41**

| 序号 | 清单 | 项目编码 | 项目名称 | 项目特征 | 计算单位 | 工程量计算规则 | 工作内容 |
|---|---|---|---|---|---|---|---|
| 1 | 2013 清单 | 030411001 | 配管 | 1. 名称<br>2. 材质<br>3. 规格<br>4. 配置形式<br>5. 接地要求<br>6. 钢索材质、规格 | m | 按设计图示尺寸以长度计算 | 1. 电线管路敷设<br>2. 钢索架设（拉紧装置安装）<br>3. 预留沟槽<br>4. 接地 |
| | 2008 清单 | 030212001 | 电气配管 | 1. 名称<br>2. 材质<br>3. 规格<br>4. 配置形式及部位 | m | 按设计图示尺寸以延长米计算。不扣除管路中间的接线箱（盒）、灯头盒、开关盒所占长度 | 1. 刨沟槽<br>2. 钢索架设（拉紧装置安装）<br>3. 支架制作、安装<br>4. 电线管路敷设<br>5. 接线盒（箱）、灯头盒、开关盒、插座盒安装<br>6. 防腐油漆<br>7. 接地 |
| 2 | 2013 清单 | 030411004 | 配线 | 1. 名称<br>2. 配线形式<br>3. 型号<br>4. 规格<br>5. 材质<br>6. 配线部位<br>7. 配线线制<br>8. 钢索材质、规格 | m | 按设计图示尺寸以单线长度计算（含预留长度） | 1. 配线<br>2. 钢索架设（拉紧装置安装）<br>3. 支持体（夹板、绝缘子、槽板等）安装 |

续表

| 序号 | 清单 | 项目编码 | 项目名称 | 项目特征 | 计算单位 | 工程量计算规则 | 工作内容 |
|---|---|---|---|---|---|---|---|
| 2 | 2008清单 | 030212003 | 电气配线 | 1. 配线形式<br>2. 导线型号、材质、规格<br>3. 敷设部位或线制 | m | 按设计图示尺寸以单线延长米计算 | 1. 支持体（夹板、绝缘子、槽板等）安装<br>2. 支架制作、安装<br>3. 钢索架设（拉紧装置安装）<br>4. 配线<br>5. 管内穿线 |
| 3 | 2013清单 | 030408001 | 电力电缆 | 1. 名称<br>2. 型号<br>3. 规格<br>4. 材质<br>5. 敷设方式、部位<br>6. 电压等级（kV）<br>7. 地形 | m | 按设计图示尺寸以长度计算（含预留长度及附加长度） | 1. 电缆敷设<br>2. 揭（盖）盖板 |
| | 2008清单 | 030208001 | 电力电缆 | 1. 型号<br>2. 规格<br>3. 敷设方式 | m | 按设计图示尺寸以长度计算 | 1. 揭（盖）盖板<br>2. 电缆敷设<br>3. 电缆头制作、安装<br>4. 过路保护管敷设<br>5. 防火堵洞<br>6. 电缆防护<br>7. 电缆防火隔板<br>8. 电缆防火涂料 |
| 4 | 2013清单 | 030412001 | 普通灯具 | 1. 名称<br>2. 型号<br>3. 规格<br>4. 类型 | 套 | 按设计图示数量计算 | 本体安装 |
| | 2008清单 | 030213001 | 普通吸顶灯及其他灯具 | 1. 名称、型号<br>2. 规格 | 套 | 按设计图示数量计算 | 1. 支架制作、安装<br>2. 组装<br>3. 油漆 |
| 5 | 2013清单 | 030414002 | 送配电装置系统 | 1. 名称<br>2. 型号<br>3. 电压等级（kV）<br>4. 类型 | 系统 | 按设计图示系统计算 | 系统调试 |
| | 2008清单 | 030211002 | 送配电装置系统 | 1. 型号<br>2. 电压等级（kV） | 系统 | 按设计图示数量计算 | 系统调试 |
| 6 | 2013清单 | 030404035 | 插座 | 1. 名称<br>2. 材质<br>3. 规格<br>4. 安装方式 | 个 | 按设计图示数量计算 | 1. 本体安装<br>2. 接线 |
| | 2008清单 | 030204031 | 小电器 | 1. 名称<br>2. 型号<br>3. 规格 | 个（套） | 按设计图示数量计算 | 1. 安装<br>2. 焊压端子 |

续表

| 序号 | 清单 | 项目编码 | 项目名称 | 项目特征 | 计算单位 | 工程量计算规则 | 工作内容 |
|---|---|---|---|---|---|---|---|
| 7 | 2013清单 | 030404034 | 照明开关 | 1. 名称<br>2. 材质<br>3. 规格<br>4. 安装方式 | 个 | 按设计图示数量计算 | 1. 本体安装<br>2. 接线 |
| | 2008清单 | 030204031 | 小电器 | 1. 名称<br>2. 型号<br>3. 规格 | 个（套） | 按设计图示数量计算 | 1. 安装<br>2. 焊压端子 |

**✻解题思路及技巧**

先要看图纸外形构造，以便结合图形采用数学原理进行快捷计算。另外，也可以结合计算规则和以往经验快速计算。

（2）清单工程量

1）由题图可知PZ30配电箱，300mm×270mm×130mm，1台。

2）钢管埋地、敷设，$DN20$：

$$1.50+0.15+2.5=4.15\text{m}$$

**贴心助手**

1.50为规定的预留长度，0.15为半墙厚，2.5为配电箱的安装高度。

3）进户线，BV-3×6mm$^2$：

$$[4.15+(0.3+0.27)]\times3=14.16\text{m}$$

**贴心助手**

0.3为配电箱的宽度，0.27为配电箱的高度，3为进户线的根线。

4）配电箱——日光灯

BV2.5mm$^2$线：

$$[4-2.5-0.27+(0.3+0.27)+1.9+3.8+2.7\times2+3.82+1.85+4-1.6+(1+4-1.6)\times2+1.45+4-1.6]\times3=94.86\text{m}$$

PVC15管：$(4-2.5-0.27)+1.9+3.8+2.7\times2+3.82+(1.85+4-1.6)+(1+4-1.6)\times2+(1.45+4-1.6)=31.05\text{m}$

**贴心助手**

4为楼层的高度，2.5为配电箱的安装高度，0.27为配电箱的高度，（0.3+0.27）为配电箱的外部进出线的预留长度，1.9为配电箱到①②轴日光灯，3.8为每个房间的宽度，2.7×2为两房间日光灯灯距，3.82为③～④灯距，1.85为灯到开关处顶部引线长，1.6为开关安装高度，1为②～③轴房间灯到开关处顶部引线的长度，1.6为②～③轴房间开关安装高度，1.45为顶部引线的长度，1.6为①～②轴开关线长，3为照明线BV-2.5mm$^2$根数。

5）配电箱——插座

$BV2.5mm^2$ 线：

$$[4-2.5-0.27+(0.3+0.27)+4.0+(4-0.4)\times2+0.4\times2+3.85+0.3+1.6]\times3=58.65m$$

PVC15 管：

$$4-2.5-0.27+4.0+(4-0.4)\times2+0.4\times2+3.85+0.3+1.6=18.98m$$

**贴心助手**

第一个 4 为楼层的高度，2.5 为配电箱的安装高度，0.27 为配电箱的高度，(0.3+0.27) 为配电箱的外部进出线的预留长度，第二个 4 为②轴到插座之间的距离，(4−0.4) 为插座到顶板之间的距离，0.4 为插座安装高度，2 为两个②～③间插座高度，3.85 为②～③插座平面距离，0.3 为墙厚，1.6 为③同内外间插座距离，3 为配电箱到插座之间使用 $BV-2.5mm^2$ 根数。

6）单管日光灯：5 套。

7）五孔插座（二孔＋三孔）：4 个。

8）单联开关：3 个。

9）双联开关：1 个。

10）插座盒：4 个。

11）开关盒：4 个。

12）灯头定位盒：5 个。

小计：PVC15 管：31.05＋18.98＝50.03m；

$BV2.5mm^2$ 线：94.86＋58.65＝153.51m。

工程量统计如表 4-42。

**工程量统计表** **表 4-42**

| 序号 | 分部分项名称及部位 | 单　位 | 工程量 |
|---|---|---|---|
| 1 | PZ−30 配电箱 | 台 | 1 |
| 2 | 入户线保护管 | m | 4.15 |
| 3 | 进户线 $BV-6.0mm^2$ | m | 14.16 |
| 4 | 照明灯具、插座布线 BV−2.5 | m | 153.51 |
| 5 | PVC 半硬穿线管 | m | 50.03 |
| 6 | 单管日光灯 | 套 | 5 |
| 7 | 五孔插座 | 个 | 4 |
| 8 | 单联开关 | 个 | 3 |
| 9 | 双联开关 | 个 | 1 |
| 10 | 开关盒 | 个 | 4 |
| 11 | 插座盒 | 个 | 4 |
| 12 | 灯头定位盒 | 个 | 5 |
| 13 | 低压电系统调试 | 系统 | 1 |

（3）清单工程量计算表（表4-43）

**清单工程量计算表**　　**表4-43**

| 序号 | 项目编码 | 项目名称 | 项目特征描述 | 计量单位 | 工程量 |
|---|---|---|---|---|---|
| 1 | 030411001001 | 配管 | 钢管埋地暗敷设，G20 | m | 4.15 |
| 2 | 030411004001 | 配线 | 进户线BV-6.0mm$^2$ | m | 14.16 |
| 3 | 030411004002 | 配线 | 照明灯具，插座布线BV-2.5 | m | 153.51 |
| 4 | 030411001002 | 配管 | PVC15管，暗敷设 | m | 50.03 |
| 5 | 030412001001 | 普通灯具 | 单管日光灯 | 套 | 5 |
| 6 | 030414002001 | 送配电装置系统 | 低压电系统调试 | 系统 | 1 |
| 7 | 030404035001 | 插座 | 五孔插座 | 个 | 4 |
| 8 | 030404034001 | 照明开关 | 单联开关 | 个 | 3 |
| 9 | 030404034002 | 照明开关 | 双联开关 | 个 | 1 |

**【例21】** 有一外线工程，平面图如图4-13所示。电杆高10m，间距均为40m，丘陵地区施工，室外杆上变压器容量为315kVA，变压器台杆高15m。求各项工程的清单工程量。

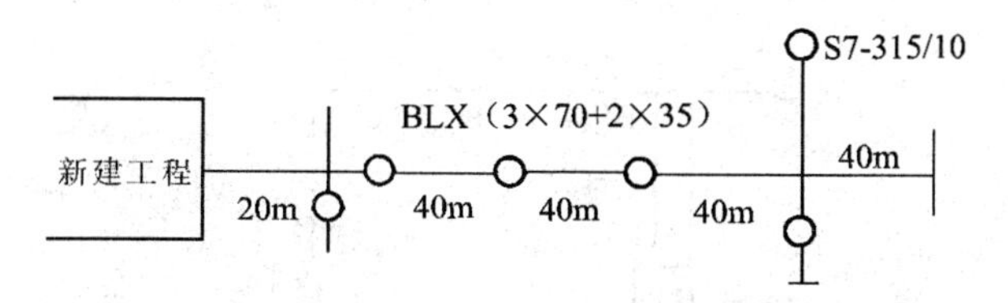


图4-13　某外线工程平面图

**【解】**（1）2013清单与2008清单对照（表4-44）

**2013清单与2008清单对照表**　　**表4-44**

| 清单 | 项目编码 | 项目名称 | 项目特征 | 计算单位 | 工程量计算规则 | 工作内容 |
|---|---|---|---|---|---|---|
| 2013清单 | 030411004 | 配线 | 1. 名称<br>2. 配线形式<br>3. 型号<br>4. 规格<br>5. 材质<br>6. 配线部位<br>7. 配线线制<br>8. 钢索材质、规格 | m | 按设计图示尺寸以单线长度计算（含预留长度） | 1. 配线<br>2. 钢索架设（拉紧装置安装）<br>3. 支持体（夹板、绝缘子、槽板等）安装 |
| 2008清单 | 030212003 | 电气配线 | 1. 配线形式<br>2. 导线型号、材质、规格<br>3. 敷设部位或线制 | m | 按设计图示尺寸以单线延长米计算 | 1. 支持体（夹板、绝缘子、槽板等）安装<br>2. 支架制作、安装<br>3. 钢索架设（拉紧装置安装）<br>4. 配线<br>5. 管内穿线 |

**❈解题思路及技巧**

先要看图纸外形构造，以便结合图形采用数学原理进行快捷计算。另外，也可以结合计算规则和以往经验快速计算。

（2）清单工程量

$70mm^2$ 的导线长度：(20＋40×4)×3＝540m；

$35mm^2$ 的导线长度：(20＋40×4)×2＝360m。

**贴心助手**

20、40均表示每段导线的长度，40长的导线共有四段，3表示 $70mm^2$ 的导线共有三根，2表示 $35mm^2$ 的导线共有两根。

（3）清单工程量计算表（表4-45）

**清单工程量计算表** **表4-45**

| 序号 | 项目编码 | 项目名称 | 项目特征描述 | 计量单位 | 工程量 |
|---|---|---|---|---|---|
| 1 | 030411004001 | 电气配线 | $70mm^2$ | m | 540.00 |
| 2 | 030411004002 | 电气配线 | $35mm^2$ | m | 360.00 |

**【例22】** 如图4-14所示，已知层高3m，配电箱安装高度1.4m，求管线工程量。

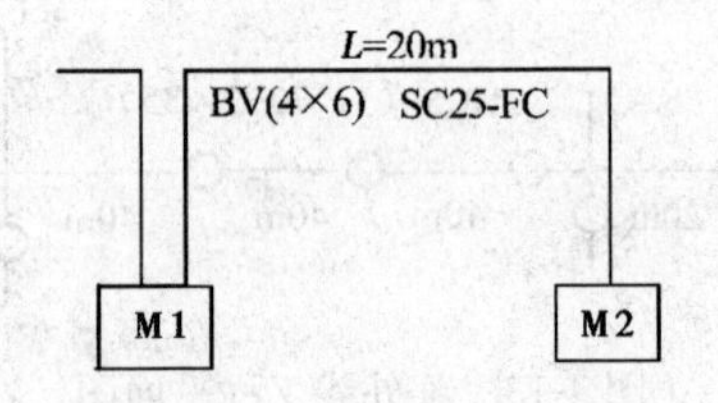


图4-14 配电箱安装图

**【解】**（1）2013清单与2008清单对照（表4-46）

**2013清单与2008清单对照表** **表4-46**

| 清单 | 项目编码 | 项目名称 | 项目特征 | 计算单位 | 工程量计算规则 | 工作内容 |
|---|---|---|---|---|---|---|
| 2013清单 | 030411001 | 配管 | 1. 名称<br>2. 材质<br>3. 规格<br>4. 配置形式<br>5. 接地要求<br>6. 钢索材质、规格 | m | 按设计图示尺寸以长度计算 | 1. 电线管路敷设<br>2. 钢索架设（拉紧装置安装）<br>3. 预留沟槽<br>4. 接地 |
| 2008清单 | 030212001 | 电气配管 | 1. 名称<br>2. 材质<br>3. 规格<br>4. 配置形式及部位 | m | 按设计图示尺寸以延长米计算。不扣除管路中间的接线箱（盒）、灯头盒、开关盒所占长度 | 1. 刨沟槽<br>2. 钢索架设（拉紧装置安装）<br>3. 支架制作、安装<br>4. 电线管路敷设<br>5. 接线盒（箱）、灯头盒、开关盒、插座盒安装<br>6. 防腐油漆<br>7. 接地 |

**✲解题思路及技巧**

先要看图纸外形构造，以便结合图形采用数学原理进行快捷计算。另外，也可以结合计算规则和以往经验快速计算。

（2）清单工程量

SC25：20+(3−1.4)×3=24.8m；

BV6：24.8×4=99.2m。

**贴心助手**

3 表示层高，1.4 表示配电箱设备的安装高度，乘以 3 表示配电箱的立管根数，24.8 表示 SC25 配管的长度，4 表示 BV 铜芯塑料绝缘线截面为 $6mm^2$ 的线共有 4 根，20m 表示配电箱 M1 到 M2 的水平距离，配电箱 M1 有进、出两根立管，所以垂直部分共 3 根管。

（3）清单工程量计算表（表 4-47）

**清单工程量计算表　　表 4-47**

| 序号 | 项目编码 | 项目名称 | 项目特征描述 | 计量单位 | 工程量 |
|---|---|---|---|---|---|
| 1 | 030411001001 | 电气配管 | SC25-FC | m | 24.80 |
| 2 | 030411001001 | 电气配管 | BV(4×6) | m | 99.20 |

**【例 23】** 设某综合楼照明线路设计图纸规定采用 BV2.5$mm^2$ 铜芯聚氯乙烯绝缘电线穿直径为 G20 镀锌钢管沿墙暗敷设，管内穿线 4 根，钢管敷设长度为 800m，试计算管内穿线工程量为多少。

**【解】**（1）2013 清单与 2008 清单对照（表 4-48）

**2013 清单与 2008 清单对照　　表 4-48**

| 清单 | 项目编码 | 项目名称 | 项目特征 | 计算单位 | 工程量计算规则 | 工作内容 |
|---|---|---|---|---|---|---|
| 2013 清单 | 030411004 | 配线 | 1. 名称<br>2. 配线形式<br>3. 型号<br>4. 规格<br>5. 材质<br>6. 配线部位<br>7. 配线线制<br>8. 钢索材质、规格 | m | 按设计图示尺寸以单线长度计算（含预留长度） | 1. 配线<br>2. 钢索架设（拉紧装置安装）<br>3. 支持体（夹板、绝缘子、槽板等）安装 |
| 2008 清单 | 030212003 | 电气配线 | 1. 配线形式<br>2. 导线型号、材质、规格<br>3. 敷设部位或线制 | m | 按设计图示尺寸以单线延长米计算 | 1. 支持体（夹板、绝缘子、槽板等）安装<br>2. 支架制作、安装<br>3. 钢索架设（拉紧装置安装）<br>4. 配线<br>5. 管内穿线 |

（2）清单工程量

管内穿线长度=(800+1.5)×4=3206m

管内穿线工程量计算公式　　$L=L_a\times N$

式中 $L$——导线长度（m）；

$L_a$——管长（m）；

$N$——导线根数（根）。

**贴心助手**

800表示导线的长度，1.5m表示预留长度，4表示导线的根数，根据全国统一安装工程预算工程量计算规则，在低压交叉跳线转角处导线预留1.5m，导线长度按线路总长度＋预留长度计算。

（3）清单工程量计算表（表4-49）

**清单工程量计算表** **表4-49**

| 项目编码 | 项目名称 | 项目特征描述 | 计量单位 | 工程量 |
| --- | --- | --- | --- | --- |
| 030411004001 | 电气配线 | BV2.5mm² 铜芯聚氯乙烯绝缘电线 | m | 3206.00 |

**【例24】** 图4-15为某办公楼照明工程局部平面布置图，建筑物为混合结构，层高3m。由图可知该房间内装设了两套成型吸顶式双管荧光灯、一台吊风扇，它们分别由一个单控双联板式暗开关和一个调速开关控制，开关安装距楼地面1.5m，配电线路导线为BV-2.5，穿电线管沿天棚、墙暗敷设，其中2、3根穿TC25、TC15，4根穿TC20。试计算各分项工程量。

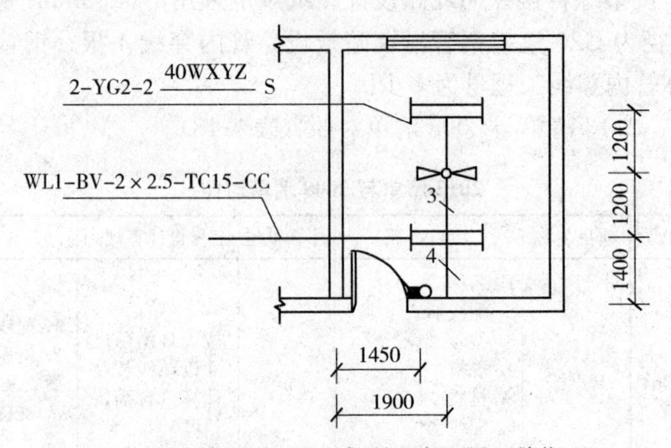


图4-15 办公楼照明工程局部平面布置图（单位：mm）

**【解】**（1）2013清单与2008清单对照（表4-50）

**2013清单与2008清单对照表** **表4-50**

| 序号 | 清单 | 项目编码 | 项目名称 | 项目特征 | 计算单位 | 工程量计算规则 | 工作内容 |
| --- | --- | --- | --- | --- | --- | --- | --- |
| 1 | 2013清单 | 030411001 | 配管 | 1. 名称<br>2. 材质<br>3. 规格<br>4. 配置形式<br>5. 接地要求<br>6. 钢索材质、规格 | m | 按设计图示尺寸以长度计算 | 1. 电线管路敷设<br>2. 钢索架设（拉紧装置安装）<br>3. 预留沟槽<br>4. 接地 |

续表

| 序号 | 清单 | 项目编码 | 项目名称 | 项目特征 | 计算单位 | 工程量计算规则 | 工作内容 |
|---|---|---|---|---|---|---|---|
| 1 | 2008清单 | 030212001 | 电气配管 | 1. 名称<br>2. 材质<br>3. 规格<br>4. 配置形式及部位 | m | 按设计图示尺寸以延长米计算。不扣除管路中间的接线箱（盒）、灯头盒、开关盒所占长度 | 1. 刨沟槽<br>2. 钢索架设（拉紧装置安装）<br>3. 支架制作、安装<br>4. 电线管路敷设<br>5. 接线盒（箱）、灯头盒、开关盒、插座盒安装<br>6. 防腐油漆<br>7. 接地 |
| 2 | 2013清单 | 030411004 | 配线 | 1. 名称<br>2. 配线形式<br>3. 型号<br>4. 规格<br>5. 材质<br>6. 配线部位<br>7. 配线线制<br>8. 钢索材质、规格 | m | 按设计图示尺寸以单线长度计算（含预留长度） | 1. 配线<br>2. 钢索架设（拉紧装置安装）<br>3. 支持体（夹板、绝缘子、槽板等）安装 |
|  | 2008清单 | 030212003 | 电气配线 | 1. 配线形式<br>2. 导线型号、材质、规格<br>3. 敷设部位或线制 | m | 按设计图示尺寸以单线延长米计算 | 1. 支持体（夹板、绝缘子、槽板等）安装<br>2. 支架制作、安装<br>3. 钢索架设（拉紧装置安装）<br>4. 配线<br>5. 管内穿线 |
| 3 | 2013清单 | 030412005 | 荧光灯 | 1. 名称<br>2. 型号<br>3. 规格<br>4. 安装形式 | 套 | 按设计图示数量计算 | 本体安装 |
|  | 2008清单 | 030213004 | 荧光灯 | 1. 名称<br>2. 型号<br>3. 规格<br>4. 安装形式 | 套 | 按设计图示数量计算 | 安装 |
| 4 | 2013清单 | 030404019 | 控制开关 | 1. 名称<br>2. 型号<br>3. 规格<br>4. 接线端子材质、规格<br>5. 额定电流（A） | 个 | 按设计图示数量计算 | 1. 本体安装<br>2. 焊、压接线端子<br>3. 接线 |
|  | 2008清单 | 030204019 | 控制开关 | 1. 名称<br>2. 型号<br>3. 规格 | 个 | 按设计图示数量计算 | 1. 安装<br>2. 焊压端子 |

续表

| 序号 | 清单 | 项目编码 | 项目名称 | 项目特征 | 计算单位 | 工程量计算规则 | 工作内容 |
|---|---|---|---|---|---|---|---|
| 5 | 2013清单 | 030404031 | 小电器 | 1. 名称<br>2. 型号<br>3. 规格<br>4. 接线端子材质、规格 | 个（套、台） | 按设计图示数量计算 | 1. 本体安装<br>2. 焊、压接线端子<br>3. 接线 |
| | 2008清单 | 030204031 | 小电器 | 1. 名称<br>2. 型号<br>3. 规格 | 个（套） | 按设计图示数量计算 | 1. 安装<br>2. 焊压端子 |

（2）清单工程量

1）电线管暗配 TC15：进线至灯水平 1.90＋灯至风扇水平 1.20＋灯至风扇水平 1.20＝4.30m；

2）电线管暗配 TC20：灯至开关水平 1.4＋1.9－1.45＋灯至开关垂直（3－1.5)＝3.35m；

3）管内穿线 BV-2.5：3.35×4(1.2＋1.9)×2＋1.2×3＝23.2m；

4）吸顶式双管荧光灯安装：2 套；

5）双联板式暗开关安装：1 个；

6）吊风扇安装：1 台。

**贴心助手**

1.5m 表示开关安装的高度，3.35×4 表示穿 TC20 管的有四根导线，其中 3.35 表示导线单根长，4 表示导线的根数，吊风扇的安装以“台”为计量单位，如图所示吊风扇为一台，吸顶式双管荧光灯安装以“10 套”为计量单位，图示中吸顶灯为 2 套，(1.9＋1.2)×2 表示穿 TC25 配管的导线长，1.9 表示进线至灯水平距离，1.2 表示灯至风扇的水平距离，2 表示导线的根数，1.2×3 表示穿配管 TC15 的导线长度，1.2 表示风扇至灯的水平距离，3 表示导线的根数。

（3）清单工程量计算表（表 4-51）

**清单工程量计算表** **表 4-51**

| 序号 | 项目编码 | 项目名称 | 项目特征描述 | 计量单位 | 工程量 |
|---|---|---|---|---|---|
| 1 | 030411001001 | 电气配管 | 暗配 TC15 | m | 4.30 |
| 2 | 030411001002 | 电气配管 | 暗配 TC20 | m | 3.35 |
| 3 | 030411004001 | 电气配线 | BV－2.5 | m | 23.20 |
| 4 | 030412005001 | 荧光灯 | 吸顶式双管 | 套 | 2 |
| 5 | 030404019001 | 控制开关 | 双联板式暗开关 | 个 | 1 |
| 6 | 030404031001 | 小电器 | 吊风扇 | 台 | 1 |

## 4.9　照明器具安装

**【例25】** 某市太乙路立交桥工程，设计选用8套3T06A10型高杆灯照明，杆高8m，灯架为成套可升降型的4个灯头，混凝土基础。求算高杆灯的工程量。

**【解】**（1）2013清单与2008清单对照（表4-52）

**2013清单与2008清单对照表**　　表4-52

| 清单 | 项目编码 | 项目名称 | 项目特征 | 计算单位 | 工程量计算规则 | 工作内容 |
|---|---|---|---|---|---|---|
| 2013清单 | 030412009 | 高杆灯 | 1. 名称<br>2. 灯杆高度<br>3. 灯架形式（成套或组装、固定或升降）<br>4. 附件配置<br>5. 光源数量<br>6. 基础形式、浇筑材质<br>7. 杆座材质、规格<br>8. 接线端子材质、规格<br>9. 铁构件规格<br>10. 编号<br>11. 灌浆配合比<br>12. 接地要求 | 套 | 按设计图示数量计算 | 1. 基础浇筑<br>2. 立灯杆<br>3. 杆座安装<br>4. 灯架及灯具附件安装<br>5. 焊、压接线端子<br>6. 铁构件安装<br>7. 补刷（喷）油漆<br>8. 灯杆编号<br>9. 升降机构接线调试<br>10. 接地 |
| 2008清单 | 030213008 | 高杆灯安装 | 1. 灯杆高度<br>2. 灯架形式（成套或组装、固定或升降）<br>3. 灯头数量<br>4. 基础形式及规格 | 套 | 按设计图示数量计算 | 1. 基础浇筑（包括土石方）<br>2. 立杆<br>3. 灯架安装<br>4. 引下线支架制作、安装<br>5. 焊压接线端子<br>6. 铁构件制作、安装<br>7. 除锈、刷油<br>8. 灯杆编号<br>9. 升降机构接线调试<br>10. 接地 |

（2）清单工程量

高杆可升降3T06A10型路灯、安装高度8m，可升降，4灯头成套灯架。

（3）清单工程量计算表（表4-53）

**清单工程量计算表**　　表4-53

| 项目编码 | 项目名称 | 项目特征描述 | 计量单位 | 工程量 |
|---|---|---|---|---|
| 030412009001 | 高杆灯 | 3T06A10型路灯 | 套 | 8 |

## 4.10　电气调整试验

**【例26】** 如图4-16所示为某配电所主接线图，能从该图中求出哪些调试？并列出工程量。

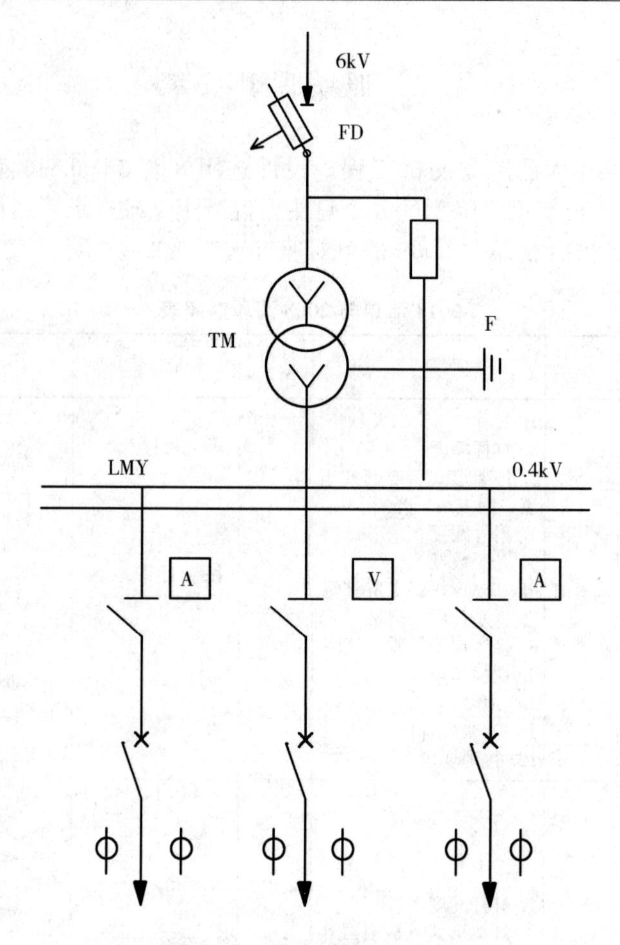


图 4-16　某配电所主接线图

**【解】**（1）2013 清单与 2008 清单对照（表 4-54）

**2013 清单与 2008 清单对照表**　　**表 4-54**

| 序号 | 清单 | 项目编码 | 项目名称 | 项目特征 | 计算单位 | 工程量计算规则 | 工作内容 |
|---|---|---|---|---|---|---|---|
| 1 | 2013清单 | 030402010 | 避雷器 | 1. 名称<br>2. 型号<br>3. 规格<br>4. 电压等级<br>5. 安装部位 | 组 | 按设计图示数量计算 | 1. 本体安装<br>2. 接地 |
| | 2008清单 | 030202010 | 避雷器 | 1. 名称、型号<br>2. 规格<br>3. 电压等级 | 组 | 按设计图示数量计算 | 安装 |
| 2 | 2013清单 | 030414010 | 电容器 | 1. 名称<br>2. 电压等级（kV） | 组 | 按设计图示数量计算 | 调试 |
| | 2008清单 | 030211007 | 避雷器、电容器 | 电压等级 | 组 | 按设计图示数量计算 | 调试 |

续表

| 序号 | 清单 | 项目编码 | 项目名称 | 项目特征 | 计算单位 | 工程量计算规则 | 工作内容 |
|---|---|---|---|---|---|---|---|
| 3 | 2013清单 | 030414001 | 电力变压器系统 | 1. 名称<br>2. 型号<br>3. 容量（kV·A） | 系统 | 按设计图示系统计算 | 系统调试 |
| | 2008清单 | 030211001 | 电力变压器系统 | 1. 型号<br>2. 容量（kV·A） | 系统 | 按设计图示数量计算 | 系统调试 |
| 4 | 2013清单 | 030414008 | 母线 | 1. 名称<br>2. 电压等级（kV） | 段 | 按设计图示数量计算 | 调试 |
| | 2008清单 | 030211006 | 母线 | 电压等级 | 段 | 按设计图示数量计算 | 调试 |
| 5 | 2013清单 | 030414002 | 送配电装置系统 | 1. 名称<br>2. 型号<br>3. 电压等级（kV）<br>4. 类型 | 系统 | 按设计图示系统计算 | 系统调试 |
| | 2008清单 | 030211002 | 送配电装置系统 | 1. 型号<br>2. 电压等级（kV） | 系统 | 按设计图示数量计算 | 系统调试 |
| 6 | 2013清单 | 030414003 | 特殊保护装置 | 1. 名称<br>2. 类型 | 台（套） | 按设计图示数量计算 | 调试 |
| | 2008清单 | 030211003 | 特殊保护装置 | 类型 | 系统 | 按设计图示数量计算 | 调试 |

**❈解题思路及技巧**

此题比较简单，主要考察该项目的清单工程量表的填写。

（2）清单工程量

由图可得所需计算的调试与工程量如下：

1）避雷器调试：1组。

2）电容器调试：1组。

3）变压器系统调试：1系统。

4）1kV以下母线系统调试：1段。

5）1kV以下供电送配电系统调试：3系统。

6）特殊保护装置熔电器：1系统。

（3）清单工程量计算表（表 4-55）

**清单工程量计算表** **表 4-55**

| 序号 | 项目编码 | 项目名称 | 项目特征描述 | 计量单位 | 工程量 |
|---|---|---|---|---|---|
| 1 | 030402010001 | 避雷器 | 避雷器调试 | 组 | 1 |
| 2 | 030414010001 | 电容器 | 电容器调试 | 组 | 1 |
| 3 | 030414001001 | 电力变压器系统 | 变压器系统调试 | 系统 | 1 |
| 4 | 030414008001 | 母线 | 1kV 以下母线系统调试 | 段 | 1 |
| 5 | 030414002001 | 送配电装置系统 | 1kV 以下供电送配电系统调试，断路器 | 系统 | 3 |
| 6 | 030414003001 | 特殊保护装置 | 熔电器 | 台 | 1 |

# 第 5 章　自动化控制仪表安装工程

## 5.1　过程检测仪表

**【例 1】** 某工程需安装一台膜盒式压力计测量烟囱底部烟道的压力，自制表弯，型钢压力计支架 16kg。试编制分部分项工程量清单。

**【解】**（1）2013 清单与 2008 清单对照（表 5-1）

**2013 清单与 2008 清单对照表**　　　　**表 5-1**

| 清单 | 项目编码 | 项目名称 | 项目特征 | 计算单位 | 工程量计算规则 | 工作内容 |
|---|---|---|---|---|---|---|
| 2013 清单 | 030601002 | 压力仪表 | 1. 名称<br>2. 型号<br>3. 规格<br>4. 压力表弯材质、规格<br>5. 挠性管材质、规格<br>6. 支架式、材质<br>7. 调试要求<br>8. 脱脂要求 | 台 | 按设计图示数量计算 | 1. 本体安装<br>2. 压力表弯制作、安装<br>3. 挠性管安装<br>4. 取源部件配合安装<br>5. 单体校验调整<br>6. 脱脂<br>7. 支架制作、安装 |
| 2008 清单 | 031001002 | 压力仪表 | 1. 名称<br>2. 类型 | 台 | 按设计图示数量计算 | 1. 取源部件安装<br>2. 压力表弯制作、刷油、安装<br>3. 挠性管安装<br>4. 本体安装<br>5. 单体校验调整<br>6. 脱脂<br>7. 支架制作、安装、刷油 |

**✲解题思路及技巧**

此题比较简单，主要考察该项目的清单工程量表的填写。

（2）清单工程量

1）本体安装：1 块。

2）取压部位安装：1 个。

3）压力表弯制作安装：1 个。

4）金属挠性管安装：1 个。

5）支架制作安装：16kg。

（3）清单工程量计算表（表5-2）

**清单工程量计算表** **表5-2**

| 项目编码 | 项目名称 | 项目特征描述 | 计量单位 | 工程量 |
|---|---|---|---|---|
| 030601002001 | 压力仪表 | 自制表弯，型钢压力计支架16kg | 台 | 1 |

# 第 6 章　通风空调工程

## 6.1　通风及空调设备及部件制作安装

**【例 1】** 某系统安装了 HF25-01DDB 型恒温恒湿空调机一台，重 0.2t，计算空调机组安装的清单工程量。

**【解】**（1）2013 清单与 2008 清单对照（表 6-1）

**2013 清单与 2008 清单对照表**　　表 6-1

| 清单 | 项目编码 | 项目名称 | 项目特征 | 计算单位 | 工程量计算规则 | 工作内容 |
|---|---|---|---|---|---|---|
| 2013 清单 | 030701003 | 空调器 | 1. 名称<br>2. 型号<br>3. 规格<br>4. 安装形式<br>5. 质量<br>6. 隔振垫（器）、支架形式、材质 | 台（组） | 按设计图示数量计算 | 1. 本体安装或组装、调试<br>2. 设备支架制作、安装<br>3. 补刷（喷）油漆 |
| 2008 清单 | 030901004 | 空调器 | 1. 形式<br>2. 质量<br>3. 安装位置 | 台 | 按设计图示数量计算，其中分段组装式空调器按设计图纸所示质量以“kg”为计量单位 | 1. 安装<br>2. 软管接口制作、安装 |

**❈解题思路及技巧**

此题比较简单，主要考察该项目的清单工程量表的填写。

（2）清单工程量

根据工程量计算规则，整体式空调机组安装，空调器按不同重量和安装方式以“台”为计量单位。工程量为 1 台。

（3）清单工程量计算表（表 6-2）

**清单工程量计算表**　　表 6-2

| 项目编码 | 项目名称 | 项目特征描述 | 计量单位 | 工程量 |
|---|---|---|---|---|
| 030701003001 | 空调器 | HF25-01DDB 型恒温恒湿空调机 | 台 | 1 |

【例 2】 试计算 3 个 T704-7 钢板密闭门（800×500）的清单工程量。

【解】（1）2013 清单与 2008 清单对照（表 6-3）

**2013 清单与 2008 清单对照表** **表 6-3**

| 清单 | 项目编码 | 项目名称 | 项目特征 | 计算单位 | 工程量计算规则 | 工作内容 |
|---|---|---|---|---|---|---|
| 2013 清单 | 030701006 | 密闭门 | 1. 名称<br>2. 型号<br>3. 规格<br>4. 形式<br>5. 支架形式、材质 | 个 | 按设计图示数量计算 | 1. 本体制作<br>2. 本体安装<br>3. 支架制作、安装 |
| 2008 清单 | 030901006 | 密封门制作安装 | 1. 型号<br>2. 特性（带视孔或不带视孔）<br>3. 支架材质、规格<br>4. 除锈、刷油设计要求 | 个 | 按设计图示数量计算 | 1. 制作、安装<br>2. 除锈、刷油 |

**✲解题思路及技巧**

此题比较简单，主要考察该项目的清单工程量表的填写。

（2）清单工程量

计算工程量。根据工程量计算规则，钢板密封门制作安装工程量以“个”为单位进行计算。

钢板密封门制作安装工程量＝1×3＝3 个。

**贴心助手**

钢板密封门制作安装工程量以“个”为计量单位，3 为钢板密封门制作安装的个数。

（3）清单工程量计算表（表 6-4）

**清单工程量计算表** **表 6-4**

| 项目编码 | 项目名称 | 项目特征描述 | 计量单位 | 工程量 |
|---|---|---|---|---|
| 030701006001 | 密闭门制作安装 | 钢板，800×500，T704-7 | 个 | 3 |

## 6.2 通风管道制作安装

【例 3】 试求如图 6-1 所示的工程量。

【解】（1）2013 清单与 2008 清单对照（表 6-5）

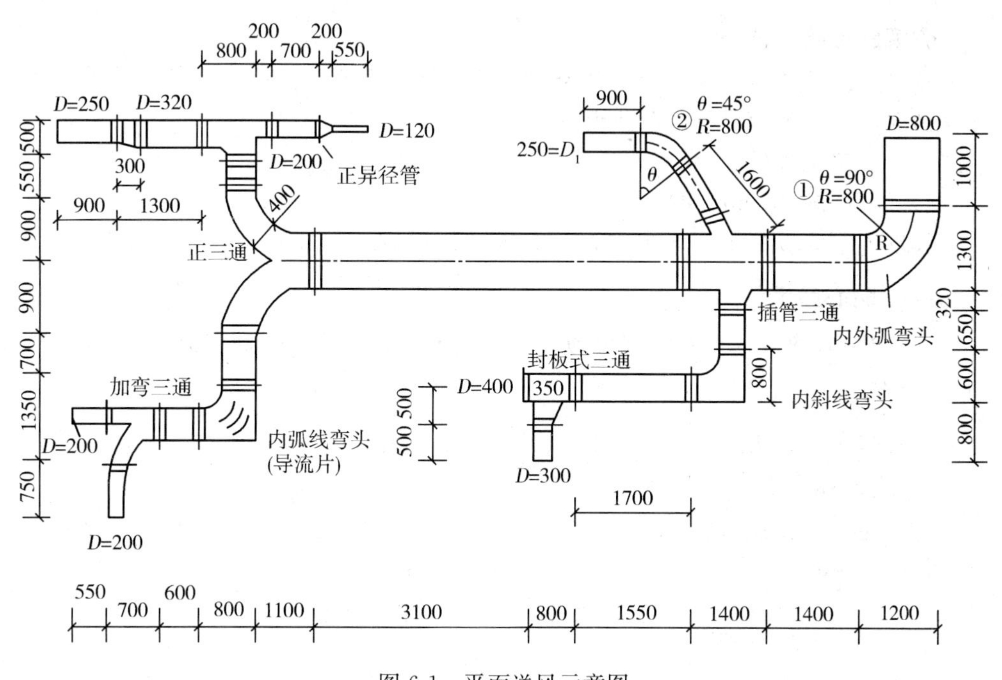


图 6-1　平面送风示意图

**2013 清单与 2008 清单对照表**　　　　表 6-5

| 清单 | 项目编码 | 项目名称 | 项目特征 | 计算单位 | 工程量计算规则 | 工作内容 |
|---|---|---|---|---|---|---|
| 2013 清单 | 030702001 | 碳钢通风管道 | 1. 名称<br>2. 材质<br>3. 形状<br>4. 规格<br>5. 板材厚度<br>6. 管件、法兰等附件及支架设计要求<br>7. 接口形式 | $m^2$ | 按设计图示内径尺寸以展开面积计算 | 1. 风管、管件、法兰、零件、支吊架制作、安装<br>2. 过跨风管落地支架制作、安装 |
| 2008 清单 | 030902001 | 碳钢通风管道制作安装 | 1. 材质<br>2. 形状<br>3. 周长或直径<br>4. 板材厚度<br>5. 接口形式<br>6. 风管附件、支架设计要求<br>7. 除锈、刷油、防腐、绝热及保护层设计要求 | $m^2$ | 1. 按设计图示以展开面积计算，不扣除检查孔、测定孔、送风口、吸风口等所占面积；风管长度一律以设计图示中心线长度为准（主管与支管以其中心线交点划分），包括弯头、三通、变径管、天圆地方等管件的长度，但不包括部件所占的长度。风管展开面积不包括风管、管口重叠部分面积。直径和周长按图示尺寸为准展开<br>2. 渐缩管：圆形风管按平均直径，矩形风管按平均周长 | 1. 风管、管件、法兰、零件、支吊架制作、安装<br>2. 弯头导流叶片制作、安装<br>3. 过跨风管落地支架制作、安装<br>4. 风管检查孔制作<br>5. 温度、风量测定孔制作<br>6. 风管保温及保护层<br>7. 风管、法兰、法兰加固框、支吊架、保护层除锈、刷油 |

**※解题思路及技巧**

先要看图纸外形构造，以便结合图形采用数学原理进行快捷计算。另外，也可以结合计算规则和以往经验快速计算。

（2）清单工程量

1）风管 $D$=800mm 的工程量：

长度 $L_1$=1.0+1.4+3.1+0.8+1.55=7.85m；

**贴心助手**

图中连接内外弧弯头的部分为 1.0，连接插管三通右侧的部分为 1.4，中间的部分为 3.1+0.8+1.55。

工程量 $F=\pi DL_1=3.14\times0.8\times7.85=19.72\text{m}^2$。

2）内外弧弯头的工程量：

编号①的工程量：

$D$=800mm=0.8m，$\theta$=90°，$R$=0.8m，则：

$$F=\frac{R\pi^2\theta D}{180^\circ}=\frac{0.8\times3.14\times3.14\times90^\circ\times0.8}{180^\circ}=3.16\text{m}^2$$

**贴心助手**

上式 $F=R\pi^2\theta D/180^\circ$，是 $F=\pi DL$ 的变形，其中的 $L$ 是弯头的长度，为 $R\theta\pi/180^\circ$，即为 0.8×90°×3.14/180°。

编号②的工程量：

$D$=250mm=0.25m，$\theta$=45°，$R$=0.8m，则：

$$F=\frac{R\pi^2\theta D}{180^\circ}=\frac{0.8\times3.14\times3.14\times45^\circ\times0.25}{180^\circ}=0.49\text{m}^2$$

3）插管三通的工程量：

$$\begin{aligned}F&=\pi d_1h_1+\pi d_2h_2\\&=\left[3.14\times0.8\times1.4+3.14\times0.4\times\left(0.32+\frac{0.8}{2}\right)\right]\\&=3.52+0.90\\&=4.42\text{m}^2\end{aligned}$$

**贴心助手**

式中 $\pi d_1h_1$ 为管径 800 的管道表面积，$\pi d_2h_2$ 为管径为 400 的管道表面积，$\left(0.32+\frac{0.8}{2}\right)$是管径 400 的长度。

4）管径 $D$=400mm 的工程量：

长度 $L$=0.65+1.7=2.35m；

**贴心助手**

0.65 是连接插管三通与内斜式弯头的管道长度，1.7 是连接封板式三通与内斜式弯头的管道长度。

工程量 $F=\pi DL=3.14\times0.4\times2.35=2.95\text{m}^2$。

5）封板式三通的工程量：

$$F=\pi d_1L_1+\pi\left(\frac{d_2+d_3}{2}\right)L_2$$
$$=3.14\times0.4\times0.8+3.14\times\left(\frac{0.3+0.35}{2}\right)\times0.5$$
$$=1.01+0.51$$
$$=1.52\text{m}^2$$

**贴心助手**

式中 $3.14\times\left(\frac{0.3+0.35}{2}\right)$ 为三通中变径管管径的平均截面周长，0.5为变径管中心线的长度（左标）。

6）风管 $D=300$mm 的工程量：

长度 $L=0.50$m；

**贴心助手**

与封板式三通相连的部分为0.50。

工程量 $F=\pi DL=3.14\times0.3\times0.5=0.47\text{m}^2$。

7）风管 $D=250$mm 的工程量：

长度 $L=0.9+0.9+1.6=3.40$m；

**贴心助手**

图的最左上部分为0.9，图中与插管三通相连的上下部分为0.9+1.6。

工程量 $F=\pi DL=3.14\times0.25\times3.4=2.67\text{m}^2$。

8）内斜线弯头的工程量：

$$F=\pi DL+\pi D(L-D)$$
$$=3.14\times0.4\times0.8+3.14\times0.4\times(0.8-0.4)$$
$$=1.01+0.50$$
$$=1.51\text{m}^2$$

**贴心助手**

0.8是一端弯头口径中心到对面弯头拐角处的距离，(0.8−0.4)是另一端弯头口径中心到与之垂直的管道临近的外壁接触点的距离。

9）正三通的工程量：

$$F=2\times\left[\pi D(L_1+L_2)+\frac{1}{4}\pi^2D^2\right]$$
$$=2\times\left[3.14\times0.4\times(0.9+1.1)+\frac{1}{4}\times3.14\times3.14\times0.4\times0.4\right]$$
$$=2\times(2.51+0.39)$$

$=5.8m^2$

10）管径 $D=400mm$ 的工程量：

长度 $L=0.55+0.7+0.6=1.85m$；

**贴心助手**

与正三通两个分支管分别相连的为 0.55+0.7，与加弯三通相连的为 0.6。

工程量 $F=\pi DL=3.14\times0.4\times1.85=2.32m^2$。

11）加弯三通的工程量：

$$F=\pi D_1L_2+\pi D_2L_2$$
$$=3.14\times0.2\times0.7+3.14\times0.2\times\left(1.35-\frac{0.2}{2}\right)$$
$$=0.44+0.79$$
$$=1.23m^2$$

12）风管 $D=200mm$ 的工程量：

长度 $L=0.75+0.55+0.7=2.00m$；

**贴心助手**

图中的最下边的一段管道长为 0.75，最左边的一段管道长为 0.55，图中最上边的一段管道长为 0.7。

工程量 $F=\pi DL=3.14\times0.2\times2.0=1.26m^2$。

13）异径三通管的工程量：

$$F=\pi D_1L_1+\pi D_2L_2+\pi D_3L_3$$
$$=3.14\times0.32\times\left(0.8-\frac{0.4}{2}\right)+3.14\times0.2\times\left(0.2+\frac{0.4}{2}\right)+3.14\times0.4\times\left(\frac{0.5}{2}-\frac{0.32}{2}\right)$$
$$=0.603+0.251+0.113$$
$$=0.97m^2$$

14）风管 $D=320mm$ 的工程量：

长度 $L=1.3-0.3=1.00m$；

**贴心助手**

0.3 为管左偏心异径管的长度，应该减去。

工程量 $F=\pi DL=3.14\times0.32\times1.0=1.01m^2$。

15）偏心异径管的工程量：

长度 $L=0.30m$；

工程量 $F=\left(\frac{0.32+0.25}{2}\right)\pi L=0.285\times3.14\times0.3=0.27m^2$。

**贴心助手**

偏心异径管截面周长计算同正异径管，取其两端头截面周长的平均值$\left(\frac{0.32+0.25}{2}\right)\pi$。

16）风管 $D=120\text{mm}$ 的工程量：

长度 $L=0.55\text{m}$；

工程量 $F=\pi DL=3.14\times0.12\times0.55=0.21\text{m}^2$。

17）正异径管的工程量：

$$F=\left(\frac{0.2+0.12}{2}\right)\times\pi\times L=\frac{0.32}{2}\times3.14\times0.2=0.10\text{m}^2$$

**贴心助手**

正异径管取其两端头截面周长的平均值$\left(\frac{0.2+0.12}{2}\right)\times\pi$。

18）内弧线弯头导流叶片的工程量：

$$\begin{aligned}单叶片面积 &= 0.017453R\theta h + 折边\\ &= 0.14\times3\times0.4+3.14\times0.4\times2\times0.8\\ &= 2.18\text{m}^2\end{aligned}$$

（3）清单工程量计算表（表 6-6）

**清单工程量计算表**　　　　**表 6-6**

| 序号 | 项目编码 | 项目名称 | 项目特征描述 | 计量单位 | 工程量 |
|---|---|---|---|---|---|
| 1 | 030702001001 | 碳钢通风管道 | 圆形，$D=800\text{mm}$ | $\text{m}^2$ | 19.72 |
| 2 | 030702001002 | 碳钢通风管道 | 内外弧变头，$D=800\text{mm}$ | $\text{m}^2$ | 3.16 |
| 3 | 030702001003 | 碳钢通风管道 | 内外弧变头，$D=250\text{mm}$ | $\text{m}^2$ | 0.49 |
| 4 | 030702001004 | 碳钢通风管道 | 插管三通 | $\text{m}^2$ | 4.42 |
| 5 | 030702001005 | 碳钢通风管道 | 圆形风管，$D=400\text{mm}$ | $\text{m}^2$ | 2.95 |
| 6 | 030702001006 | 碳钢通风管道 | 封板式三通 | $\text{m}^2$ | 1.52 |
| 7 | 030702001007 | 碳钢通风管道 | 圆形风管，$D=300\text{mm}$ | $\text{m}^2$ | 0.47 |
| 8 | 030702001008 | 碳钢通风管道 | 圆形风管，$D=250\text{mm}$ | $\text{m}^2$ | 2.67 |
| 9 | 030702001009 | 碳钢通风管道 | 内斜线弯头 | $\text{m}^2$ | 1.51 |
| 10 | 030702001010 | 碳钢通风管道 | 正三通 | $\text{m}^2$ | 5.80 |
| 11 | 030702001011 | 碳钢通风管道 | 圆形风管，$D=400\text{mm}$ | $\text{m}^2$ | 2.32 |
| 12 | 030702001012 | 碳钢通风管道 | 加弯三通 | $\text{m}^2$ | 1.23 |
| 13 | 030702001013 | 碳钢通风管道 | 圆形风管，$D=200\text{mm}$ | $\text{m}^2$ | 1.26 |
| 14 | 030702001014 | 碳钢通风管道 | 异径三通管 | $\text{m}^2$ | 0.97 |
| 15 | 030702001015 | 碳钢通风管道 | 圆形风管，$D=320\text{mm}$ | $\text{m}^2$ | 1.01 |
| 16 | 030702001016 | 碳钢通风管道 | 偏心异径管 | $\text{m}^2$ | 0.27 |

续表

| 序号 | 项目编码 | 项目名称 | 项目特征描述 | 计量单位 | 工程量 |
|---|---|---|---|---|---|
| 17 | 030702001017 | 碳钢通风管道 | 圆形风管，$D$=120mm | $m^2$ | 0.21 |
| 18 | 030702001018 | 碳钢通风管道 | 正异径管 | $m^2$ | 0.10 |
| 19 | 030702001019 | 碳钢通风管道 | 内弧线弯头导流叶片 | $m^2$ | 2.18 |

**【例 4】** 试求如图 6-2 所示管道的工程量。

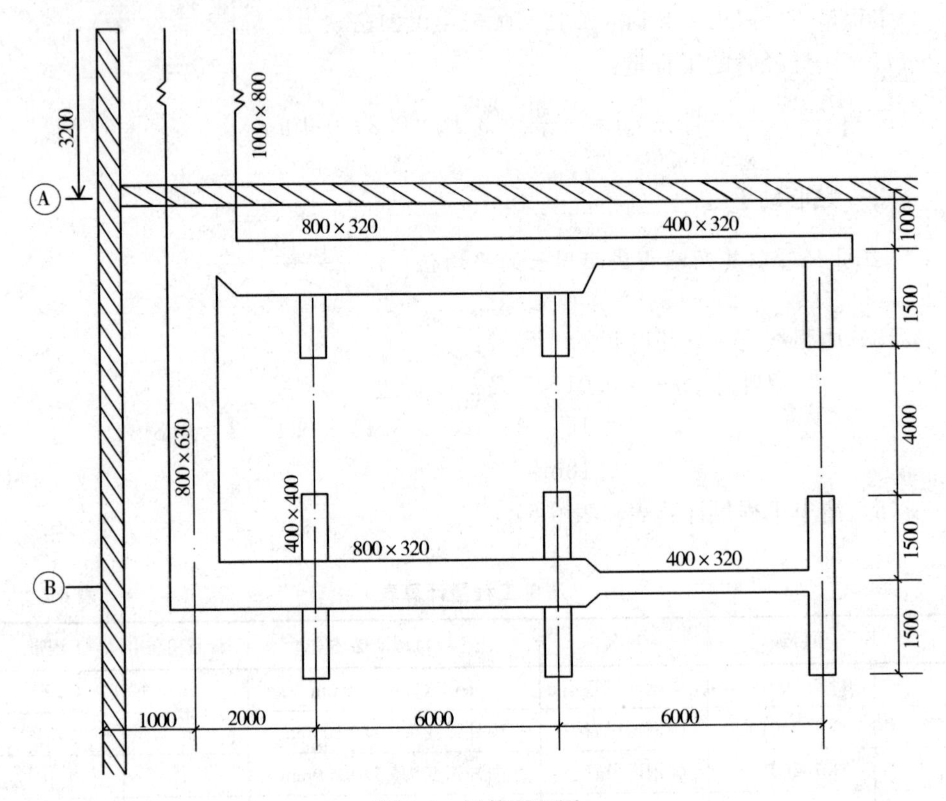


图 6-2　风管平面图

**【解】** (1) 2013 清单与 2008 清单对照（表 6-7）

**2013 清单与 2008 清单对照表** **表 6-7**

| 序号 | 清单 | 项目编码 | 项目名称 | 项目特征 | 计算单位 | 工程量计算规则 | 工作内容 |
|---|---|---|---|---|---|---|---|
| 1 | 2013 清单 | 030702001 | 碳钢通风管道 | 1. 名称<br>2. 材质<br>3. 形状<br>4. 规格<br>5. 板材厚度<br>6. 管件、法兰等附件及支架设计要求<br>7. 接口形式 | $m^2$ | 按设计图示内径尺寸以展开面积计算 | 1. 风管、管件、法兰、零件、支吊架制作、安装<br>2. 过跨风管落地支架制作、安装 |

续表

| 序号 | 清单 | 项目编码 | 项目名称 | 项目特征 | 计算单位 | 工程量计算规则 | 工作内容 |
|---|---|---|---|---|---|---|---|
| 1 | 2008清单 | 030902001 | 碳钢通风管道制作安装 | 1. 材质<br>2. 形状<br>3. 周长或直径<br>4. 板材厚度<br>5. 接口形式<br>6. 风管附件、支架设计要求<br>7. 除锈、刷油、防腐、绝热及保护层设计要求 | $m^2$ | 1. 按设计图示以展开面积计算，不扣除检查孔、测定孔、送风口、吸风口等所占面积；风管长度一律以设计图示中心线长度为准（主管与支管以其中心线交点划分），包括弯头、三通、变径管、天圆地方等管件的长度，但不包括部件所占的长度。风管展开面积不包括风管、管口重叠部分面积。直径和周长按图示尺寸为准展开<br>2. 渐缩管：圆形风管按平均直径，矩形风管按平均周长 | 1. 风管、管件、法兰、零件、支吊架制作、安装<br>2. 弯头导流叶片制作、安装<br>3. 过跨风管落地支架制作、安装<br>4. 风管检查孔制作<br>5. 温度、风量测定孔制作<br>6. 风管保温及保护层<br>7. 风管、法兰、法兰加固框、支吊架、保护层除锈、刷油 |
| 2 | 2013清单 | 030702008 | 柔性软风管 | 1. 名称<br>2. 材质<br>3. 规格<br>4. 风管接头、支架形式、材质 | 1. m<br>2. 节 | 1. 以米计量，按设计图示中心线以长度计算<br>2. 以节计量，按设计图示数量计算 | 1. 风管安装<br>2. 风管接头安装<br>3. 支吊架制作、安装 |
|  | 2008清单 | 030902008 | 柔性软风管 | 1. 材质<br>2. 规格<br>3. 保温套管设计要求 | m | 按设计图示中心线长度计算，包括弯头、三通、变径管、天圆地方等管件的长度，但不包括部件所占的长度 | 1. 安装<br>2. 风管接头安装 |
| 3 | 2013清单 | 030703007 | 碳钢风口、散流器、百叶窗 | 1. 名称<br>2. 型号<br>3. 规格<br>4. 质量<br>5. 类型<br>6. 形式 | 个 | 按设计图示数量计算 | 1. 风口制作、安装<br>2. 散流器制作、安装<br>3. 百叶窗安装 |
|  | 2008清单 | 030903007 | 碳钢风口、散流器制作安装（百叶窗） | 1. 类型<br>2. 规格<br>3. 形式<br>4. 质量<br>5. 除锈、刷油设计要求 | 个 | 1. 按设计图示数量计算（包括百叶风口、矩形送风口、矩形空气分布器、风管插板风口、旋转吹风口、圆形散流器、方形散流器、流线型散流器、送吸风口、活动算式风口、网式风口、钢百叶窗等）<br>2. 百叶窗按设计图示以框内面积计算<br>3. 风管插板风口制作已包括安装内容<br>4. 若风口、分布器、散流器、百叶窗为成品时，制作不再计算 | 1. 风口制作、安装<br>2. 散流器制作、安装<br>3. 百叶窗安装<br>4. 除锈、刷油 |

(2) 清单工程量

1) 风管干管（沿Ⓐ轴向南敷设的风管干管）

① 风管（1000×800）工程量：

长度 $L_1=3.2-0.2$（软管长）$+1+\frac{0.8}{2}-\frac{0.4}{2}=4.20\text{m}$；

**贴心助手**

1m是图右侧显示的距离，即墙中心到风管400×320的中心长，所以(3.2－0.2＋1)是从室外管口到风管400×320中心线的长度；因为风管1000×800的中心线与800×320风管中心线相交，所以再加上0.8/2－0.4/2，即为风管1000×800的总长。

工程量：$F=(1+0.8)\times2\times L_1=(1+0.8)\times2\times4.20=15.12\text{m}^2$。

② 风管（800×320）工程量：

长度 $L_2=2-\left(\frac{1.0}{2}-\frac{0.8}{2}\right)+6+0.2=8.10\text{m}$；

工程量 $F=(0.8+0.32)\times2\times L_2=(0.8+0.32)\times2\times8.1=18.14\text{m}^2$。

③ 风管（400×320）工程量：

长度 $L_3=6-0.2-0.2=5.60\text{m}$；

**贴心助手**

6是中间支管到最后一个支管中心线间的距离，0.2是中间支管的半径，这里应该减去；最后的0.2是中间支管的外壁到变径管右侧的距离。

工程量 $F=(0.4+0.32)\times2\times L_3=(0.4+0.32)\times2\times5.6=8.06\text{m}^2$。

④ 沿Ⓐ轴向南敷设的第一根风管上支管（400×400）工程量：

长度 $L_4=1.5+(1.5-0.2)\times2$(两根相同)$=4.10\text{m}$；

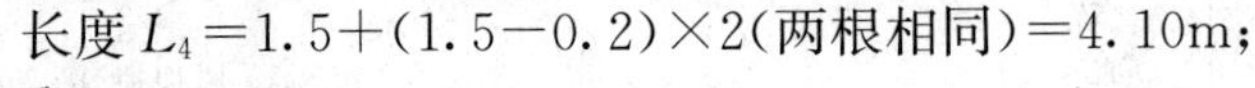

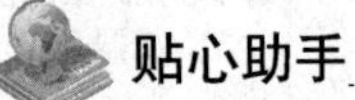

**贴心助手**

1.5是沿Ⓐ轴最后一个支管的中心线的长度；(1.5－0.2)是沿Ⓐ轴第一个支管管口中心到与干管800×320中心线交点的支管长度，其中0.2是后面风管400×320管径长度的1/2，应减去。第二个支管与其相同，所以共为(1.5－0.2)×2。

工程量 $F=(0.4+0.4)\times2\times L_4=0.8\times2\times4.1=6.56\text{m}^2$。

2) 风管干管（沿Ⓑ轴方向敷设的风管干管）

① 风管（800×630）工程量：

长度 $L_5=1.5-0.2+4+1.5+2+0.2=9.00\text{m}$；

**贴心助手**

风管800×630的长度有两段：一段是沿Ⓐ轴的风管800×320的中心线到Ⓑ轴线之间的距离，式子中1.5－0.2＋4＋1.5正是这段长度；另一段与Ⓑ轴重合，从管道中心到第一个支管400×400的外侧，为(2＋0.2)。

工程量 $F=(0.8+0.63)\times2\times L_5=1.43\times2\times9=25.74\text{m}^2$。

② 风管（800×320）工程量：

长度 $L_6=6-0.2-0.2+0.2+0.2=6.00\text{m}$；

工程量 $F=(0.8+0.32)\times2\times L_6=1.12\times2\times6=13.44\text{m}^2$。

③ 风管（400×320）工程量：

长度 $L_7=6-0.2-0.2=5.60\text{m}$；

工程量 $F=(0.4+0.32)\times2\times L_7=(0.4+0.32)\times2\times5.6=8.06\text{m}^2$。

④支管（沿Ⓑ轴方向敷设的风管上的支管）（400×400）工程量：

长度 $L_8=1.5\times6=9.00\text{m}$；

**贴心助手**

每个支管长度是 1.5，图中沿Ⓑ轴方向的共有 6 个。

工程量 $F=(0.4+0.4)\times2\times L_8=0.8\times2\times9=14.40\text{m}^2$。

3）帆布软接头的工程量：

长度 $L_9=0.20\text{m}$；

工程量 $L_9=0.20\text{m}$。

4）带调节板活动的百叶风口工程量：

400×400 的带调节板的单层百叶风口工程量为 9 个。

（3）清单工程量计算表（表 6-8）

**清单工程量计算表**　　**表 6-8**

| 序号 | 项目编码 | 项目名称 | 项目特征描述 | 计量单位 | 工程量 |
|---|---|---|---|---|---|
| 1 | 030702001001 | 碳钢通风管道 | 矩形，1000×800 | $\text{m}^2$ | 15.12 |
| 2 | 030702001002 | 碳钢通风管道 | 矩形，800×320 | $\text{m}^2$ | 31.58 |
| 3 | 030702001003 | 碳钢通风管道 | 矩形，400×320 | $\text{m}^2$ | 16.12 |
| 4 | 030702001004 | 碳钢通风管道 | 矩形，400×400 | $\text{m}^2$ | 20.96 |
| 5 | 030702001005 | 碳钢通风管道 | 矩形，800×630 | $\text{m}^2$ | 25.74 |
| 6 | 030702008001 | 柔性软风管 | 帆布软管 | m | 0.20 |
| 7 | 030703007001 | 碳钢风口、散流器、百叶窗 | 400×400 的带调节板的单层百叶风口 | 个 | 9 |

**【例 5】** 某工业厂房通风空调工程，用 $\delta=1.2\text{mm}$ 镀锌钢板制作、安装 $\phi=1200\text{mm}$ 的通风管 25m（直管），弯头 4 个，三通 2 个，防火阀 1 个，长度均为 1m；风管采用咬口连接；超细玻璃棉保温 $\delta=80\text{mm}$，外缠塑料布一道，玻璃丝布二道，刷调合漆二道，请计算其清单工程量。

**【解】** （1）2013 清单与 2008 清单对照（表 6-9）

**2013 清单与 2008 清单对照表** **表 6-9**

| 清单 | 项目编码 | 项目名称 | 项目特征 | 计算单位 | 工程量计算规则 | 工作内容 |
| --- | --- | --- | --- | --- | --- | --- |
| 2013清单 | 030702001 | 碳钢通风管道 | 1. 名称<br>2. 材质<br>3. 形状<br>4. 规格<br>5. 板材厚度<br>6. 管件、法兰等附件及支架设计要求<br>7. 接口形式 | $m^2$ | 按设计图示内径尺寸以展开面积计算 | 1. 风管、管件、法兰、零件、支吊架制作、安装<br>2. 过跨风管落地支架制作、安装 |
| 2008清单 | 030902001 | 碳钢通风管道制作安装 | 1. 材质<br>2. 形状<br>3. 周长或直径<br>4. 板材厚度<br>5. 接口形式<br>6. 风管附件、支架设计要求<br>7. 除锈、刷油、防腐、绝热及保护层设计要求 | $m^2$ | 1. 按设计图示以展开面积计算，不扣除检查孔、测定孔、送风口、吸风口等所占面积；风管长度一律以设计图示中心线长度为准（主管与支管以其中心线交点划分），包括弯头、三通、变径管、天圆地方等管件的长度，但不包括部件所占的长度。风管展开面积不包括风管、管口重叠部分面积。直径和周长按图示尺寸为准展开<br>2. 渐缩管：圆形风管按平均直径，矩形风管按平均周长 | 1. 风管、管件、法兰、零件、支吊架制作、安装<br>2. 弯头导流叶片制作、安装<br>3. 过跨风管落地支架制作、安装<br>4. 风管检查孔制作<br>5. 温度、风量测定孔制作<br>6. 风管保温及保护层<br>7. 风管、法兰、法兰加固框、支吊架、保护层除锈、刷油 |

**✲解题思路及技巧**

可以结合计算规则和以往经验快速计算。

（2）清单工程量

1）编制分部分项工程量清单

根据通风管道制作、安装（030702）确定；

项目编码：030702001001；

项目名称：碳钢通风管道制作、安装。

① 材质：镀锌钢板；

② 形状、规格：圆形 $\phi=1200$mm；

③ 板材厚度：$\delta=1.2$mm；

④ 接口形式：咬口连接。

计量单位：$m^2$。

工程数量：$\pi DL=3.14\times1.2\times(25+6)=116.81m^2$。

**贴心助手**

1.2为通风管道的直径，(25+6)为通风管道的长度。

注：风管长度应包括弯头、三通等管件长度，但不包括阀门消音器等部件长度。

2）计算工程量和含量

① 根据现行的计算规则计算工程量

a. 风管制作、安装：$116.81m^2$。

b. 风管保温：

$$V=\pi(D+1.033\delta)\times1.033\delta\times L$$
$$=3.14\times(1.2+1.033\times0.08)\times1.033\times0.08\times(25+6)$$
$$=10.32m^3$$

**贴心助手**

1.2为风管的直径，0.08为玻璃棉保温的厚度。

c. 防潮层：

$$S=\pi(D+2.1\delta+0.0082)\times L$$
$$=3.14\times(1.2+2.1\times0.08+0.0082)\times(25+6)$$
$$=133.96m^2$$

**贴心助手**

0.08为防潮层的厚度。

d. 保护层：

$S=\pi(D+2.1\delta+0.0082)\times Lm^2=133.96=133.96m^2$

e. 保护层刷油：$133.96m^2$。

② 计算含量

a. 风管制作安装：$1m^2$。

b. 风管保温：$10.32\div116.81=0.088m^3$。

**贴心助手**

116.81为风管制作、安装的工程量。

c. 防潮层：$133.96\div116.81=1.147m^2$。

d. 保护层：$133.96\div116.81=1.147m^2$。

e. 保护层刷油：$133.96\div116.81=1.147m^2$。

（3）清单工程量计算表（表 6-10）

**清单工程量计算表** **表 6-10**

| 项目编码 | 项目名称 | 项目特征描述 | 计量单位 | 工程量 |
|---|---|---|---|---|
| 030702001001 | 碳钢通风管道 | 1. 材质：镀锌钢板<br>2. 形状、规格：圆形 $D=1200$mm<br>3. 板材厚度：$\delta=1.2$mm<br>4. 接口形式：咬口连接 | $m^2$ | 116.81 |

**【例 6】** 某酒店 4 层空调扩建工程须增装矩形风管（1200mm×400mm）共 45m，单层百叶风口的制作、安装（T202-2，550×375）共 30 个。请对各工程项目计算其工程量。

**【解】**（1）2013 清单与 2008 清单对照（表 6-11）

**2013 清单与 2008 清单对照表** **表 6-11**

| 序号 | 清单 | 项目编码 | 项目名称 | 项目特征 | 计算单位 | 工程量计算规则 | 工作内容 |
|---|---|---|---|---|---|---|---|
| 1 | 2013 清单 | 030702001 | 碳钢通风管道 | 1. 名称<br>2. 材质<br>3. 形状<br>4. 规格<br>5. 板材厚度<br>6. 管件、法兰等附件及支架设计要求<br>7. 接口形式 | $m^2$ | 按设计图示内径尺寸以展开面积计算 | 1. 风管、管件、法兰、零件、吊架制作、安装<br>2. 过跨风管落地支架制作、安装 |
| | 2008 清单 | 030902001 | 碳钢通风管道制作安装 | 1. 材质<br>2. 形状<br>3. 周长或直径<br>4. 板材厚度<br>5. 接口形式<br>6. 风管附件、支架设计要求<br>7. 除锈、刷油、防腐、绝热及保护层设计要求 | $m^2$ | 1. 按设计图示以展开面积计算，不扣除检查孔、测定孔送风口、吸风口等所占面积；风管长度一律以设计图示中心线长度为准（主管与支管以其中心线交点划分），包括弯头、三通、变径管、天圆地方等管件的长度，但不包括部件所占的长度。风管展开面积不包括风管、管口重叠部分面积。直径和周长按图示尺寸为准展开<br>2. 渐缩管：圆形风管按平均直径，矩形风管按平均周长 | 1. 风管、管件、法兰、零件、支吊架制作、安装<br>2. 弯头导流叶片制作、安装<br>3. 过跨风管落地支架制作、安装<br>4. 风管检查孔制作<br>5. 温度、风量测定孔制作<br>6. 风管保温及保护层<br>7. 风管、法兰、法兰加固框、支吊架、保护层除锈、刷油 |

续表

| 序号 | 清单 | 项目编码 | 项目名称 | 项目特征 | 计算单位 | 工程量计算规则 | 工作内容 |
|---|---|---|---|---|---|---|---|
| 2 | 2013清单 | 030703007 | 碳钢风口、散流器、百叶窗 | 1. 名称<br>2. 型号<br>3. 规格<br>4. 质量<br>5. 类型<br>6. 形式 | 个 | 按设计图示数量计算 | 1. 风口制作、安装<br>2. 散流器制作、安装<br>3. 百叶窗安装 |
|  | 2008清单 | 030903007 | 碳钢风口、散流器制作安装（百叶窗） | 1. 类型<br>2. 规格<br>3. 形式<br>4. 质量<br>5. 除锈、刷油设计要求 | 个 | 1. 按设计图示数量计算（包括百叶风口、矩形送风口、矩形空气分布器、风管插板风口、旋转吹风口、圆形散流器、方形散流器、流线型散流器、送吸风口、活动箅式风口、网式风口、钢百叶窗等）<br>2. 百叶窗按设计图示以框内面积计算<br>3. 风管插板风口制作已包括安装内容<br>4. 若风口、分布器、散流器、百叶窗为成品时，制作不再计算 | 1. 风口制作、安装<br>2. 散流器制作、安装<br>3. 百叶窗安装<br>4. 除锈、刷油 |

**✲解题思路及技巧**

可以结合计算规则和以往经验快速计算。

(2) 清单工程量

工程量的计算

1) 通风管道的制作与安装

$$(1.2+0.4)\times 2\times 45=144\text{m}^2=14.4(10\text{m}^2)$$

2) 单层百叶风口的制作

查标准部件重量表可知，T202-2风口(550mm×375mm)，每个重3.59kg，30个共重107.70kg=1.08(100kg)。

3) 单层、百叶风口安装工程量为30个。

**贴心助手**

(1.2+0.4)×2为矩形风管的截面周长，其中1.2为风管的长度，0.4为风管的宽度，45为矩形风管的长度，单层、百叶风口安装工程量以“个”为计量单位

(3) 清单工程量计算表（表 6-12）

**清单工程量计算表** **表 6-12**

| 项目编码 | 项目名称 | 项目特征描述 | 计量单位 | 工程量 |
|---|---|---|---|---|
| 030702001001 | 碳钢通风管道 | 1200×400 | $m^2$ | 144.00 |
| 030703007001 | 碳钢风口、散流器制作安装 | 单层百叶风口，T202-2，550×375 | 个 | 30 |

**【例 7】** 某通风空调工程，有 100m 直径为 600mm 的薄钢板圆形风管（$\delta$=2mm 焊接），安装高度为 6.5m。该风管要求内外表面刷带锈底漆一遍，请计算该项工程的清单工程量。

**【解】** (1) 2013 清单与 2008 清单对照（表 6-13）

**2013 清单与 2008 清单对照表** **表 6-13**

| 清单 | 项目编码 | 项目名称 | 项目特征 | 计算单位 | 工程量计算规则 | 工作内容 |
|---|---|---|---|---|---|---|
| 2013 清单 | 030702001 | 碳钢通风管道 | 1. 名称<br>2. 材质<br>3. 形状<br>4. 规格<br>5. 板材厚度<br>6. 管件、法兰等附件及支架设计要求<br>7. 接口形式 | $m^2$ | 按设计图示内径尺寸以展开面积计算 | 1. 风管、管件、法兰、零件、支吊架制作、安装<br>2. 过跨风管落地支架制作、安装 |
| 2008 清单 | 030902001 | 碳钢通风管道制作安装 | 1. 材质<br>2. 形状<br>3. 周长或直径<br>4. 板材厚度<br>5. 接口形式<br>6. 风管附件、支架设计要求<br>7. 除锈、刷油、防腐、绝热及保护层设计要求 | $m^2$ | 1. 按设计图示以展开面积计算，不扣除检查孔、测定孔、送风口、吸风口等所占面积；风管长度一律以设计图示中心线长度为准（主管与支管以其中心线交点划分），包括弯头、三通、变径管、天圆地方等管件的长度，但不包括部件所占的长度。风管展开面积不包括风管、管口重叠部分面积。直径和周长按图示尺寸为准展开<br>2. 渐缩管：圆形风管按平均直径，矩形风管按平均周长 | 1. 风管、管件、法兰、零件、支吊架制作、安装<br>2. 弯头导流叶片制作、安装<br>3. 过跨风管落地支架制作、安装<br>4. 风管检查孔制作<br>5. 温度、风量测定孔制作<br>6. 风管保温及保护层<br>7. 风管、法兰、法兰加固框、支吊架、保护层除锈、刷油 |

**✲解题思路及技巧**

可以结合计算规则和以往经验快速计算。

(2) 清单工程量

计算过程如下：

$$\pi DL = 3.14 \times 0.6 \times 100 = 188.4\text{m}^2$$

**贴心助手**

0.6为薄钢板圆形风管的直径，100为薄钢板圆形风管的长度，即18.84为薄钢板圆形风管的工程量。

（3）清单工程量计算表（表6-14）

**清单工程量计算表　　表6-14**

| 项目编码 | 项目名称 | 项目特征描述 | 计量单位 | 工程量 |
|---|---|---|---|---|
| 030702001001 | 碳钢通风管道 | $D$=600mm | $m^2$ | 188.40 |

**【例8】** 图6-3为某办公楼空调管道平面图。风管为$\delta$=1.5mm的镀锌钢板（咬口）。试计算办公楼水平管道送风干管和支管的安装工程量。

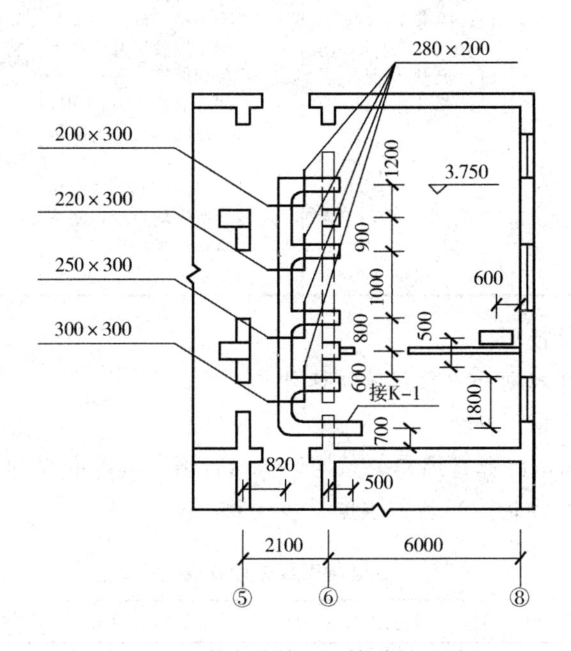


图6-3　某办公楼空调管道平面图

**【解】**（1）2013清单与2008清单对照（表6-15）

**2013清单与2008清单对照表　　表6-15**

| 清单 | 项目编码 | 项目名称 | 项目特征 | 计算单位 | 工程量计算规则 | 工作内容 |
|---|---|---|---|---|---|---|
| 2013清单 | 030702001 | 碳钢通风管道 | 1. 名称<br>2. 材质<br>3. 形状<br>4. 规格<br>5. 板材厚度<br>6. 管件、法兰等附件及支架设计要求<br>7. 接口形式 | $m^2$ | 按设计图示内径尺寸以展开面积计算 | 1. 风管、管件、法兰、零件、支吊架制作、安装<br>2. 过跨风管落地支架制作、安装 |

续表

| 清单 | 项目编码 | 项目名称 | 项目特征 | 计算单位 | 工程量计算规则 | 工作内容 |
|---|---|---|---|---|---|---|
| 2008清单 | 030902001 | 碳钢通风管道制作安装 | 1. 材质<br>2. 形状<br>3. 周长或直径<br>4. 板材厚度<br>5. 接口形式<br>6. 风管附件、支架设计要求<br>7. 除锈、刷油、防腐、绝热及保护层设计要求 | $m^2$ | 1. 按设计图示以展开面积计算，不扣除检查孔、测定孔、送风口、吸风口等所占面积；风管长度一律以设计图示中心线长度为准（主管与支管以其中心线交点划分），包括弯头、三通、变径管、天圆地方等管件的长度，但不包括部件所占的长度。风管展开面积不包括风管、管口重叠部分面积。直径和周长按图示尺寸为准展开<br>2. 渐缩管：圆形风管按平均直径，矩形风管按平均周长 | 1. 风管、管件、法兰、零件、支吊架制作、安装<br>2. 弯头导流叶片制作、安装<br>3. 过跨风管落地支架制作、安装<br>4. 风管检查孔制作<br>5. 温度、风量测定孔制作<br>6. 风管保温及保护层<br>7. 风管、法兰、法兰加固框、支吊架、保护层除锈、刷油 |

**✲解题思路及技巧**

可以结合计算规则和以往经验快速计算。

（2）清单工程量

从图6-3可知，计算管道是一条均匀送风管道，其截面是均匀减小的。

计算工程量（分管段）有关数据见表6-16。

**分管段工程量计算表** **表6-16**

| 风管名称 | 风管断面面积（$mm^2$） | 断面周长（m） | 管长（m） | 工程量展开面积（$m^2$） |
|---|---|---|---|---|
| 干管 | 300×300 | (0.3+0.3)×2=1.20 | 1.55+1.8=3.35 | 4.02 |
| | 250×300 | (0.25+0.3)×2=1.10 | 0.6+0.8=1.40 | 1.54 |
| | 220×300 | (0.22+0.3)×2=1.04 | 1.00 | 1.04 |
| | 200×300 | (0.2+0.3)×2=1.00 | 0.9+1.2=2.10 | 2.10 |
| 支管 | 280×200 | (0.28+0.2)×2=0.96 | (0.82+0.14)×4=3.84 | 3.69 |
| 风管安装工程量=(4.02+1.54+1.04+2.10+3.69)÷10=1.24 | | | | |

**贴心助手**

干管：规格300×300的断面周长为（0.3+0.3)×2，规格250×300的断面周长为（0.25+0.3)×2，规格为220×300的断面周长为（0.22+0.3)×2，规格为200×300的断面周长为（0.2+0.3)×2，支管：规格为280×200的断面周长为（0.28+0.2)×2，各管长如图6-3所示。

（3）清单工程量计算表（表6-17）

清单工程量计算表　　表6-17

| 序号 | 项目编码 | 项目名称 | 项目特征描述 | 计量单位 | 工程量 |
|---|---|---|---|---|---|
| 1 | 030702001001 | 碳钢通风管道 | 300×300 | $m^2$ | 4.02 |
| 2 | 030702001002 | 碳钢通风管道 | 250×300 | $m^2$ | 1.54 |
| 3 | 030702001003 | 碳钢通风管道 | 220×300 | $m^2$ | 1.04 |
| 4 | 030702001004 | 碳钢通风管道 | 200×300 | $m^2$ | 2.10 |
| 5 | 030702001005 | 碳钢通风管道 | 280×200 | $m^2$ | 3.69 |

**【例9】** 某通风系统采用$\delta=2$mm薄钢板圆形渐缩风管均匀送风，风管大头直径$D=780$mm、小头直径$D=220$mm、管长100m，请计算其清单工程量。

**【解】**（1）2013清单与2008清单对照（表6-18）

2013清单与2008清单对照表　　表6-18

| 清单 | 项目编码 | 项目名称 | 项目特征 | 计算单位 | 工程量计算规则 | 工作内容 |
|---|---|---|---|---|---|---|
| 2013清单 | 030702001 | 碳钢通风管道 | 1. 名称<br>2. 材质<br>3. 形状<br>4. 规格<br>5. 板材厚度<br>6. 管件、法兰等附件及支架设计要求<br>7. 接口形式 | $m^2$ | 按设计图示内径尺寸以展开面积计算 | 1. 风管、管件、法兰、零件、支吊架制作、安装<br>2. 过跨风管落地支架制作、安装 |
| 2008清单 | 030902001 | 碳钢通风管道制作安装 | 1. 材质<br>2. 形状<br>3. 周长或直径<br>4. 板材厚度<br>5. 接口形式<br>6. 风管附件、支架设计要求<br>7. 除锈、刷油、防腐、绝热及保护层设计要求 | $m^2$ | 1. 按设计图示以展开面积计算，不扣除检查孔、测定孔、送风口、吸风口等所占面积；风管长度一律以设计图示中心线长度为准（主管与支管以其中心线交点划分），包括弯头、三通、变径管、天圆地方等管件的长度，但不包括部件所占的长度。风管展开面积不包括风管、管口重叠部分面积。直径和周长按图示尺寸为准展开<br>2. 渐缩管：圆形风管按平均直径，矩形风管按平均周长 | 1. 风管、管件、法兰、零件、支吊架制作、安装<br>2. 弯头导流叶片制作、安装<br>3. 过跨风管落地支架制作、安装<br>4. 风管检查孔制作<br>5. 温度、风量测定孔制作<br>6. 风管保温及保护层<br>7. 风管、法兰、法兰加固框、支吊架、保护层除锈、刷油 |

（2）清单工程量

首先要求出平均直径，即（780＋220）÷2＝500mm

**贴心助手**

780mm 为风管大头直径，220mm 为风管的小头直径。

求工程量：

$$工程量=L\pi(R+r)\div 2=100\times 3.14\times 0.5=157m^2$$

**贴心助手**

100m 为风管的长度，0.5m 为风管的平均直径。

(3) 清单工程量计算表（表 6-19）

**清单工程量计算表** **表 6-19**

| 项目编码 | 项目名称 | 项目特征描述 | 计量单位 | 工程量 |
| --- | --- | --- | --- | --- |
| 030702001001 | 碳钢通风管道 | 圆形渐缩风管，$D_大=780mm$，$D_小=220mm$ | $m^2$ | 157.00 |

**【例 10】** 镀锌薄钢板圆形风管 $\phi600$，$\delta=1mm$，长度 10m。试计算其清单工程量。

**【解】** (1) 2013 清单与 2008 清单对照（表 6-20）

**2013 清单与 2008 清单对照表** **表 6-20**

| 清单 | 项目编码 | 项目名称 | 项目特征 | 计算单位 | 工程量计算规则 | 工作内容 |
| --- | --- | --- | --- | --- | --- | --- |
| 2013 清单 | 030702001 | 碳钢通风管道 | 1. 名称<br>2. 材质<br>3. 形状<br>4. 规格<br>5. 板材厚度<br>6. 管件、法兰等附件及支架设计要求<br>7. 接口形式 | $m^2$ | 按设计图示内径尺寸以展开面积计算 | 1. 风管、管件、法兰、零件、支吊架制作、安装<br>2. 过跨风管落地支架制作、安装 |
| 2008 清单 | 030902001 | 碳钢通风管道制作安装 | 1. 材质<br>2. 形状<br>3. 周长或直径<br>4. 板材厚度<br>5. 接口形式<br>6. 风管附件、支架设计要求<br>7. 除锈、刷油、防腐、绝热及保护层设计要求 | $m^2$ | 1. 按设计图示以展开面积计算，不扣除检查孔、测定孔、送风口、吸风口等所占面积；风管长度一律以设计图示中心线长度为准（主管与支管以其中心线交点划分），包括弯头、三通、变径管、天圆地方等管件的长度，但不包括部件所占的长度。风管展开面积不包括风管、管口重叠部分面积。直径和周长按图示尺寸为准展开<br>2. 渐缩管：圆形风管按平均直径，矩形风管按平均周长 | 1. 风管、管件、法兰、零件、支吊架制作、安装<br>2. 弯头导流叶片制作、安装<br>3. 过跨风管落地支架制作、安装<br>4. 风管检查孔制作<br>5. 温度、风量测定孔制作<br>6. 风管保温及保护层<br>7. 风管、法兰、法兰加固框、支吊架、保护层除锈、刷油 |

**✲解题思路及技巧**

可以结合计算规则和以往经验快速计算。

（2）清单工程量

风管展开面积：

$F=\pi\times D\times L=3.14\times0.6\times10=18.84m^2$

（3）清单工程量计算表（表6-21）

**清单工程量计算表**　　　**表6-21**

| 项目编码 | 项目名称 | 项目特征描述 | 计量单位 | 工程量 |
|---|---|---|---|---|
| 030702001001 | 碳钢通风管道 | 镀锌薄钢板，圆形风管 $\phi600$ | $m^2$ | 18.84 |

**【例11】** 某工程人防地下室滤毒间600mm×400mm薄钢板矩形风管，设计要求风管厚度$\delta=3mm$，风管采用焊接，长度2.8m。试计算其清单工程量。

**【解】**（1）2013清单与2008清单对照（表6-22）

**2013清单与2008清单对照表**　　　**表6-22**

| 清单 | 项目编码 | 项目名称 | 项目特征 | 计算单位 | 工程量计算规则 | 工作内容 |
|---|---|---|---|---|---|---|
| 2013清单 | 030702001 | 碳钢通风管道 | 1. 名称<br>2. 材质<br>3. 形状<br>4. 规格<br>5. 板材厚度<br>6. 管件、法兰等附件及支架设计要求<br>7. 接口形式 | $m^2$ | 按设计图示内径尺寸以展开面积计算 | 1. 风管、管件、法兰、零件、支吊架制作、安装<br>2. 过跨风管落地支架制作、安装 |
| 2008清单 | 030902001 | 碳钢通风管道制作安装 | 1. 材质<br>2. 形状<br>3. 周长或直径<br>4. 板材厚度<br>5. 接口形式<br>6. 风管附件、支架设计要求<br>7. 除锈、刷油、防腐、绝热及保护层设计要求 | $m^2$ | 1. 按设计图示以展开面积计算，不扣除检查孔、测定孔、送风口、吸风口等所占面积；风管长度一律以设计图示中心线长度为准（主管与支管以其中心线交点划分），包括弯头、三通、变径管、天圆地方等管件的长度，但不包括部件所占的长度。风管展开面积不包括风管、管口重叠部分面积。直径和周长按图示尺寸为准展开<br>2. 渐缩管：圆形风管按平均直径，矩形风管按平均周长 | 1. 风管、管件、法兰、零件、支吊架制作、安装<br>2. 弯头导流叶片制作、安装<br>3. 过跨风管落地支架制作、安装<br>4. 风管检查孔制作<br>5. 温度、风量测定孔制作<br>6. 风管保温及保护层<br>7. 风管、法兰、法兰加固框、支吊架、保护层除锈、刷油 |

（2）清单工程量

风管展开面积：

$$F=(A+B)\times2\times L=(0.6+0.4)\times2\times2.8=5.6m^2$$

(3) 清单工程量计算表(表 6-23)

**清单工程量计算表** **表 6-23**

| 项目编码 | 项目名称 | 项目特征描述 | 计量单位 | 工程量 |
|---|---|---|---|---|
| 030702001001 | 碳钢通风管道 | 600×400 焊接 | $m^2$ | 5.60 |

# 6.3 通风管道部件制作安装

**【例 12】** 试求如图 6-4 所示的工程量。

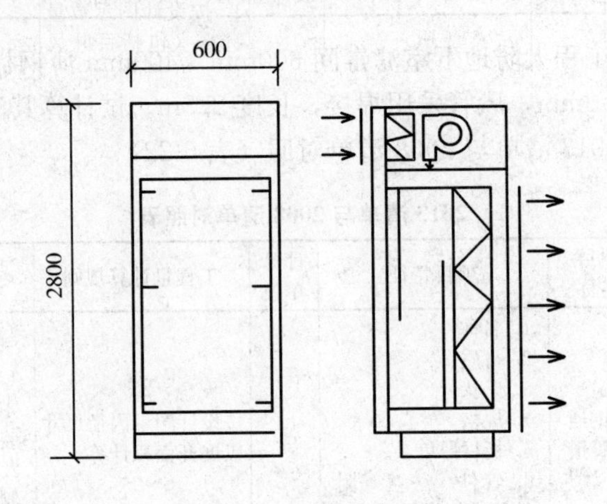


图 6-4 净化单元示意图

**【解】** (1) 2013 清单与 2008 清单对照(表 6-24)

**2013 清单与 2008 清单对照表** **表 6-24**

| 序号 | 清单 | 项目编码 | 项目名称 | 项目特征 | 计算单位 | 工程量计算规则 | 工作内容 |
|---|---|---|---|---|---|---|---|
| 1 | 2013 清单 | 030108001 | 离心式通风机 | 1. 名称<br>2. 型号<br>3. 规格<br>4. 质量<br>5. 材质<br>6. 减振底座形式、数量<br>7. 灌浆配合比<br>8. 单机试运转要求 | 台 | 按设计图示数量计算 | 1. 本体安装<br>2. 拆装检查<br>3. 减振台座制作、安装<br>4. 二次灌浆<br>5. 单机试运转<br>6 补刷(喷)油漆 |
| | 2008 清单 | 030108001 | 离心式通风机 | 1. 名称<br>2. 型号<br>3. 质量 | 台 | 1. 按设计图示数量计算<br>2. 直联式风机的质量包括本体及电机、底座的总质量 | 1. 本体安装<br>2. 拆装检查<br>3. 二次灌浆 |

续表

| 序号 | 清单 | 项目编码 | 项目名称 | 项目特征 | 计算单位 | 工程量计算规则 | 工作内容 |
|---|---|---|---|---|---|---|---|
| 2 | 2013清单 | 030703007 | 碳钢风口、散流器、百叶窗 | 1. 名称<br>2. 型号<br>3. 规格<br>4. 质量<br>5. 类型<br>6. 形式 | 个 | 按设计图示数量计算 | 1. 风口制作、安装<br>2. 散流器制作、安装<br>3. 百叶窗安装 |
| | 2008清单 | 030903007 | 碳钢风口、散流器制作安装（百叶窗） | 1. 类型<br>2. 规格<br>3. 形式<br>4. 质量<br>5. 除锈、刷油设计要求 | 个 | 1. 按设计图示数量计算（包括百叶风口、矩形送风口、矩形空气分布器、风管插板风口、旋转吹风口、圆形散流器、方形散流器、流线型散流器、送吸风口、活动算式风口、网式风口、钢百叶窗等）<br>2. 百叶窗按设计图示以框内面积计算<br>3. 风管插板风口制作已包括安装内容<br>4. 若风口、分布器、散流器、百叶窗为成品时，制作不再计算 | 1. 风口制作、安装<br>2. 散流器制作、安装<br>3. 百叶窗安装<br>4. 除锈、刷油 |
| 3 | 2013清单 | 030703020 | 消声器 | 1. 名称<br>2. 规格<br>3. 材质<br>4. 形式<br>5. 质量<br>6. 支架形式、材质 | 个 | 按设计图示数量计算 | 1. 消声器制作<br>2. 消声器安装<br>3. 支架制作安装 |
| | 2008清单 | 030903020 | 消声器制作安装 | 类型 | kg | 按设计图示数量计算（包括片式消声器、矿棉管式消声器、聚酯泡沫管式消声器、卡普隆纤维管式消声器、弧形声流式消声器、阻抗复合式消声器、微穿孔板消声器、消声弯头） | 制作、安装 |

**✲解题思路及技巧**

此题比较简单，主要考察该项目的清单工程量表的填写。

（2）清单工程量

1）通风机的工程量

通风机采用 DF3.5Ⅱ风机，转速是 930r/min，风量是 5600m³/h，电动机型号及功率分别是 YDW1.8-6、1.8kW，配套的螺栓共 4 套，即：Q/SG513-1：M12×30。通风机＋电机的质量是：(84＋23)kg 采用的是 A 式传动，即无轴承电机直联传动，共 1 台。

2）过滤器的工程量

① 中效过滤器（风机出口）：

中效过滤器采用 YB-02 型玻璃纤维过滤器，过滤器由直径小于 18μm 的玻璃纤维构成，滤料厚度是 18mm，滤层填充密度为 70kg/m³。过滤器的尺寸为 500mm×500mm×50mm，额定风量是 10000m³/h。

② 高效过滤器（安装在均流风口的左边）：

高效过滤器采用 JKG-2A 型静电空气过滤器，过滤器由尼龙网过滤器、电过滤器、高压发生器和控制箱等组成，空气阻力比较小，一般为 70Pa，额定风量是 2400m³/h，电离电压为 12.5kV，集尘电压为 5.2kV。

3）风口的工程量

① 单层百叶风口（净化单元入口处）工程量：

风口采用单层百叶风口，依据国家标准规范与质量表可知：图号为 T202-2，尺寸为 550mm×375mm 的风口单位重量是 3.59kg/个，经查阅图纸共有 1 个，故其单位质量是：3.59×1＝3.59kg。

② 送风口工程量：

送风口所用材质为聚氯乙烯制造而成，形式是制作成活动百叶式，依据质量表可知：非国标制作而成尺寸为 770×1870 的均流送风口，单位质量是 45.32kg/个。

4）消声器的工程量

消声器采用阻抗复合式消声器，依据国家规格与质量表可知：图号为 T701-6，尺寸为 800mm×600mm，单位质量是 96.08kg/个，经查阅图纸，共有 1 个。故其单位质量为：96.08×1＝96.08kg。

（3）清单工程量计算表（表 6-25）

**清单工程量计算表** **表 6-25**

| 序号 | 项目编码 | 项目名称 | 项目特征描述 | 计量单位 | 工程量 |
|---|---|---|---|---|---|
| 1 | 030108001001 | 离心式通风机 | DF－3.5Ⅱ风机，电动机型号及功率分别为：YDW1.8－6，1.8kW，配套螺栓：M12×30 | 台 | 1 |
| 2 | 030703007001 | 碳钢风口、散流器、百叶窗 | 单层百叶风口，T202－2，500mm×375mm，3.59kg/个 | 个 | 1 |
| 3 | 030703007002 | 碳钢风口、散流器、百叶窗 | 活动百叶式，聚氯乙烯制造，770mm×1870mm，45.32kg/个 | 个 | 1 |
| 4 | 030703020001 | 消声器 | 阻抗复合式，T701－6，800mm×600mm，96.08kg/个 | 个 | 1 |

【例 13】 三个系统中（图略）每个系统使用 T609No. 14 圆伞形风帽一个，试计算其清单工程量。

【解】（1）2013 清单与 2008 清单对照（表 6-26）

**2013 清单与 2008 清单对照表　　表 6-26**

| 清单 | 项目编码 | 项目名称 | 项目特征 | 计算单位 | 工程量计算规则 | 工作内容 |
| --- | --- | --- | --- | --- | --- | --- |
| 2013 清单 | 030703012 | 碳钢风帽 | 1. 名称<br>2. 规格<br>3. 质量<br>4. 类型<br>5. 形式<br>6. 风帽筝绳、泛水设计要求 | 个 | 按设计图示数量计算 | 1. 风帽制作、安装<br>2. 筒形风帽滴水盘制作、安装<br>3. 风帽筝绳制作、安装<br>4. 风帽泛水制作、安装 |
| 2008 清单 | 030903012 | 碳钢风帽制作安装 | 1. 类型<br>2. 规格<br>3. 形式<br>4. 质量<br>5. 风帽附件设计要求<br>6. 除锈刷油设计要求 | 个 | 1. 按设计图数量计算<br>2. 若风帽为成品时，制作不再计算 | 1. 风帽制作、安装<br>2. 筒形风帽滴水盘制作、安装<br>3. 风帽筝绳制作、安装<br>4. 风帽泛水制作、安装<br>5. 除锈、刷油 |

**✲解题思路及技巧**

此题比较简单，主要考察该项目的清单工程量表的填写。

（2）清单工程量

由题意可知：T609No. 9 圆伞形风帽的工程量为 3 个。

计算工程量。根据工程量计算规则，圆伞形风帽的工程量以“个”为单位进行计算。

圆伞形风帽工程量＝1×3＝3。

**贴心助手**

圆伞形风帽工程量以“个”为计量单位，3 为圆伞形风帽的总个数。

（3）清单工程量计算表（表 6-27）

**清单工程量计算表　　表 6-27**

| 项目编码 | 项目名称 | 项目特征描述 | 计量单位 | 工程量 |
| --- | --- | --- | --- | --- |
| 030703012001 | 碳钢风帽制作安装 | 圆伞形风帽，T609No. 14 | 个 | 3 |

【例 14】 部件手动密闭式对开多叶调节阀制作安装，规格 630mm×320mm，T308-1，8 个，试计算其清单工程量。

【解】（1）2013 清单与 2008 清单对照（表 6-28）

2013清单与2008清单对照表 表6-28

| 清单 | 项目编码 | 项目名称 | 项目特征 | 计算单位 | 工程量计算规则 | 工作内容 |
|---|---|---|---|---|---|---|
| 2013清单 | 030703001 | 碳钢阀门 | 1. 名称<br>2. 型号<br>3. 规格<br>4. 质量<br>5. 类型<br>6. 支架形式、材质 | 个 | 按设计图示数量计算 | 1. 阀体制作<br>2. 阀体安装<br>3. 支架制作、安装 |
| 2008清单 | 030903001 | 碳钢调节阀制作安装 | 1. 类型<br>2. 规格<br>3. 周长<br>4. 质量<br>5. 除锈、刷油设计要求 | 个 | 1. 按设计图示数量计算（包括空气加热器上通阀、空气加热器旁通阀、圆形瓣式启动阀、风管蝶阀、风管止回阀、密闭式斜插板阀、矩形风管三通调节阀、对开多叶调节阀、风管防火阀、各型风罩调节阀制作安装等）<br>2. 若调节阀为成品时，制作不再计算 | 1. 安装<br>2. 制作<br>3. 除锈、刷油 |

**✲解题思路及技巧**

此题比较简单，主要考察该项目的清单工程量表的填写。

（2）清单工程量

由题意可知：

手动密闭式对开多叶调节阀制作安装，规格630mm×320mm，T308-1，其工程量为8个。

（3）清单工程量计算表（表6-29）

清单工程量计算表 表6-29

| 项目编码 | 项目名称 | 项目特征描述 | 计量单位 | 工程量 |
|---|---|---|---|---|
| 030703001001 | 碳钢调节阀制作安装 | 手动密闭式对开多叶调节阀 630×320 | 个 | 8 |

**【例15】** 部件双层百叶风口制作安装，规格330mm×240mm，T202-2，10个，计算其清单工程量。

**【解】** （1）2013清单与2008清单对照（表6-30）

2013清单与2008清单对照表 表6-30

| 清单 | 项目编码 | 项目名称 | 项目特征 | 计算单位 | 工程量计算规则 | 工作内容 |
|---|---|---|---|---|---|---|
| 2013清单 | 030703007 | 碳钢风口、散流器、百叶窗 | 1. 名称<br>2. 型号<br>3. 规格<br>4. 质量<br>5. 类型<br>6. 形式 | 个 | 按设计图示数量计算 | 1. 风口制作、安装<br>2. 散流器制作、安装<br>3. 百叶窗安装 |

续表

| 清单 | 项目编码 | 项目名称 | 项目特征 | 计算单位 | 工程量计算规则 | 工作内容 |
|---|---|---|---|---|---|---|
| 2008 清单 | 030903007 | 碳钢风口、散流器制作安装（百叶窗） | 1. 类型<br>2. 规格<br>3. 形式<br>4. 质量<br>5. 除锈、刷油设计要求 | 个 | 1. 按设计图示数量计算（包括百叶风口、矩形送风口、矩形空气分布器、风管插板风口、旋转吹风口、圆形散流器、方形散流器、流线型散流器、送吸风口、活动箅式风口、网式风口、钢百叶窗等）<br>2. 百叶窗按设计图示以框内面积计算<br>3. 风管插板风口制作已包括安装内容<br>4. 若风口、分布器、散流器、百叶窗为成品时，制作不再计算 | 1. 风口制作、安装<br>2. 散流器制作、安装<br>3. 百叶窗安装<br>4. 除锈、刷油 |

**✲解题思路及技巧**

此题比较简单，主要考察该项目的清单工程量表的填写。

（2）清单工程量

由题意可知：双层百叶风口制作安装，规格 330mm×240mm，T202-2，其工程量为 10 个。

（3）清单工程量计算表（表 6-31）

**清单工程量计算表　　表 6-31**

| 项目编码 | 项目名称 | 项目特征描述 | 计量单位 | 工程量 |
|---|---|---|---|---|
| 030703007001 | 百叶风口制作安装 | 双层，330×240，T202-2 | 个 | 10 |

# 第 7 章　工业管道工程

## 7.1　低压管道

**【例 1】** 试求如图 7-1 所示的工程量。

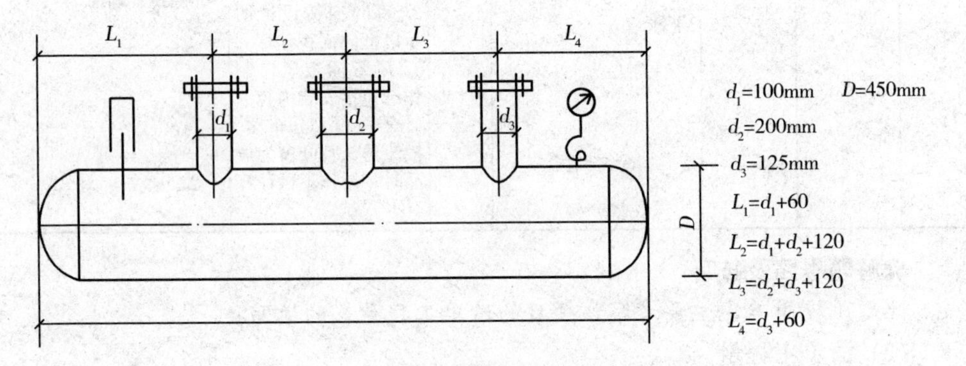


图 7-1　集水器和分水器的构造尺寸示意图

**【解】** (1) 2013 清单与 2008 清单对照（表 7-1）

**2013 清单与 2008 清单对照表**　　　　**表 7-1**

| 序号 | 清单 | 项目编码 | 项目名称 | 项目特征 | 计算单位 | 工程量计算规则 | 工作内容 |
|---|---|---|---|---|---|---|---|
| 1 | 2013 清单 | 030801006 | 低压不锈钢管 | 1. 材质<br>2. 规格<br>3. 焊接方法<br>4. 充氩保护方式、部位<br>5. 压力试验、吹扫与清洗设计要求<br>6. 脱脂设计要求 | m | 按设计图示管道中心线以长度计算 | 1. 安装<br>2. 焊口充氩保护<br>3. 压力试验<br>4. 吹扫、清洗<br>5. 脱脂 |
| | 2008 清单 | 030601006 | 低压不锈钢管 | 1. 材质<br>2. 连接方式<br>3. 规格<br>4. 套管形式、材质、规格<br>5. 压力试验、吹扫、清洗设计要求<br>6. 绝热及保护层设计要求 | m | 按设计图示管道中心线长度以延长米计算，不扣除阀门、管件所占长度，遇弯管时，按两管交叉的中心线交点计算。方形补偿器以其所占长度按管道安装工程量计算 | 1. 安装<br>2. 焊口焊接管内、外充氩保护<br>3. 套管制作、安装<br>4. 压力试验<br>5. 系统吹扫<br>6. 系统清洗<br>7. 油清洗<br>8. 脱脂<br>9. 绝热及保护层安装、除锈、刷油 |

续表

| 序号 | 清单 | 项目编码 | 项目名称 | 项目特征 | 计算单位 | 工程量计算规则 | 工作内容 |
|---|---|---|---|---|---|---|---|
| 2 | 2013清单 | 031003013 | 水表 | 1. 安装部位（室内外）<br>2. 型号、规格<br>3. 连接形式<br>4. 附件配置 | 组（个） | 按设计图示数量计算 | 组装 |
| | 2008清单 | 030803010 | 水表 | 1. 材质<br>2. 型号、规格<br>3. 连接方式 | 组 | 按设计图示数量计算 | 安装 |
| 3 | 2013清单 | 030601002 | 压力仪表 | 1. 名称<br>2. 型号<br>3. 规格<br>4. 压力表弯材质、规格<br>5. 挠性管材质、规格<br>6. 支架式、材质<br>7. 调试要求<br>8. 脱脂要求 | 台 | 按设计图示数量计算 | 1. 本体安装<br>2. 压力表弯制作、安装<br>3. 挠性管安装<br>4. 取源部件配合安装<br>5. 单体校验调整<br>6. 脱脂<br>7. 支架制作、安装 |
| | 2008清单 | 031001002 | 压力仪表 | 1. 名称<br>2. 类型 | 台 | 按设计图示数量计算 | 1. 取源部件安装<br>2. 压力表弯制作、刷油、安装<br>3. 挠性管安装<br>4. 本体安装<br>5. 单体校验调整<br>6. 脱脂<br>7. 支架制作、安装、刷油 |

**✲解题思路及技巧**

先要看图纸外形构造，以便结合图形采用数学原理进行快捷计算。另外，也可以结合计算规则和以往经验快速计算。

（2）清单工程量

说明：分、集水器是采用板厚为7.0mm的不锈钢板制作而成。依据钢板理论质量可知：7.0mm厚的钢板，理论质量是54.95kg/m$^2$。

1）集水器和分水器本体的工程量：

由图中所给的数据可知：

$L_1=d_1+60=100+60=160$mm

$L_2=d_1+d_2+120=100+200+120=420$mm

$L_3=d_2+d_2+120=200+125+120=445$mm

$L_4=d_3+60=125+60=185$mm

则分、集水器长 $L=L_1+L_2+L_3+L_4=160+420+445+185=1210$mm。

$D=450$mm

分、集水器的展开面积均是：

$F=\pi DL=3.14\times0.45\times1.21=1.71\text{m}^2$

分、集水器各自的质量是：

$m=F\times54.95=1.71\times54.95=93.96$kg

分、集水器的数量各 1 台故其合计总质量是：

$93.96\times2=187.92$kg

分、集水器的展开面积合计是：

$1.71\times2=3.42\text{m}^2$

2）水表的工程量：1 组。

3）压力表的工程量：1 台。

（3）清单工程量计算表（表 7-2）

**清单工程量计算表** **表 7-2**

| 序号 | 项目编码 | 项目名称 | 项目特征描述 | 计量单位 | 工程量 |
|---|---|---|---|---|---|
| 1 | 030801006001 | 低压不锈钢管 | $\delta=7.0$mm，54.95kg/m² | m | 1.21 |
| 2 | 031003013001 | 水表 | 水表 | 组 | 1 |
| 3 | 030601002001 | 压力仪表 | 压力表 | 台 | 1 |

**【例 2】** 如图 7-2 所示，为铸铁省煤器附件及管路图，试求其工程量。

说明：省煤器对锅炉给水预热采用铸铁，管道采用低压法兰铸铁螺纹连接便于省煤器更换，管路上附件采用对焊法兰连接。

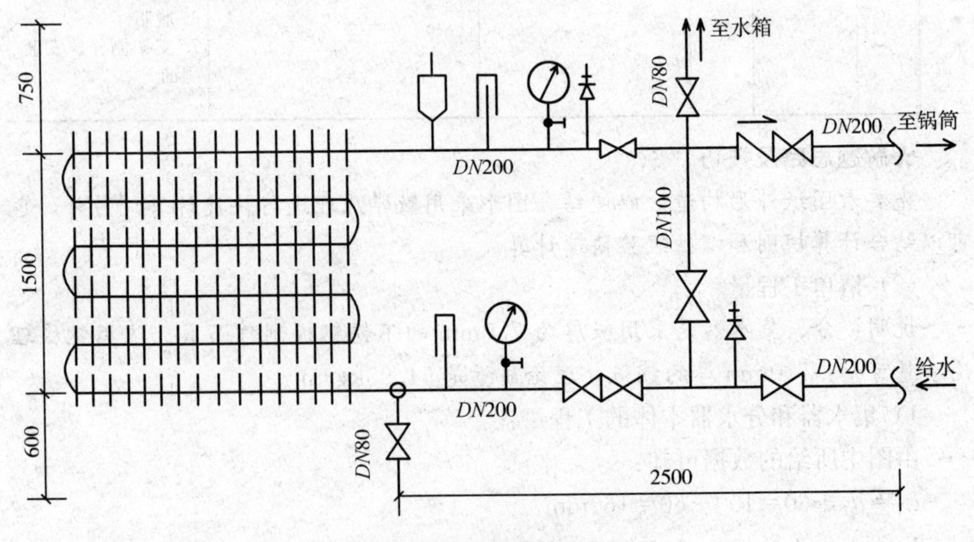


图 7-2 铸铁省煤器附件及管路

**【解】** （1）2013 清单与 2008 清单对照（表 7-3）

**2013清单与2008清单对照表**　　**表7-3**

| 清单 | 项目编码 | 项目名称 | 项目特征 | 计算单位 | 工程量计算规则 | 工作内容 |
|---|---|---|---|---|---|---|
| 2013清单 | 030801019 | 低压铸铁管 | 1. 材质<br>2. 规格<br>3. 连接形式<br>4. 接口材料<br>5. 压力试验、吹扫设计要求<br>6. 脱脂设计要求 | m | 按设计图示管道中心线以长度计算 | 1. 安装<br>2. 压力试验<br>3. 吹扫<br>4. 脱脂 |
| 2008清单 | 030601018 | 低压法兰铸铁管 | 1. 材质<br>2. 连接形式<br>3. 接口材料<br>4. 规格<br>5. 套管形式、材质、规格<br>6. 压力试验、吹扫设计要求<br>7. 绝热及保护层设计要求 | m | 按设计图示管道中心线长度以延长米计算，不扣除阀门、管件所占长度，遇弯管时，按两管交叉的中心线交点计算。方形补偿器以其所占长度按管道安装工程量计算 | 1. 安装<br>2. 套管制作、安装<br>3. 脱脂<br>4. 压力试验<br>5. 系统吹扫<br>6. 绝热及保护层安装、除锈、刷油 |

**✲解题思路及技巧**

先要看图纸外形构造，以便结合图形采用数学原理进行快捷计算。另外，也可以结合计算规则和以往经验快速计算。

（2）清单工程量

管道的工程量：

1）铸铁管道包括 $DN80$、$DN100$、$DN200$，其工程量分别计算如下：

① $DN80$ 铸铁管的长度：$L=0.75m+0.6=1.35m$；

② $DN100$ 铸铁管的长度：$L=1.50m$；

③ $DN200$ 铸铁管的长度：$L=2.5\times2=5.00m$。

2）成品管件工程量：

压力表：2个；

温度计：2个；

放气阀：1个；

截止阀（$DN80$）：2个；

截止阀（$DN200$）：5个；

截止阀（$DN100$）：1个；

止回阀（$DN200$）：1个；

安全阀（$DN200$）：2个。

3）管道系统空气吹洗工程量：

$DN200$ 铸铁管道工程量：$L=5.00m$；

$DN100$ 铸铁管道工程量：$L=1.50m$；

$DN80$ 铸铁管道工程量：$L=1.35m$。

4）管道系统液压试验工程量：

$DN200$ 铸铁管道工程量：$L=5.00\text{m}$；

$DN100$ 铸铁管道工程量：$L=1.50\text{m}$；

$DN80$ 铸铁管道工程量：$L=1.35\text{m}$。

5）管道除锈工程量：

① $DN200$ 铸铁管表面积：$S_1=\pi DL=3.14\times0.2\times5=3.14\text{m}^2$；

② $DN100$ 铸铁管表面积：$S_2=\pi DL=3.14\times0.1\times1.5=0.47\text{m}^2$；

③ $DN80$ 铸铁管表面积：$S_3=\pi DL=3.14\times0.08\times1.35=0.34\text{m}^2$；

式中　$D$——管道外径。

$$S=S_1+S_2+S_3=3.14+0.47+0.34=3.95\text{m}^2$$

6）管道防锈漆两遍银粉两遍工程量：

具体计算同 5)：$S=(S_1+S_2+S_3)\times2=7.90\text{m}^2$。

（3）清单工程量计算表（表 7-4）

**清单工程量计算表**　　　　**表 7-4**

| 序号 | 项目编码 | 项目名称 | 项目特征描述 | 计量单位 | 工程量 |
|---|---|---|---|---|---|
| 1 | 030801019001 | 低压铸铁管 | DN200 法兰铸铁管 | m | 5.00 |
| 2 | 030801019002 | 低压铸铁管 | DN100 法兰铸铁管 | m | 1.50 |
| 3 | 030801019003 | 低压铸铁管 | DN80 法兰铸铁管 | m | 1.35 |

**【例 3】** 如图 7-3 所示为双管伴热管道示意图，其中配管主管 $\phi159\times6$ 碳钢管道，双伴热管采用同径管 $\phi10\times1$ 碳钢管，伴热管夹角 60°，配管总长 $L=100\text{m}$，管道手工除锈后，岩棉保温 $\delta=50\text{mm}$，试计算其工程量。

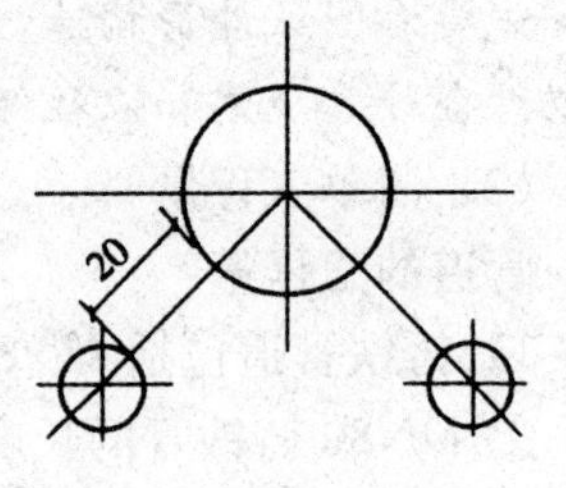

图 7-3　双管伴热管道

**【解】**（1）2013 清单与 2008 清单对照（表7-5）

**2013 清单与 2008 清单对照表**　　　　**表 7-5**

| 序号 | 清单 | 项目编码 | 项目名称 | 项目特征 | 计算单位 | 工程量计算规则 | 工作内容 |
|---|---|---|---|---|---|---|---|
| 1 | 2013 清单 | 030801002 | 低压碳钢伴热管 | 1. 材质<br>2. 规格<br>3. 连接形式<br>4. 安装位置<br>5. 压力试验、吹扫与清洗设计要求 | m | 按设计图示管道中心线以长度计算 | 1. 安装<br>2. 压力试验<br>3. 吹扫、清洗 |
|  | 2008 清单 | 030601002 | 低压碳钢伴热管 | 1. 材质<br>2. 安装位置<br>3. 规格<br>4. 套管形式、材质、规格<br>5. 压力试验、吹扫设计要求<br>6. 除锈、刷油、防腐设计要求 | m | 按设计图示管道中心线长度以延长米计算，不扣除阀门、管件所占长度，遇弯管时，按两管交叉的中心线交点计算。方形补偿器以其所占长度按管道安装工程量计算 | 1. 安装<br>2. 套管制作、安装<br>3. 压力试验<br>4. 系统吹扫<br>5. 除锈、刷油、防腐 |

续表

| 序号 | 清单 | 项目编码 | 项目名称 | 项目特征 | 计算单位 | 工程量计算规则 | 工作内容 |
| --- | --- | --- | --- | --- | --- | --- | --- |
| 2 | 2013清单 | 010401001 | 砖基础 | 1. 砖品种、规格、强度等级<br>2. 基础类型<br>3. 砂浆强度等级<br>4. 防潮层材料种类 | $m^3$ | 按设计图示尺寸以体积计算。<br>包括附墙垛基础宽出部分体积，扣除地梁（圈梁）、构造柱所占体积，不扣除基础大放脚T形接头处的重叠部分及嵌入基础内的钢筋、铁件、管道、基础砂浆防潮层和单个面积≤0.3$m^2$的孔洞所占体积，靠墙暖气沟的挑檐不增加<br>基础长度：外墙按外墙中心线，内墙按内墙净长线计算 | 1. 砂浆制作、运输<br>2. 砌砖<br>3. 防潮层铺设<br>4. 材料运输 |
| | 2008清单 | 010301001 | 砖基础 | 1. 砖品种、规格、强度等级<br>2. 基础类型<br>3. 基础深度<br>4. 砂浆强度等级 | $m^3$ | 按设计图示尺寸以体积计算。包括附墙垛基础宽出部分体积，扣除地梁（圈梁）、构造柱所占体积，不扣除基础大放脚T形接头处的重叠部分及嵌入基础内的钢筋、铁件、管道、基础砂浆防潮层和单个面积0.3$m^2$以内的孔洞所占体积，靠墙暖气沟的挑檐不增加<br>基础长度：外墙按中心线，内墙按净长线计算 | 1. 砂浆制作、运输<br>2. 砌砖<br>3. 防潮层铺设<br>4. 材料运输 |

（2）清单工程量

1）低压碳钢伴热管工程量：

项目名称：低压碳钢伴热管外伴管$\phi$10×1；

管道手工除轻锈；

管道岩棉管壳保温$\delta$=50mm；

项目编码：030801002；

工程量：$L=100\times2=200$m。

2）低压碳钢管工程量：

项目名称：低压碳钢管$\phi$159×6电弧焊；

管道手工除轻锈；

管道岩棉保温$\delta$=50mm；

项目编码：030801001；

工程量：$L=100$m。

（3）清单工程量计算表（表 7-6）

**清单工程量计算表** **表 7-6**

| 序号 | 项目编码 | 项目名称 | 项目特征描述 | 计量单位 | 工程量 |
|---|---|---|---|---|---|
| 1 | 030801002001 | 低压碳钢伴热管 | 低压碳钢伴热管外伴热管 $\phi$10×1，管道手工除轻锈 | m | 200.00 |
| 2 | 030801001001 | 低压碳钢管 | 低压碳钢管 $\phi$159×6 电弧焊，管道手工除轻锈 | m | 100.00 |

**【例 4】** 如图 7-4 为某工艺管道采用配管剖面图，管道选用软聚氯乙烯板衬里钢管，规格为 $\phi$60×2.5，长度 $L$=5m，试计算其清单工程量。

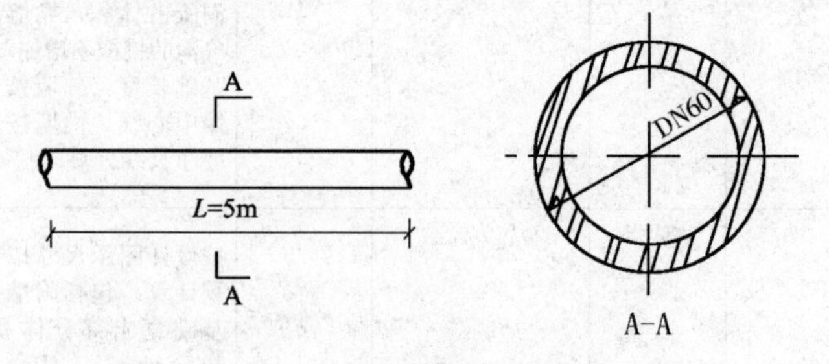


图 7-4 某工艺管道配管剖面图

**【解】**（1）2013 清单与 2008 清单对照（表 7-7）

**2013 清单与 2008 清单对照表** **表 7-7**

| 清单 | 项目编码 | 项目名称 | 项目特征 | 计算单位 | 工程量计算规则 | 工作内容 |
|---|---|---|---|---|---|---|
| 2013 清单 | 030801003 | 衬里钢管预制安装 | 1. 材质<br>2. 规格<br>3. 安装方式（预制安装或成品管道）<br>4. 连接形式<br>5. 压力试验、吹扫与清洗设计要求 | m | 按设计图示管道中心线以长度计算 | 1. 管道、管件及法兰安装<br>2. 管道、管件拆除<br>3. 压力试验<br>4. 吹扫、清洗 |
| 2008 清单 | 030601014 | 衬里钢管预制安装 | 1. 材质<br>2. 连接形式<br>3. 安装方式（预制安装或成品管道）<br>4. 规格<br>5. 套管形式、材质、规格<br>6. 压力试验、吹扫设计要求<br>7. 除锈、刷油、防腐、绝热及保护层设计要求 | m | 按设计图示管道中心线长度以延长米计算，不扣除阀门、管件所占长度，遇弯管时，按两管交叉的中心线交点计算。方形补偿器以其所占长度按管道安装工程量计算 | 1. 管道、管件、法兰安装<br>2. 管道、管件拆除<br>3. 套管制作、安装<br>4. 压力试验<br>5. 系统吹扫<br>6. 除锈、刷油、防腐<br>7. 绝热及保护层安装、除锈、刷油 |

（2）清单工程量

据《通用安装工程工程量计算规范》GB 50856—2013 工程量清单计算项目

规则，本例工程量只归入衬里钢管预制安装项目，工程量为配管长度 $L=5\text{m}$，即工程量为：

衬里钢管预制安装 $\phi60\times2.5$，工程量 $L=5\text{m}$。

（3）清单工程量计算表（表 7-8）

**清单工程量计算表**　　**表 7-8**

| 项目编码 | 项目名称 | 项目特征描述 | 计量单位 | 工程量 |
|---|---|---|---|---|
| 030801003001 | 衬里钢管预制安装 | 管径为 60mm，壁厚 2.5mm | m | 5.00 |

**【例 5】** 如图 7-5 为实验室测水平装置，U 形管采用塑料管 $\phi12$，水平测试高度压显示最大高度为 1.2m，弯管半径 7.5mm，水平测位计安装结束后气密性试验，试计算其清单工程量。

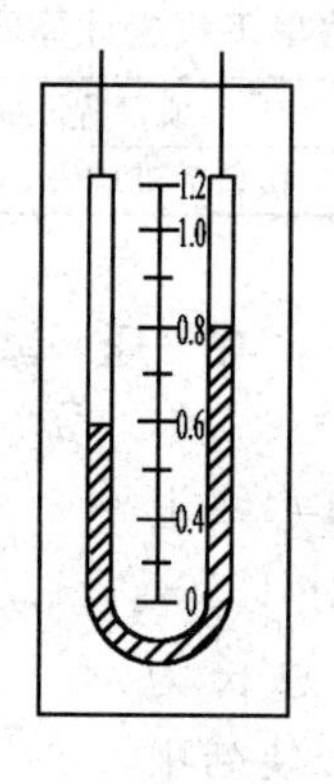


图 7-5　U 形管

**【解】**（1）2013 清单与 2008 清单对照（表 7-9）

**2013 清单与 2008 清单对照表**　　**表 7-9**

| 清单 | 项目编码 | 项目名称 | 项目特征 | 计算单位 | 工程量计算规则 | 工作内容 |
|---|---|---|---|---|---|---|
| 2013 清单 | 030801016 | 低压塑料管 | 1. 材质<br>2. 规格<br>3. 连接形式<br>4. 压力试验、吹扫设计要求<br>5. 脱脂设计要求 | m | 按设计图示管道中心线以长度计算 | 1. 安装<br>2. 压力试验<br>3. 吹扫<br>4. 脱脂 |
| 2008 清单 | 030601015 | 低压塑料管 | 1. 材质<br>2. 连接形式<br>3. 接口材料<br>4. 规格<br>5. 套管形式、材质、规格<br>6. 压力试验、吹扫设计要求<br>7. 绝热及保护层设计要求 | m | 按设计图示管道中心线长度以延长米计算，不扣除阀门、管件所占长度，遇弯管时，按两管交叉的中心线交点计算。方形补偿器以其所占长度按管道安装工程量计算 | 1. 安装<br>2. 套管制作、安装<br>3. 脱脂<br>4. 压力试验<br>5. 系统吹扫<br>6. 绝热及保护层安装、除锈、刷油 |

✲**解题思路及技巧**

先要看图纸外形构造，以便结合图形采用数学原理进行快捷计算。另外，也可以结合计算规则和以往经验快速计算。

(2) 清单工程量：

《通用安装工程工程量计算规范》中可知，低压塑料管工程项目包含工程内容有安装、压力试验、系统吹扫、脱脂、除锈刷油等，工程量计算规则同低压钢管计算工程量规则，可知工程量计算如下：

低压塑料管，承插粘结，接口为玻璃管，$DN12$，气密性试验。

工程量管道长度：

$L=1.2\times2+3.14\times0.0075=2.42\text{m}$

(3) 清单工程量计算表（表 7-10）

**清单工程量计算表** **表 7-10**

| 项目编码 | 项目名称 | 项目特征描述 | 计量单位 | 工程量 |
|---|---|---|---|---|
| 030801016001 | 低压塑料管 | 承插粘结，接口为玻璃管，$DN12$，气密性试验 | m | 2.42 |

## 7.2 中压管道

**【例 6】** 如图 7-6 为某生产流水线上产品流通线管道配置图，配管采用$\phi125\times1.5$，玻璃钢管，其中水平管段总长为 4.5m，斜管滑段长为 4m，管道安装结束后水清洗并脱脂，试求其清单工程量。

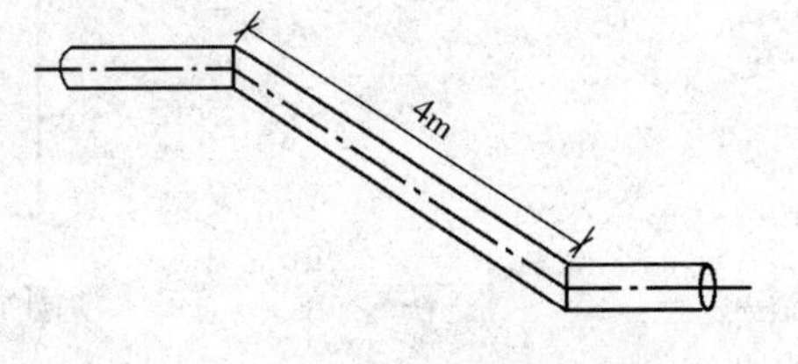


图 7-6 管道配管图

**【解】** (1) 2013 清单与 2008 清单对照（表 7-11）

**2013 清单与 2008 清单对照表** **表 7-11**

| 清单 | 项目编码 | 项目名称 | 项目特征 | 计算单位 | 工程量计算规则 | 工作内容 |
|---|---|---|---|---|---|---|
| 2013 清单 | 030801018 | 低压玻璃钢管 | 1. 材质<br>2. 规格<br>3. 连接形式<br>4. 压力试验、吹扫设计要求<br>5. 脱脂设计要求 | m | 按设计图示管道中心线以长度计算 | 1. 安装<br>2. 压力试验<br>3. 吹扫<br>4. 脱脂 |
| 2008 清单 | 030601017 | 低压玻璃钢管 | 1. 材质<br>2. 连接形式<br>3. 接口材料<br>4. 规格<br>5. 套管形式、材质、规格<br>6. 压力试验、吹扫设计要求<br>7. 绝热及保护层设计要求 | m | 按设计图示管道中心线长度以延长米计算，不扣除阀门、管件所占长度，遇弯管时，按两管交叉的中心线交点计算。方形补偿器以其所占长度按管道安装工程量计算 | 1. 安装<br>2. 套管制作、安装<br>3. 脱脂<br>4. 压力试验<br>5. 系统吹扫<br>6. 绝热及保护层安装、除锈、刷油 |

✲**解题思路及技巧**

先要看图纸外形构造，以便结合图形采用数学原理进行快捷计算。另外，也可以结合计算规则和以往经验快速计算。

（2）清单工程量

本例清单工程量适用《通用安装工程工程量计算规范》GB 50856—2013 中低压玻璃钢管项目，项目工程内容包括安装、系统、水冲洗、脱脂等工程内容，因此工程量计算如下：

低压玻璃钢管 $\phi125\times1.5$，工程量 $L=4.5+4=8.5$m。

**贴心助手**

水平管段总长为4.5m，斜管滑段长为4m。

（3）清单工程量计算表（表7-12）

**清单工程量计算表** **表7-12**

| 项目编码 | 项目名称 | 项目特征描述 | 计量单位 | 工程量 |
| --- | --- | --- | --- | --- |
| 030801018001 | 低压玻璃钢管 | 管径 $\phi125$，壁厚 1.5mm | m | 8.50 |

**【例7】** 具体数据如图7-7所示，本工程为某氧气加压站工艺管道系统图，

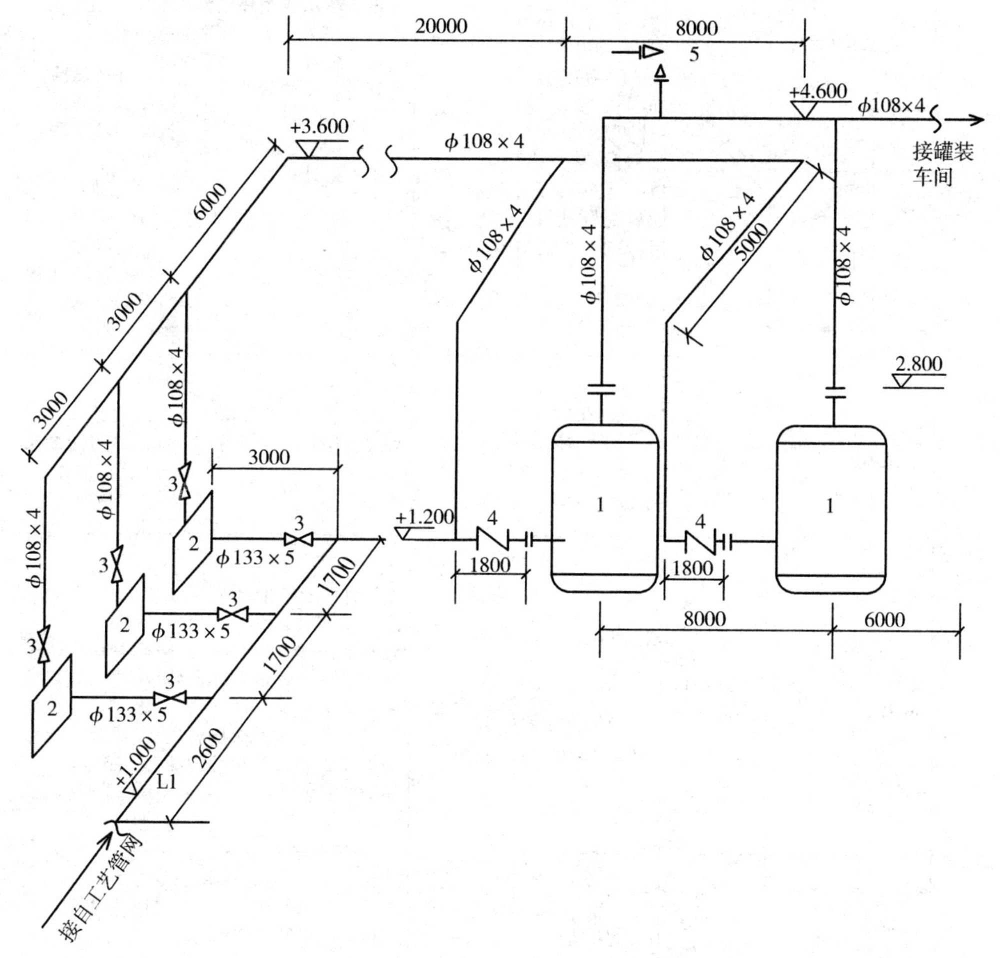


图7-7 氧气加压站工艺管道系统图

1—缓冲罐；2—氧气加压泵；3—截止阀；4—止回阀；5—安全阀

**【解】**（1）2013 清单与 2008 清单对照（表 7-13）

**2013 清单与 2008 清单对照表** **表 7-13**

| 序号 | 清单 | 项目编码 | 项目名称 | 项目特征 | 计算单位 | 工程量计算规则 | 工作内容 |
|---|---|---|---|---|---|---|---|
| 1 | 2013 清单 | 030802001 | 中压碳钢管 | 1. 材质<br>2. 规格<br>3. 连接形式、焊接方法<br>4. 压力试验、吹扫与清洗设计要求<br>5. 脱脂设计要求 | m | 按设计图示管道中心线以长度计算 | 1. 安装<br>2. 压力试验<br>3. 吹扫、清洗<br>4. 脱脂 |
| | 2008 清单 | 030602002 | 中压碳钢管 | 1. 材质<br>2. 连接方式<br>3. 规格<br>4. 套管形式、材质、规格<br>5. 压力试验、吹扫、清洗设计要求<br>6. 除锈、刷油、防腐、绝热及保护层设计要求 | m | 按设计图示管道中心线长度以延长米计算，不扣除阀门、管件所占长度，遇弯管时，按两管交叉的中心线交点计算。方形补偿器以其所占长度按管道安装工程量计算 | 1. 安装<br>2. 焊口预热及后热<br>3. 焊口热处理<br>4. 焊口硬度测定<br>5. 套管制作、安装<br>6. 压力试验<br>7. 系统吹扫<br>8. 系统清洗<br>9. 油清洗<br>10. 脱脂<br>11. 除锈、刷油、防腐<br>12. 绝热及保护层安装、除锈、刷油 |
| 2 | 2013 清单 | 030811002 | 中压碳钢焊接法兰 | 1. 材质<br>2. 结构形式<br>3. 型号、规格<br>4. 连接形式<br>5. 焊接方法 | 副（片） | 按设计图示数量计算 | 1. 安装<br>2. 翻边活动法兰短管制作 |
| | 2008 清单 | 030611002 | 中压碳钢平焊法兰 | 1. 材质<br>2. 结构形式<br>3. 型号、规格<br>4. 绝热及保护层设计要求 | 副 | 按设计图示数量计算<br>注：1. 单片法兰、焊接盲板和封头按法兰安装计算，但法兰盲板不计安装工程质量<br>2. 不锈钢、有色金属材质的焊环活动法兰按翻边活动法兰安装计算 | 1. 安装<br>2. 焊口预热及后热<br>3. 焊口热处理<br>4. 焊口硬度检测<br>5. 绝热及保温盒制作、安装、除锈、刷油 |
| 3 | 2013 清单 | 030805001 | 中压碳钢管件 | 1. 材质<br>2. 规格<br>3. 焊接方法<br>4. 补强圈材质、规格 | 个 | 按设计图示数量计算 | 1. 安装<br>2. 三通补强圈制作、安装 |

续表

| 序号 | 清单 | 项目编码 | 项目名称 | 项目特征 | 计算单位 | 工程量计算规则 | 工作内容 |
| --- | --- | --- | --- | --- | --- | --- | --- |
| 3 | 2008 清单 | 030605001 | 中压碳钢管件 | 1. 材质<br>2. 连接方式<br>3. 型号、规格<br>4. 补强圈材质、规格 | 个 | 按设计图示数量计算<br>注：1. 管件包括弯头、三通、四通、异径管、管接头、管上焊接管接头、管帽、方形补偿器弯头、管道上仪表一次部件、仪表温度计扩大管制作安装等<br>2. 管件压力试验、吹扫、清洗、脱脂、除锈、刷油、防腐、保温及其补口均包括在管道安装中<br>3. 在主管上挖眼接管的三通和摔制异径管，均以主管径按管件安装工程量计算，不另计制作费和主材费；挖眼接管的三通支线管径小于主管径 1/2 时，不计算管件安装工程量；在主管上挖眼接管的焊接接头、凸台等配件，按配件管径计算管件工程量<br>4. 三通、四通、异径管均按大管径计算<br>5. 管件用法兰连接时按法兰安装，管件本身安装不再计算安装<br>6. 半加热外套管摔口后焊接在内套管上，每处焊口按一个管件计算；外套碳钢管如焊接不锈钢内套管上时，焊口间需加不锈钢短管衬垫，每处焊口按两个管件计算 | 1. 安装<br>2. 三通补强圈制作、安装<br>3. 焊口预热及后热<br>4. 焊口热处理<br>5. 焊口硬度检测 |

**✲解题思路及技巧**

先要看图纸外形构造，以便结合图形采用数学原理进行快捷计算。另外，也可以结合计算规则和以往经验快速计算。

（2）清单工程量

1）管道工程量：管道包括 $\phi108\times4$ 和 $\phi133\times5$ 两种，分别计算如下：

① $\phi108\times4$ 碳钢无缝钢管的长度

$$\begin{aligned}L &= \text{水平长度} + \text{竖直长度}\\ &= (3\times2+6+20+8+8+6+1.8\times2+5+5)\\ &\quad +[(3.6-1)\times3+(3.6-1.2)\times2+(4.6-2.8)\times2]\\ &= 83.80\text{m}\end{aligned}$$

**贴心助手**

1.2 为与缓冲罐下部连接的竖直管道底部标高。

② $\phi$133×5 碳钢无缝钢管的长度

$L=3\times3+2.6+1.7\times2=15.00\text{m}$

2）成品管件工程量

① 碳钢对焊法兰：4 副；

② 焊接阀门（承插焊）：8 个；

③ 弯头：$\phi$108×4，8 个；$\phi$133×5，1 个；

④ 三通：$\phi$108×4，4 个；$\phi$133×5，2 个。

3）喷射除锈工程量

① $\phi$108×4 碳钢无缝管道除锈面积 $S_1$：

$S_1=\pi DL=3.14\times0.108\times83.8=28.42\text{m}^2$

② $\phi$133×5 碳钢无缝管道除锈面积 $S_2$：

$S_2=\pi DL=3.14\times0.133\times15=6.26\text{m}^2$

总除锈工程量：$S=S_1+S_2=34.68\text{m}^2$

4）管道水压试验工程量

$\phi$108×4 管道长度：$L_1=83.80\text{m}$。

$\phi$133×5 管道长度：$L_2=15.00\text{m}$。

水压试验工程量（公称直径 200mm 以内）为：

$L=L_1+L_2=83.8+15=98.80\text{m}$

5）管道空气吹扫工程量

具体计算如水压试验工程量，管道空气吹扫（公称直径 200mm 以内）工程量 $L=98.80\text{m}$。

6）刷油工程量

所有管道都刷油，具体计算同除锈工程量。

管道系统刷油工程量 $S=34.68\text{m}^2$。

7）缓冲罐出口管道绝热工程量

① 缓冲罐出口管道工程量：

长度 $L=8+6+(4.6-2.8)\times2=17.60\text{m}$

② 60mm 厚岩棉绝热层工程量：

$$
\begin{aligned}
V&=\pi(a+\delta+\delta\times3.3\%)\times(\delta+\delta\times3.3\%)\times L\\
&=3.14\times(0.108+0.06+0.06\times3.3\%)\times(0.06+0.06\times3.3\%)\times17.6\text{m}^3\\
&=0.582\text{m}^3
\end{aligned}
$$

式中 $a$——管道外径；

$\delta$——绝热层厚度；

3.3%——绝热材料允许超厚系数。

8）保护层安装工程量

绝热层外铝箔工程量：

$$
\begin{aligned}
S&=\pi(D+2.1\delta+0.0082)L\\
&=3.14\times(0.108+2.1\times0.06+0.0082)\times17.6\\
&=13.38\text{m}^2
\end{aligned}
$$

**贴心助手**

2.1为调整系数，0.0082为捆扎线直径。

9）X光射线探伤工程量

焊缝共包括 $a_1$ 对焊法兰，4副；

108×π×4×2/(300－25×2)＝10.8，取11张。

$b_1$ 焊接阀门，8个，108×π×5×2/(300－25×2)＋133×π×3×2/(300－25×2)＝23.60，取24张。

$c_1$ 弯头，9个，100×π×8×2/(300－25×2)＋133×π×1×2/(300－25×2)＝23.45，取24张。

$d_1$ 三通，6个，108×π×4×3/(300－25×2)＋133×π×2×3/(300－25×2)＝26.31，取27张。

共计：11＋24＋24＋27＝86张。

（3）清单工程量计算表（表7-14）

**清单工程量计算表**　　**表7-14**

| 序号 | 项目编码 | 项目名称 | 项目特征描述 | 计量单位 | 工程量 |
|---|---|---|---|---|---|
| 1 | 030802001001 | 中压碳钢管 | φ108×4，喷射除锈管通水压试验<br>管道系统空气吹扫<br>管道刷油、焊接缝X光射线探伤 | m | 83.80 |
| 2 | 030802001002 | 中压碳钢管 | φ133×5，喷射除锈<br>管通水压试验<br>管道系统空气吹扫<br>管道刷油、焊接缝X光射线探伤 | m | 15 |
| 3 | 030802001003 | 中压碳钢管 | φ108×4，管道外壁喷射除锈，管道系统空气吹扫，管道系统水压试验，管道外壁加岩棉绝热层铝箔保护层 | m | 17.6 |
| 4 | 030811002001 | 中压碳钢焊接法兰 | 碳钢对焊法兰 | 副 | 4 |
| 5 | 030805001002 | 中压碳钢管件 | 焊接阀门（承插焊） | 个 | 8 |
| 6 | 030805001003 | 中压碳钢管件 | 弯头，8个φ108×4，1个φ133×5 | 个 | 9 |
| 7 | 030805001004 | 中压碳钢管件 | 三通，4个φ108×4，2个φ133×5 | 个 | 6 |

## 7.3　低压管件

**【例8】** 如图7-8所示为供暖管段 *DN*50 的一个90°有缝钢管弯头，要除锈，刷两遍红丹防锈漆、两遍银粉，外加20mm厚的岩棉保温层，外缠铝箔保护层，试求此弯头工程量。

注：1. 管件包括弯头、三通、四通、异径管、管接头、管上焊接管头、管帽、方形补偿器弯头、管道上仪表一次部件、仪表温度计扩大管制作安装等。

2. 管件压力试验、吹扫、清洗、脱脂、除锈、刷油、防腐、保温及其补口均包括在管道安装中。

3. 在主管上挖眼接管的三通和摔制异径管，均以主管径按管件安装工程量计算，不另计制作费和主材费；挖眼接管的三通支线管径小于主管径 1/2 时，不计算管件安装工程量；在主管上挖眼接管的焊接接头、凸台等配件，按配件管径计算管件工程量。

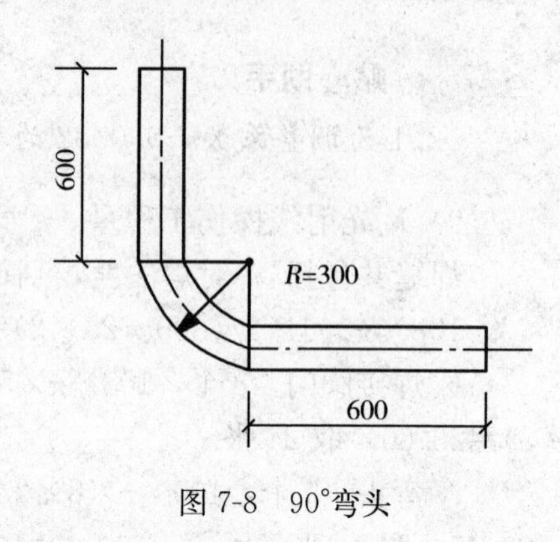


图 7-8　90°弯头

4. 三通、四通、异径管均按大管径计算。

5. 管件用法兰连接时按法兰安装，管件本身安装不再计算安装。

6. 半加热外套管摔口后焊接在内套管上，每处焊口按一个管件计算；外套碳钢管如焊接不锈钢内套管上时，焊口间需加不锈钢短管衬垫，每处焊口按两个管件计算。

**【解】**（1）2013 清单与 2008 清单对照（表 7-15）

**2013 清单与 2008 清单对照表　　表 7-15**

| 清单 | 项目编码 | 项目名称 | 项目特征 | 计算单位 | 工程量计算规则 | 工作内容 |
|---|---|---|---|---|---|---|
| 2013 清单 | 030804001 | 低压碳钢管件 | 1. 材质<br>2. 规格<br>3. 连接方式<br>4. 补强圈材质、规格 | 个 | 按设计图示数量计算 | 1. 安装<br>2. 管口焊接管内、外充氩保护<br>3. 三通补强圈制作、安装 |
| 2008 清单 | 030604003 | 低压不锈钢管件 | 1. 材质<br>2. 连接方式<br>3. 型号、规格<br>4. 补强圈材质、规格 | 个 | 按设计图示数量计算<br>注：1. 管件包括弯头、三通、四通、异径管、管接头、管上焊接管接头、管帽、方形补偿器弯头、管道上仪表一次部件、仪表温度计扩大管制作安装等<br>2. 管件压力试验、吹扫、清洗、脱脂、除锈、刷油、防腐、保温及其补扣均包括在管道安装中<br>3. 在主管上挖眼接管的三通和摔制异径管，均以主管径按管件安装工程量计算，不另计制作费和主材费；挖眼接管的三通支线管径小于主管径 1/2 时，不计算管件安装工程量；在主管上挖眼接管的焊接接头、凸台等配件，按配件管径计算管件工程量<br>4. 三通、四通、异径管均按法兰安装，管件本身安装不再安装<br>5. 管件用法兰连接时按法兰安装，管件本身安装不再计算安装<br>6. 半加热外套管摔口后焊接在内套管上，每处焊口按一个管件计算；外套碳钢管如果接不锈钢内套管上时，焊口间需加不锈钢短管衬垫，每处焊口按两个管件计算 | 1. 安装<br>2. 三通补强圈制作、安装<br>3. 管焊口焊接内、外充氩保护 |

**✲解题思路及技巧**

先要看图纸外形构造，以便结合图形采用数学原理进行快捷计算。另外，也可以结合计算规则和以往经验快速计算。

（2）清单工程量

1）弯头所耗 $DN50$ 有缝钢管长度

$$L=(A+B)+\alpha R$$

$$=(0.6+0.6)+\frac{90^\circ}{180^\circ}\pi\times0.3$$

$$=1.67\text{m}$$

式中　$A$、$B$——分别是两直管段长度（mm）。

2）除锈工程量计算

$S=\pi DL=3.14\times0.057\times1.67=0.30\text{m}^2$

**贴心助手**

0.057 为管道的外径，1.67 为管道的长度，下同。

3）弯头刷两遍红丹防锈漆工程量

$S=\pi DL=3.14\times0.057\times1.67=0.30\text{m}^2$

再刷两遍银粉工程量：

$S=\pi DL=3.14\times0.057\times1.67=0.30\text{m}^2$

4）外加 20mm 厚岩棉保温层工程量

$$V=\pi(D+\delta+\delta\times3.3\%)\times(\delta+\delta\times3.3\%)L$$

$$=3.14\times(0.057+0.02+0.02\times3.3\%)\times(0.02+0.02\times3.3\%)\times1.67$$

$$=0.0082\text{m}^3$$

式中　$D$——管道直径（mm）；

$\delta$——保温层厚度（mm）；

3.3%——保温层厚度允许超厚系数。

5）外缠铝箔保护层工程量

$$S=\pi(D+2.1\delta+0.0082)L$$

$$=3.14\times(0.057+2.1\times0.02+0.0082)\times1.67$$

$$=0.56\text{m}^2$$

**贴心助手**

2.1 为调整系数，0.02 为外缠保护层的厚度，1.67 为管道的长度。

（3）清单工程量计算表（表 7-16）

**清单工程量计算表**　　**表 7-16**

| 项目编码 | 项目名称 | 项目特征描述 | 计量单位 | 工程量 |
| --- | --- | --- | --- | --- |
| 030804001001 | 低压碳钢管件 | $DN50$，90°有缝钢管弯头，除锈刷两遍红丹防锈漆，两遍银粉，保温层，保护层 | m | 1.67 |

# 7.4 低压阀门

【例 9】 图 7-9 为室外给水管管网的水表安装图，试求此图工程量。

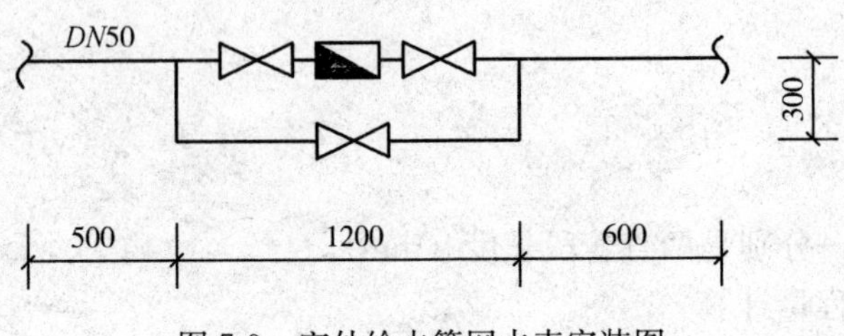


图 7-9 室外给水管网水表安装图

【解】 (1) 2013 清单与 2008 清单对照（表 7-17）

**2013 清单与 2008 清单对照表** **表 7-17**

| 序号 | 清单 | 项目编码 | 项目名称 | 项目特征 | 计算单位 | 工程量计算规则 | 工作内容 |
|---|---|---|---|---|---|---|---|
| 1 | 2013清单 | 030801001 | 低压碳钢管 | 1. 材质<br>2. 规格<br>3. 连接形式、焊接方法<br>4. 压力试验、吹扫与清洗设计要求<br>5. 脱脂设计要求 | m | 按设计图示管道中心线以长度计算 | 1. 安装<br>2. 压力试验<br>3. 吹扫、清洗<br>4. 脱脂 |
| | 2008清单 | 030601004 | 低压碳钢管 | 1. 材质<br>2. 连接方式<br>3. 规格<br>4. 套管形式、材质、规格<br>5. 压力试验、吹扫、清洗设计要求<br>6. 除锈、刷油、防腐、绝热及保护设计要求 | m | 按设计图示管道中心线长度以延长米计算，不扣除阀门、管件所占长度，遇弯管时，按两管交叉的中心线交点计算。方形补偿器以其所占长度按管道安装工程量计算 | 1. 安装<br>2. 套管制作、安装<br>3. 压力试验<br>4. 系统吹扫<br>5. 系统清洗<br>6. 油清洗<br>7. 脱脂<br>8. 除锈、刷油、防腐<br>9. 绝热及保护层安装、除锈、刷油 |
| 2 | 2013清单 | 030807002 | 低压焊接阀门 | 1. 名称<br>2. 材质<br>3. 型号、规格<br>4. 连接形式<br>5. 焊接方式 | 个 | 按设计图示数量计算 | 1. 安装<br>2. 操纵装置安装<br>3. 壳体压力试验、解体检查及研磨<br>4. 调试 |

续表

| 序号 | 清单 | 项目编码 | 项目名称 | 项目特征 | 计算单位 | 工程量计算规则 | 工作内容 |
|---|---|---|---|---|---|---|---|
| 2 | 2008清单 | 030607002 | 低压焊接阀门 | 1. 名称<br>2. 材质<br>3. 连接形式<br>4. 焊接方式<br>5. 型号、规格<br>6. 绝热及保护层设计要求 | 个 | 按设计图示数量计算<br>注：1. 各种形式补偿器（除方形补偿器外）、仪表流量计均按阀门安装工程量计算<br>2. 减压阀直径按高压侧计算<br>3. 电动阀门包括电动机安装 | 1. 安装<br>2. 操纵装置安装<br>3. 绝热<br>4. 保温盒制作、安装、除锈、刷油<br>5. 压力试验、解体检查及研磨<br>6. 调试 |
| 3 | 2013清单 | 030901002 | 消火栓钢管 | 1. 安装部位<br>2. 材质、规格<br>3. 连接形式<br>4. 钢管镀锌设计要求<br>5. 压力试验及冲洗设计要求<br>6. 管道标识设计要求 | m | 按设计图示管道中心线以长度计算 | 1. 管道及管件安装<br>2. 钢管镀锌<br>3. 压力试验<br>4. 冲洗<br>5. 管道标识 |
|  | 2008清单 | 030701009 | 水表 | 1. 材质<br>2. 型号、规格<br>3. 连接方式 | 组 | 按设计图示数量计算 | 安装 |

**✲解题思路及技巧**

先要看图纸外形构造，以便结合图形采用数学原理进行快捷计算。另外，也可以结合计算规则和以往经验快速计算。

(2) 清单工程量

给水管采用镀锌无缝钢管 $DN50$，阀门采用公称直径 $DN50$ 的焊接阀门。

1) 镀锌无缝钢管 $DN50$ 的工程量：

$L=0.5+1.2+0.6+0.3\times2+1.2=4.1\text{m}$

**贴心助手**

$0.5+1.2+0.6+0.3\times2+1.2$ 为图纸上所有管道尺寸之和，具体标注见图。

2) $DN50$ 的焊接阀门工程量：3个。

**贴心助手**

见图中阀门的个数。

3) 水表：1组。

**贴心助手**

见图中的中间水表的个数。

4）管道系统吹扫工程量：

$DN50$ 无缝管道 $L=4.1$m。

5）管道系统液压试验：

$DN50$ 无缝钢管 $L=4.1$m。

6）管道刷红丹防锈漆两遍工程量：

$S=\pi DL=3.14\times0.05\times4.1=0.64\text{m}^2$

**贴心助手**

0.05 为 $DN50$ 无缝钢管的外径，4.1 为 $DN50$ 无缝钢管的长度。

（3）清单工程量计算表（表 7-18）

**清单工程量计算表** **表 7-18**

| 序号 | 项目编码 | 项目名称 | 项目特征描述 | 计量单位 | 工程量 |
|---|---|---|---|---|---|
| 1 | 030801001001 | 低压碳钢管 | 镀锌无缝钢管 $DN50$ | m | 4.10 |
| 2 | 030807002001 | 低压焊接阀门 | $DN50$ 焊接阀门 | 个 | 3 |
| 3 | 031003013001 | 水表 | 水表 | 组 | 1 |

## 7.5 无损探伤与热处理

**【例 10】** 如图 7-10、图 7-11 所示分别是氮气加压站流程图的平面图和立面图，试求此氮气加压站工业管道工程量。

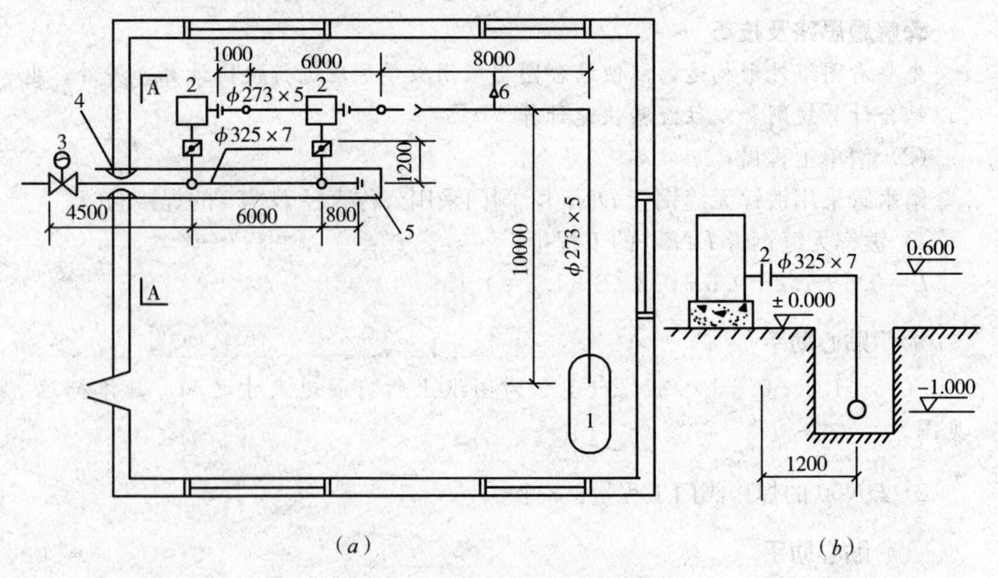


图 7-10 氮化站工业管道示意图

（a）氮化站工业管道；（b）A-A 剖面图

1—储气罐；2—压缩机；3—电动阀；4—防水套管；5—沟底盖板；6—安全阀

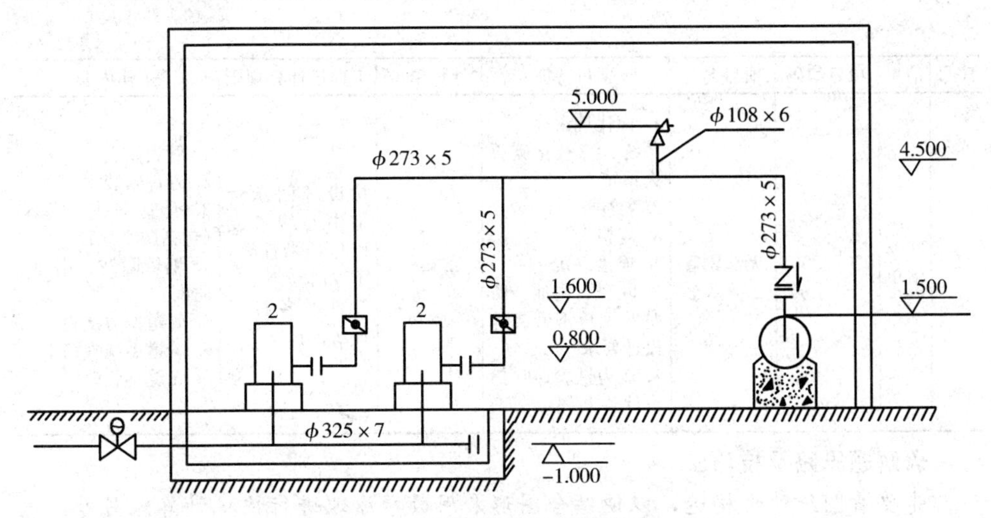


图7-11　氮气站工业管道立面图

工程说明：（1）φ273×5管采用无缝钢管，φ325×7管采用成卷10号钢板，现场制作钢板卷管，安装每10m钢板卷管的主材消耗量为9.88m，每米重62.54kg；每制作1t钢板卷钢板的消耗量为1.05t。

（2）管件所用三通为现场挖眼连接，弯头全部采用成品冲压弯头，φ273×5弯头弯曲半径$R$=400mm，φ325×7弯头弯曲半径$R$=500mm，电动阀门长度按500mm计。

（3）所用法兰采用平焊法兰，阀门采用平焊法连接。

（4）管道系统安装完毕作水压试验与无缝钢管共有16道焊口，设计要求50%进行X光射线无损探伤，胶片规格为300mm×80mm。

（5）所用管道外除锈后进行一般刷油处理。φ325×7的管道需绝热，绝热层厚$\delta$=50mm，外缠纤维布作保护层。

**【解】**（1）2013清单与2008清单对照（表7-19）

**2013清单与2008清单对照表**　　**表7-19**

| 序号 | 清单 | 项目编码 | 项目名称 | 项目特征 | 计算单位 | 工程量计算规则 | 工作内容 |
|---|---|---|---|---|---|---|---|
| 1 | 2013清单 | 030816003 | 焊缝X射线探伤 | 1. 名称<br>2. 底片规格<br>3. 管壁厚度 | 张（口） | 按规范或设计技术要求计算 | 探伤 |
| | 2008清单 | 030616004 | 焊缝γ射线探伤 | 1. 底片规格<br>2. 管壁厚度 | 张 | 按规范或设计技术要求计算 | γ射线探伤 |
| 2 | 2013清单 | 030902001 | 无缝钢管 | 1. 介质<br>2. 材质、压力等级<br>3. 规格<br>4. 焊接方法<br>5. 钢管镀锌设计要求<br>6. 压力试验及吹扫设计要求<br>7. 管道标识设计要求 | m | 按设计图示管道中心线长度以延长米计算，不扣除阀门、管件及各种组件所占长度 | 1. 管道安装<br>2. 管件安装<br>3. 套管制作、安装（包括防水套管）<br>4. 钢管除锈、刷油、防腐<br>5. 管道压力试验<br>6. 管道系统吹扫<br>7. 无缝钢管镀锌 |

续表

| 序号 | 清单 | 项目编码 | 项目名称 | 项目特征 | 计算单位 | 工程量计算规则 | 工作内容 |
|---|---|---|---|---|---|---|---|
| 2 | 2008清单 | 030702001 | 无缝钢管 | 1. 卤代烷灭火系统、二氧化碳灭火系统<br>2. 材质<br>3. 规格<br>4. 连接方式<br>5. 除锈、刷油、防腐及无缝钢管镀锌设计要求<br>6. 压力试验、吹扫设计要求 | m | 按设计图示管道中心线长度以延长米计算，不扣除阀门、管件及各种组件所占长度 | 1. 管道安装<br>2. 管件安装<br>3. 套管制作、安装（包括防水套管）<br>4. 钢管除锈、刷油、防腐<br>5. 管道压力试验<br>6. 管道系统吹扫<br>7. 无缝钢管镀锌 |

**✲解题思路及技巧**

先要看图纸外形构造，以便结合图形采用数学原理进行快捷计算。另外，也可以结合计算规则和以往经验快速计算。

（2）清单工程量

1）管道工程量

① $\phi273\times5$ 无缝钢管工程量：

$L$ =水平长度+竖直长度

=(1×2+6+8+10)+[(4.5−0.8)×2+(4.5−1.5)]

=36.40m

② $\phi325\times7$ 管的长度：

$L$ =水平长度+竖直长度

=(4.5+6+0.8+1.2×2)+[0.6−(−1.0)]×2=16.90m

消耗10号钢板工程量：

$G$=(16.9÷10)×9.88×62.54/1000×1.05=1.100t

③ 无缝钢管 $\phi108\times6$ 工程量：

$L$=5.0−4.5=0.50m

2）管件工程量

管件安装 $DN$300：弯头2个，三通2个；

管件安装 $DN$250：弯头4个，三通2个；

电动阀 $DN$300：1个；

法兰阀门 $DN$250：蝶阀2个，止回阀1个；

安全阀 $DN$100：1个；

法兰 $DN$250：3副；

法兰 $DN$300：2副。

3）防水套管工程量

① 防水套管制作 $DN$300：1个；

② 防水套管安装 $DN$300：1个。

4）管道系统水压试验工程量

① $\phi273\times5$ 无缝钢管工程量：$L$=36.40m；

② $\phi$325×7 钢板卷管工程量：$L=16.90\text{m}$；

③ $\phi$108×6 无缝钢管工程量：$L=0.50\text{m}$。

5）X 光射线无损伤拍片工程量

① 每个焊口拍张数：$273\times\pi/(300-2\times25)=3.43$，取 4 张；

② 16 个焊口共拍数：$4\times16=64$ 张；

③ 要求 50%进行 X 光无损伤探伤工程量：$64\times50\%=32$ 张。

6）管道除锈工程量

① $\phi$273×5 管道表面积：$S_1=\pi DL=3.14\times0.273\times36.4=31.20\text{m}^2$；

② $\phi$325×7 管道表面积：$S_2=\pi DL=3.14\times0.325\times16.9=17.25\text{m}^2$；

③ $\phi$108×6 管道表面积：$S_3=\pi DL=3.14\times0.108\times0.5=0.17\text{m}^2$；

故，$S=S_1+S_2+S_3=31.20+17.25+0.17=48.62\text{m}^2$。

7）管道刷防锈漆两遍工程量

具体计算同（6）：$S=48.62\text{m}^2$。

8）管道绝热工程量

$$V=\pi\times(D+\delta+\delta\times3.3\%)\times(\delta+\delta\times3.3\%)\times L$$
$$=3.14\times(0.325+0.05+0.05\times0.033)\times(0.05+0.05\times0.033)\times16.9$$
$$=1.03\text{m}^3$$

**贴心助手**

0.325 为管道外径，0.05 为保温层厚度，3.3%为保温层厚度允许超厚系数，16.9 为 $\phi$325×7 管的长度。

9）管道保护层工程量

$$S=\pi\times(D+2.1\delta+0.0082)\times L$$
$$=3.14\times(0.325+2.1\times0.05+0.0082)\times16.9$$
$$=23.25\text{m}^2$$

**贴心助手**

0.325 为管道外径，2.1 为调整系数，0.05 为保温层厚度，0.0082 为捆扎线直径，16.9 为 $\phi$325×7 管的长度。

（3）清单工程量计算表（表 7-20）

**清单工程量计算表**　　　　**表 7-20**

| 序号 | 项目编码 | 项目名称 | 项目特征描述 | 计量单位 | 工程量 |
|---|---|---|---|---|---|
| 1 | 030816003001 | 焊缝 X 光射线探伤 | X 光射线无损伤拍片 16 个焊口 | 张 | 64 |
| 2 | 030816003002 | 焊缝 X 光射线探伤 | 50%进行 X 光无损伤探伤 | 张 | 32 |
| 3 | 030902001001 | 无缝钢管 | $\phi$273×5 | m | 36.40 |
| 4 | 030902001002 | 无缝钢管 | $\phi$108×6 | m | 0.50 |

【例 11】 如图 7-12 所示某供气管网管道采用螺纹连接，接头为活接头，管道全长 120m，设计采用对 15%的管道进行管材选择时表面超声波探伤，试求其清单工程量。

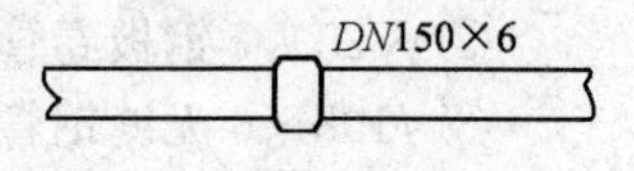

图 7-12 某供气管网管道

【解】 (1) 2013 清单与 2008 清单对照（表 7-21）

**2013 清单与 2008 清单对照表** **表 7-21**

| 清单 | 项目编码 | 项目名称 | 项目特征 | 计算单位 | 工程量计算规则 | 工作内容 |
|---|---|---|---|---|---|---|
| 2013 清单 | 030816001 | 管材表面超声波探伤 | 1. 名称<br>2. 规格 | 1. m<br>2. $m^2$ | 1. 以米计量，按管材无损探伤长度计算<br>2. 以平方米计量，按管材表面探伤检测面积计算 | 探伤 |
| 2008 清单 | 030616001 | 管材表面超声波探伤 | 规格 | m | 按规范或设计技术要求计算 | 超声波探伤 |

**✲解题思路及技巧**

可以结合计算规则和以往经验快速计算。

(2) 清单工程量

《通用安装工程工程量计算规范》中对管材表面超声波探伤工程量按设计技术要求以“m”为计量单位进行计算，可知工程量计算如下：

清单项目：管材表面超声波探伤，碳钢管 $\phi$150×6，项目编码：030816001。

工程量：钢管长度 120×15%＝18m。

(3) 清单工程量计算表（表 7-22）

**清单工程量计算表** **表 7-22**

| 项目编码 | 项目名称 | 项目特征描述 | 计量单位 | 工程量 |
|---|---|---|---|---|
| 030816001001 | 管材表面超声波探伤 | 碳钢管 $\phi$150×6 | m | 18.00 |

# 第8章 消防工程

## 8.1 水灭火系统

**【例 1】** 如图 8-1 所示为四层办公楼消防供水系统图，消火栓的栓口直径采用 65mm，配备的水带长度为 20m，水枪喷嘴口径为 16mm，试求消火栓的分项工程量。

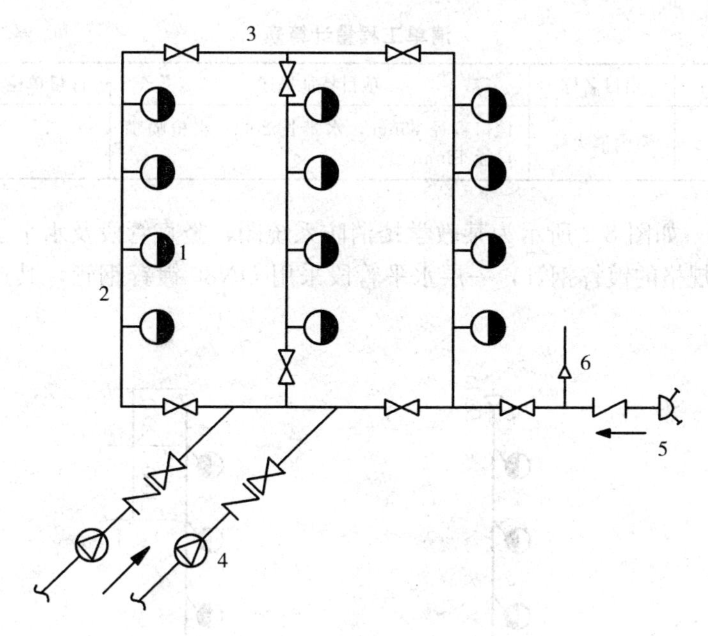


图 8-1 消防供水系统示意图

1—室内消火栓；2—消防立管；3—干管；4—消防水泵；5—水泵接合器；6—安全阀

**【解】** (1) 2013 清单与 2008 清单对照（表 8-1）

**2013 清单与 2008 清单对照表** 表 8-1

| 清单 | 项目编码 | 项目名称 | 项目特征 | 计算单位 | 工程量计算规则 | 工作内容 |
|---|---|---|---|---|---|---|
| 2013 清单 | 030901010 | 室内消火栓 | 1. 安装方式<br>2. 型号、规格<br>3. 附件材质、规格 | 套 | 按设计图示数量计算 | 1. 箱体及消火栓安装<br>2. 配件安装 |

续表

| 清单 | 项目编码 | 项目名称 | 项目特征 | 计算单位 | 工程量计算规则 | 工作内容 |
|---|---|---|---|---|---|---|
| 2008<br>清单 | 030701018 | 消火栓 | 1. 安装部位（室内、外）<br>2. 型号、规格<br>3. 单栓、双栓 | 套 | 按设计图示数量计算（安装包括：室内消火栓、室外地上式消火栓、室外地下式消火栓） | 安装 |

**✲解题思路及技巧**

此题比较简单，主要考察该项目的清单工程量表的填写。

(2) 清单工程量

消火栓数量：12，计量单位：套。

(3) 清单工程量计算表（表 8-2）

**清单工程量计算表** **表 8-2**

| 项目编码 | 项目名称 | 项目特征描述 | 计量单位 | 工程量 |
|---|---|---|---|---|
| 030901010001 | 室内消火栓 | 栓口直径 65mm，水带长 20m，水枪喷嘴口径 16mm | 套 | 12 |

**【例 2】** 如图 8-2 所示为某教学楼消防系统图，竖直管段及水平引入管均采用 $DN100$ 规格的镀锌钢管，一层水平管段采用 $DN80$ 镀锌钢管，其连接采用螺纹连接。

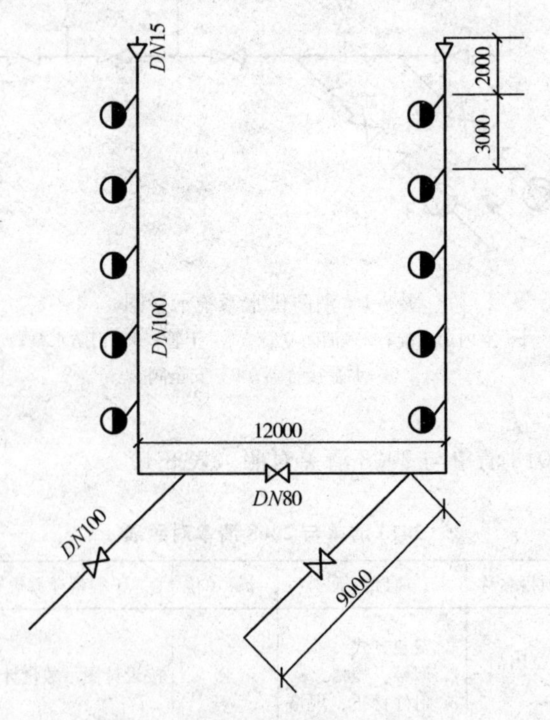


图 8-2 某教学楼消防系统示意图

【解】(1) 2013清单与2008清单对照(表8-3)

**2013清单与2008清单对照表** **表8-3**

| 清单 | 项目编码 | 项目名称 | 项目特征 | 计算单位 | 工程量计算规则 | 工作内容 |
| --- | --- | --- | --- | --- | --- | --- |
| 2013清单 | 030901001 | 水喷淋钢管 | 1. 安装部位<br>2. 材质、规格<br>3. 连接形式<br>4. 钢管镀锌设计要求<br>5. 压力试验及冲洗设计要求<br>6. 管道标识设计要 | m | 按设计图示管道中心线以长度计算 | 1. 管道及管件安装<br>2. 钢管镀锌<br>3. 压力试验<br>4. 冲洗<br>5. 管道标识 |
| 2008清单 | 030701001 | 水喷淋镀锌钢管 | 1. 安装部位(室内、外)<br>2. 材质<br>3. 型号、规格<br>4. 连接方式<br>5. 除锈标准、刷油、防腐设计要求<br>6. 水冲洗、水压试验设计要求 | m | 按设计图示管道中心线长度以延长米计算,不扣除阀门、管件及各种组件所占长度;方形补偿器以其所占长度按管道安装工程量计算 | 1. 管道及管件安装<br>2. 套管(包括防水套管)制作、安装<br>3. 管道除锈、刷油、防腐<br>4. 管网水冲洗<br>5. 无缝钢管镀锌<br>6. 水压试验 |

**※解题思路及技巧**

先要看图纸外形构造,以便结合图形采用数学原理进行快捷计算。另外,也可以结合计算规则和以往经验快速计算。

(2) 清单工程量

1) $DN100$ 水喷淋镀锌钢管

室内部分:3×5×2=30m(3为层高,5为楼层数,2为两个竖管系统);

室外部分:9×2=18m(水平引入管的长度)。

2) $DN80$ 水喷淋镀锌钢管:12m。

(3) 清单工程量计算表(表8-4)

**清单工程量计算表** **表8-4**

| 序号 | 项目编码 | 项目名称 | 项目特征描述 | 计量单位 | 工程量 |
| --- | --- | --- | --- | --- | --- |
| 1 | 030901001001 | 水喷淋钢管 | 室内安装,*DN*100,螺纹连接,镀锌钢管 | m | 30.00 |
| 2 | 030901001002 | 水喷淋钢管 | 室外安装,*DN*100,螺纹连接,镀锌钢管 | m | 18.00 |
| 3 | 030901001003 | 水喷淋钢管 | 室内安装,*DN*80,螺纹连接,镀锌钢管 | m | 12.00 |

**【例3】** 图8-3所示为某建筑物室内消防系统安装工程的底层消防平面图,消防给水由室外消防水池及消防水泵供水,消防管道布置成环状。建筑物每层设有3套消火栓装置,试计算其工程量。

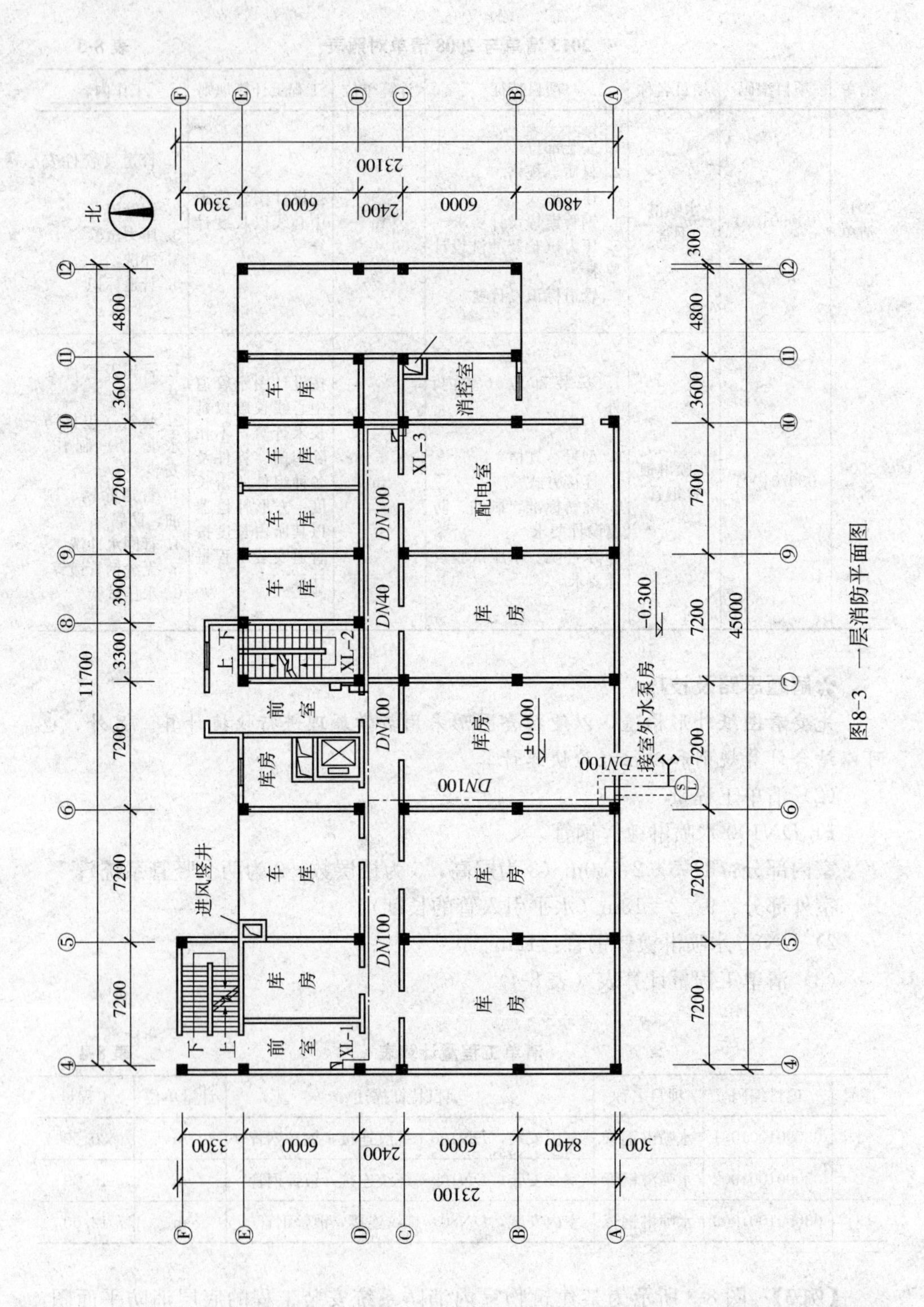
北
车库
库房
消控室
配电室
前室
进风竖井
接室外水泵房
XL-1
XL-2
XL-3
DN100
DN40
±0.000
-0.300
上
下
23100
3300
6000
2400
6000
4800
8400
300
11700
7200
3900
3600
45000

图8-3　一层消防平面图

【解】（1）2013清单与2008清单对照（表8-5）

**2013清单与2008清单对照表** 表8-5

| 序号 | 清单 | 项目编码 | 项目名称 | 项目特征 | 计算单位 | 工程量计算规则 | 工作内容 |
|---|---|---|---|---|---|---|---|
| 1 | 2013清单 | 030901002 | 消火栓钢管 | 1. 安装部位<br>2. 材质、规格<br>3. 连接形式<br>4. 钢管镀锌设计要求<br>5. 压力试验及冲洗设计要求<br>6. 管道标识设计要求 | m | 按设计图示管道中心线以长度计算 | 1. 管道及管件安装<br>2. 钢管镀锌<br>3. 压力试验<br>4. 冲洗<br>5. 管道标识 |
| | 2008清单 | 030701004 | 消火栓钢管 | 1. 安装部位（室内、外）<br>2. 材质<br>3. 型号、规格<br>4. 连接方式<br>5. 除锈标准、刷油、防腐设计要求<br>6. 水冲洗、水压试验设计要求 | m | 按设计图示管道中心线长度以延长米计算，不扣除阀门、管件及各种组件所占长度；方形补偿器以其所占长度按管道安装工程量计算 | 1. 管道及管件安装<br>2. 套管（包括防水套管）制作、安装<br>3. 管道除锈、刷油、防腐<br>4. 管网水冲洗<br>5. 无缝钢管镀锌<br>6. 水压试验 |
| 2 | 2013清单 | 030901010 | 室内消火栓 | 1. 安装方式<br>2. 型号、规格<br>3. 附件材质、规格 | 套 | 按设计图示数量计算 | 1. 箱体及消火栓安装<br>2. 配件安装 |
| | 2008清单 | 030701018 | 消火栓 | 1. 安装部位（室内、外）<br>2. 型号、规格<br>3. 单栓、双栓 | 套 | 按设计图示数量计算（安装包括：室内消火栓、室外地上式消火栓、室外地下式消火栓） | 安装 |
| 3 | 2013清单 | 030901012 | 消防水泵接合器 | 1. 安装部位<br>2. 型号、规格<br>3. 附件材质、规格 | 套 | 按设计图示数量计算 | 1. 安装<br>2. 附件安装 |
| | 2008清单 | 030701019 | 消防水泵接合器 | 1. 安装部位<br>2. 型号、规格 | 套 | 按设计图示数量计算（包括消防接口本体、止回阀、安全阀、闸阀、弯管底座、放水阀、标牌） | 安装 |

**✲解题思路及技巧**

先要看图纸外形构造，以便结合图形采用数学原理进行快捷计算。另外，也可以结合计算规则和以往经验快速计算。

（2）清单工程量

1）管道铺设

① 消防管：DN100，36.0+16.2+3.4+1.5=57.1m。

**贴心助手**

如图 8-3 所示管道的长度。

② 消防管：DN80，3×3=9m。

2）消防器具

① 消火栓：DN65，3 套。

② 消火栓箱：3 套。

**贴心助手**

消防栓、消防栓箱按设计图示，以“套”为计量单位。

试验消火栓：1 个。

$15m^3$ 组合水箱：1 套。

水泵结合器 DN100：1 套。

（3）清单工程量计算表（表 8-6）

**清单工程量计算表** **表 8-6**

| 序号 | 项目编码 | 项目名称 | 项目特征描述 | 计量单位 | 工程量 |
|---|---|---|---|---|---|
| 1 | 030901002001 | 消火栓钢管 | DN100 | m | 57.10 |
| 2 | 030901002002 | 消火栓钢管 | DN80 | m | 9.00 |
| 3 | 030901010001 | 消火栓 | DN65 | 套 | 3 |
| 4 | 030901012001 | 消火水泵接合器 | DN100 | 套 | 1 |

**【例 4】** 某工程部分消防工程，采用水喷淋管道安装，采用镀锌焊接管道 DN100 螺纹连接 300m，消防栓管适宜安装一般无缝钢管 DN100 镀锌螺纹连接 400m，试列出其工程量。

**【解】**（1）2013 清单与 2008 清单对照（表 8-7）

**2013 清单与 2008 清单对照表** **表 8-7**

| 序号 | 清单 | 项目编码 | 项目名称 | 项目特征 | 计算单位 | 工程量计算规则 | 工作内容 |
|---|---|---|---|---|---|---|---|
| 1 | 2013 清单 | 030901001 | 水喷淋钢管 | 1. 安装部位<br>2. 材质、规格<br>3. 连接形式<br>4. 钢管镀锌设计要求<br>5. 压力试验及冲洗设计要求<br>6. 管道标识设计要求 | m | 按设计图示管道中心线以长度计算 | 1. 管道及管件安装<br>2. 钢管镀锌<br>3. 压力试验<br>4. 冲洗<br>5. 管道标识 |

续表

| 序号 | 清单 | 项目编码 | 项目名称 | 项目特征 | 计算单位 | 工程量计算规则 | 工作内容 |
|---|---|---|---|---|---|---|---|
| 1 | 2008清单 | 030701001 | 水喷淋镀锌钢管 | 1. 安装部位（室内、外）<br>2. 材质<br>3. 型号、规格<br>4. 连接方式<br>5. 除锈标准、刷油、防腐设计要求<br>6. 水冲洗、水压试验设计要求 | m | 按设计图示管道中心线长度以延长米计算，不扣除阀门、管件及各种组件所占长度；方形补偿器以其所占长度按管道安装工程量计算 | 1. 管道及管件安装<br>2. 套管（包括防水套管）制作、安装<br>3. 管道除锈、刷油、防腐<br>4. 管网水冲洗<br>5. 无缝钢管镀锌<br>6. 水压试验 |
| 2 | 2013清单 | 030901002 | 消火栓钢管 | 1. 安装部位<br>2. 材质、规格<br>3. 连接形式<br>4. 钢管镀锌设计要求<br>5. 压力试验及冲洗设计要求<br>6. 管道标识设计要求 | m | 按设计图示管道中心线以长度计算 | 1. 管道及管件安装<br>2. 钢管镀锌及二次安装<br>3. 压力试验<br>4. 冲洗<br>5. 管道标识 |
|  | 2008清单 | 030701004 | 消火栓钢管 | 1. 安装部位（室内、外）<br>2. 材质<br>3. 型号、规格<br>4. 连接方式<br>5. 除锈标准、刷油、防腐设计要求<br>6. 水冲洗、水压试验设计要求 | m | 按设计图示管道中心线长度以延长米计算，不扣除阀门、管件及各种组件所占长度；方形补偿器以其所占长度按管道安装工程量计算 | 1. 管道及管件安装<br>2. 套管（包括防水套管）制作、安装<br>3. 管道除锈、刷油、防腐<br>4. 管网水冲洗<br>5. 无缝钢管镀锌<br>6. 水压试验 |

（2）清单工程量

1）水喷淋管道安装

镀锌钢管 $DN100$：300m；

镀锌钢管接头：0.519×300＝156个。

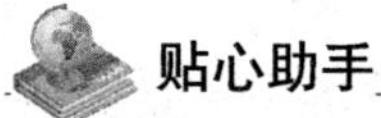

**贴心助手**

300m表示镀锌焊接管道$DN100$螺纹连接的管道长度，0.519表示每米镀锌钢管接头的个数，156表示镀锌钢管接头的个数。

2）消防栓管道安装

无缝钢管400m；

镀锌工程量＝$\pi DL$＝3.14×0.114×400＝143.2$m^2$。

**贴心助手**

400m表示安装无缝钢管的长度，0.114表示无缝钢管的管径。

（3）清单工程量计算表（表 8-8）

**清单工程量计算表** **表 8-8**

| 序号 | 项目编码 | 项目名称 | 项目特征描述 | 计量单位 | 工程量 |
|---|---|---|---|---|---|
| 1 | 030901001001 | 水喷淋镀锌钢管 | *DN*100，螺纹连接 | m | 300.00 |
| 2 | 030901002001 | 消火栓钢管 | 无缝钢管，螺纹连接 | m | 400.00 |

**【例 5】** 某建筑物消防栓灭火系统，安装 *DN*150 火镀管 200m，*DN*100 火镀管 30m，*DN*150 穿墙套管 15 个，管道刷银粉漆两遍，试求其工程量。

**【解】** （1）2013 清单与 2008 清单对照（表 8-9）

**2013 清单与 2008 清单对照表** **表 8-9**

| 清单 | 项目编码 | 项目名称 | 项目特征 | 计算单位 | 工程量计算规则 | 工作内容 |
|---|---|---|---|---|---|---|
| 2013 清单 | 030901002 | 消火栓钢管 | 1. 安装部位<br>2. 材质、规格<br>3. 连接形式<br>4. 钢管镀锌设计要求<br>5. 压力试验及冲洗设计要求<br>6. 管道标识设计要求 | m | 按设计图示管道中心线以长度计算 | 1. 管道及管件安装<br>2. 钢管镀锌及二次安装<br>3. 压力试验<br>4. 冲洗<br>5. 管道标识 |
| 2008 清单 | 030701003 | 消火栓镀锌钢管 | 1. 安装部位（室内、外）<br>2. 材质<br>3. 型号、规格<br>4. 连接方式<br>5. 除锈标准、刷油、防腐设计要求<br>6. 水冲洗、水压试验设计要求 | m | 按设计图示管道中心线长度以延长米计算，不扣除阀门、管件及各种组件所占长度；方形补偿器以其所占长度按管道安装工程量计算 | 1. 管道及管件安装<br>2. 套管（包括防水套管）制作、安装<br>3. 管道除锈、刷油、防腐<br>4. 管网水冲洗<br>5. 无缝钢管镀锌<br>6. 水压试验 |

**✲解题思路及技巧**

可以结合计算规则和以往经验快速计算。

（2）清单工程量

1）*DN*150

管道安装 200m；

一般穿墙制作，安装 15 个；

刷银粉漆：$\pi DL=3.14\times0.168\times200=105.5\text{m}^2$。

**贴心助手**

200m 表示安装 *DN*150 火镀管的长度，0.168 表示管道的直径。

2）*DN*100

管道安装 30m；

刷银粉漆：$\pi DL=3.14\times0.114\times30=10.74\text{m}^2$。

**贴心助手**

30m 表示 *DN*100 火镀管的安装长度，0.114 表示其直径。

（3）清单工程量计算表（表8-10）

清单工程量计算表 表8-10

| 序号 | 项目编码 | 项目名称 | 项目特征描述 | 计量单位 | 工程量 |
|---|---|---|---|---|---|
| 1 | 030901002001 | 消火栓钢管 | *DN*150 | m | 200.00 |
| 2 | 030901002002 | 消火栓钢管 | *DN*100 | m | 30.00 |

**【例6】** 某写字楼部分房间自动喷水系统的一部分，如图8-4、图8-5所示，喷淋系统均采用热镀锌钢管，螺纹连接。消防水管穿基础侧墙设柔性防水套管，穿楼板时设一般钢套管，水平干管在吊顶内敷设。计算其工程量。

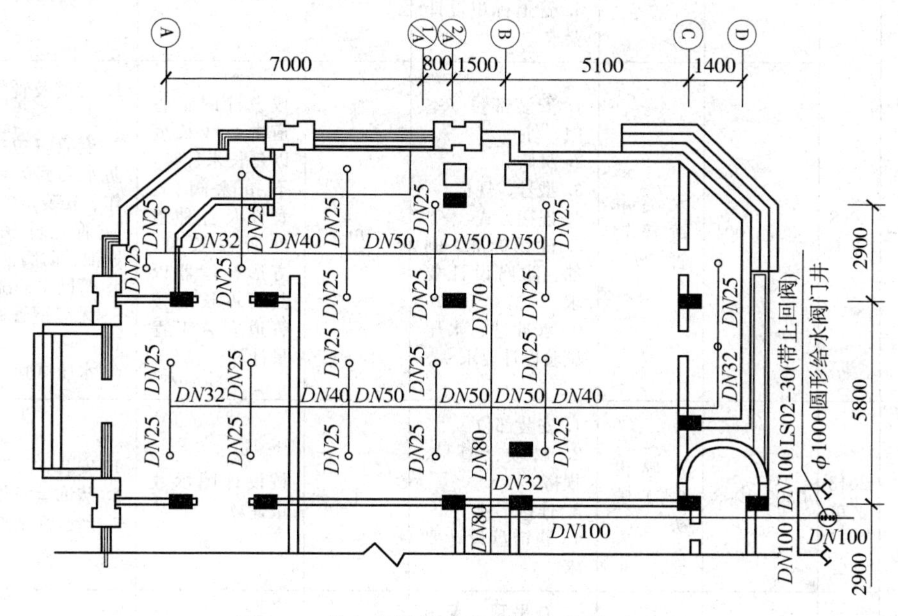


图8-4 某办公楼部分房间消防喷淋平面图

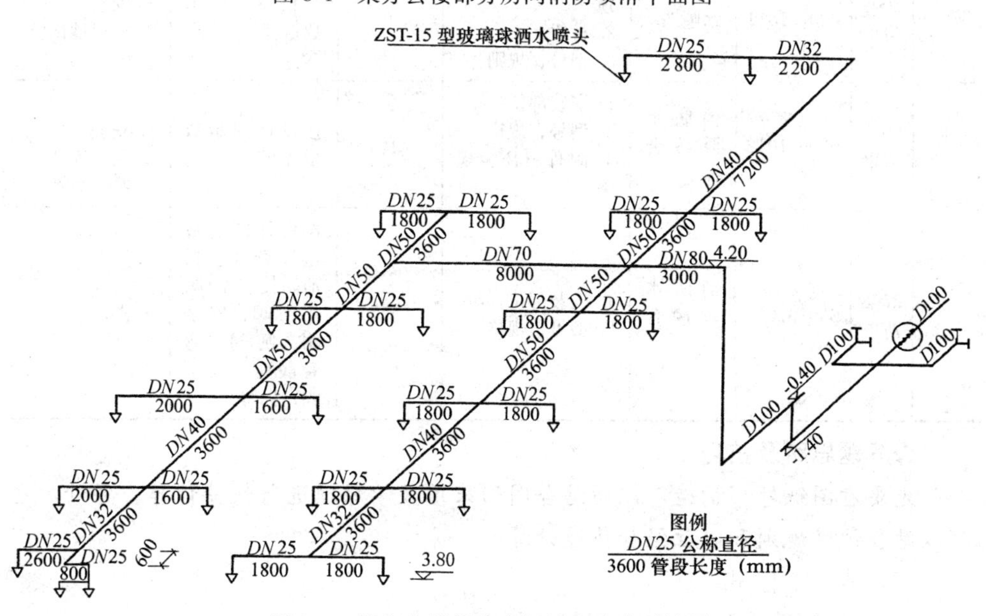


图8-5 某办公楼部分房间消防喷淋系统图

【解】 (1) 2013 清单与 2008 清单对照(表 8-11)

**2013 清单与 2008 清单对照表** **表 8-11**

| 序号 | 清单 | 项目编码 | 项目名称 | 项目特征 | 计算单位 | 工程量计算规则 | 工作内容 |
|---|---|---|---|---|---|---|---|
| 1 | 2013 清单 | 030901001 | 水喷淋钢管 | 1. 安装部位<br>2. 材质、规格<br>3. 连接形式<br>4. 钢管镀锌设计要求<br>5. 压力试验及冲洗设计要求<br>6. 管道标识设计要求 | m | 按设计图示管道中心线以长度计算 | 1. 管道及管件安装<br>2. 钢管镀锌<br>3. 压力试验<br>4. 冲洗<br>5. 管道标识 |
| | 2008 清单 | 030701001 | 水喷淋镀锌钢管 | 1. 安装部位(室内、外)<br>2. 材质<br>3. 型号、规格<br>4. 连接方式<br>5. 除锈标准、刷油、防腐设计要求<br>6. 水冲洗、水压试验设计要求 | m | 按设计图示管道中心线长度以延长米计算,不扣除阀门、管件及各种组件所占长度;方形补偿器以其所占长度按管道安装工程量计算 | 1. 管道及管件安装<br>2. 套管(包括防水套管)制作、安装<br>3. 管道除锈、刷油、防腐<br>4. 管网水冲洗<br>5. 无缝钢管镀锌<br>6. 水压试验 |
| 2 | 2013 清单 | 030901003 | 水喷淋(雾)喷头 | 1. 安装部位<br>2. 材质、型号、规格<br>3. 连接形式<br>4. 装饰盘设计要求 | 个 | 按设计图示数量计算 | 1. 安装<br>2. 装饰盘安装<br>3. 严密性试验 |
| | 2008 清单 | 030701011 | 水喷头 | 1. 有吊顶、无吊顶<br>2. 材质<br>3. 型号、规则 | 个 | 按设计图示数量计算 | 1. 安装<br>2. 密封性试验 |
| 3 | 2013 清单 | 030901012 | 消防水泵接合器 | 1. 安装部位<br>2. 型号、规格<br>3. 附件材质、规格 | 套 | 按设计图示数量计算 | 1. 安装<br>2. 附件安装 |
| | 2008 清单 | 030701019 | 消防水泵接合器 | 1. 安装部位<br>2. 型号、规格 | 套 | 按设计图示数量计算(包括消防接口本体、止回阀、安全阀、闸阀、弯管底座、放水阀、标牌) | 安装 |

**✻解题思路及技巧**

先要看图纸外形构造,以便结合图形采用数学原理进行快捷计算。另外,也可以结合计算规则和以往经验快速计算。

(2) 清单工程量

1) 镀锌钢管 $DN100$ 的工程量:

4+[-0.4-(1-1.40)]+5.6+[4.2-(-0.4)]=14.2m

**贴心助手**

管道安装按设计管道中心长度，以“m”为计量单位，如图8-4、图8-5所示，-0.4-(1-1.40)表示基础以下钢管埋设的长度，4.2-(-0.4)表示钢管的垂直立管的长度，4表示钢管两分支的长度，5.6表示如图8-4所示的水平长度。

2）镀锌钢管 *DN*80 的工程量=3m。

**贴心助手**

如图8-4所示，*DN*80钢管的长度用比例尺量得。

3）镀锌钢管 *DN*70 的工程量=8m。

4）镀锌钢管 *DN*50 的工程量=3.6+3.6+3.6+3.6=14.4m。

**贴心助手**

管道安装按设计管道中心长度，以“m”为计量单位，如图8-5所示 *DN*50管共有四段，每段的长度为3.6m。

5）镀锌钢管 *DN*40 的工程量=3.6+3.6+7.2=14.4m。

**贴心助手**

镀锌钢管 *DN*40 如图8-5所示，有两段3.6m长的，有一段7.2m长的钢管。

6）镀锌钢管 *DN*32 的工程量=3.6+3.6+2.2=9.4m。

**贴心助手**

如图8-5所示，钢管 *DN*32 钢管有两段3.6m长度，有一段2.2m长的钢管。

7）镀锌钢管 *DN*25 的工程量：

2.6+0.8+0.6+(2.0+1.6)×2+(1.8+1.8)×7+2.8+(4.2-3.8)×36=53.6m

**贴心助手**

如图8-5所示，有14段为1.8m长的 *DN*25，(4.2-3.8)×36表示DN25公称直径垂直管段长度，2.6+0.8+0.6为图8-5左下角 *DN*25 管段的长度。

8）ZXT-15型洒水喷头的工程量=22个。

**贴心助手**

洒水喷头的工程量以“个”为计算单位，如图8-5所示喷头的个数为22个。

9）柔性防水套管制作安装 *DN*100 的工程量=1个。

**贴心助手**

因为消防水管穿基础侧墙是设柔性防水套管，所以为1个。

10）一般钢套管制作安装 *DN*100 的工程量=1个。

**贴心助手**

题中说明，穿楼板时设一般钢套管，以“个”为计量单位，穿楼板一次，为1个。

11）消防水泵接合器 *DN*100 的工程量=2套。

**贴心助手**

消防水泵接合器安装，区分不同安装方式和规格以“套”为计量单位，例题中共两套。

（3）清单工程量计算表（表8-12）

**清单工程量计算表　　表8-12**

| 序号 | 项目编码 | 项目名称 | 项目特征描述 | 计量单位 | 工程量 |
|---|---|---|---|---|---|
| 1 | 030901001001 | 水喷淋钢管 | 螺纹连接　*DN*100 | m | 14.20 |
| 2 | 030901001002 | 水喷淋钢管 | 螺纹连接　*DN*80 | m | 3.00 |
| 3 | 030901001003 | 水喷淋钢管 | 螺纹连接　*DN*70 | m | 8.00 |
| 4 | 030901001004 | 水喷淋钢管 | 螺纹连接　*DN*50 | m | 14.40 |
| 5 | 030901001005 | 水喷淋钢管 | 螺纹连接　*DN*40 | m | 14.40 |
| 6 | 030901001006 | 水喷淋钢管 | 螺纹连接　*DN*32 | m | 9.40 |
| 7 | 030901001007 | 水喷淋钢管 | 螺纹连接　*DN*25 | m | 53.60 |
| 8 | 030901003001 | 水喷淋（雾）喷头 | ZXT-15型洒水喷头 | 个 | 22 |
| 9 | 030901012001 | 消防水泵接合器 | *DN*100 | 套 | 2 |

## 8.2　气体灭火系统

**【例7】** 某二氧化碳气体灭火系统设螺纹连接不锈钢管 *DN*25、*DN*32 的选择阀一个，对其进行水压强度及气压严密性试验，试编制其清单工程量。

**【解】** （1）2013清单与2008清单对照（表8-13）

**2013清单与2008清单对照表　　表8-13**

| 清单 | 项目编码 | 项目名称 | 项目特征 | 计算单位 | 工程量计算规则 | 工作内容 |
|---|---|---|---|---|---|---|
| 2013清单 | 030902005 | 选择阀 | 1. 材质<br>2. 型号、规格<br>3. 连接形式 | 个 | 按设计图示数量计算 | 1. 安装<br>2. 压力试验 |
| 2008清单 | 030702005 | 选择阀 | 1. 材质<br>2. 规格<br>3. 连接方式 | 个 | 按设计图示数量计算 | 1. 安装<br>2. 压力试验 |

**✲解题思路及技巧**

此题比较简单，主要考察该项目的清单工程量表的填写。

（2）清单工程量

1）$DN25$ 选择阀，不锈钢管螺纹连接共 1 个。

2）$DN32$ 选择阀，不锈钢管螺纹连接共 1 个。

（3）清单工程量计算表（表 8-14）

**清单工程量计算表** **表 8-14**

| 序号 | 项目编码 | 项目名称 | 项目特征描述 | 计量单位 | 工程量 |
| --- | --- | --- | --- | --- | --- |
| 1 | 030902005001 | 选择阀 | 不锈钢管螺纹连接，$DN25$ | 个 | 1 |
| 2 | 030902005002 | 选择阀 | 不锈钢管螺纹连接，$DN32$ | 个 | 1 |

**【例 8】** 图 8-6 所示为某综合大楼地下室配电房 $CO_2$ 灭火平面图，图中给出了建筑尺寸及喷头的相对位置，试求消防安装工程工程量。

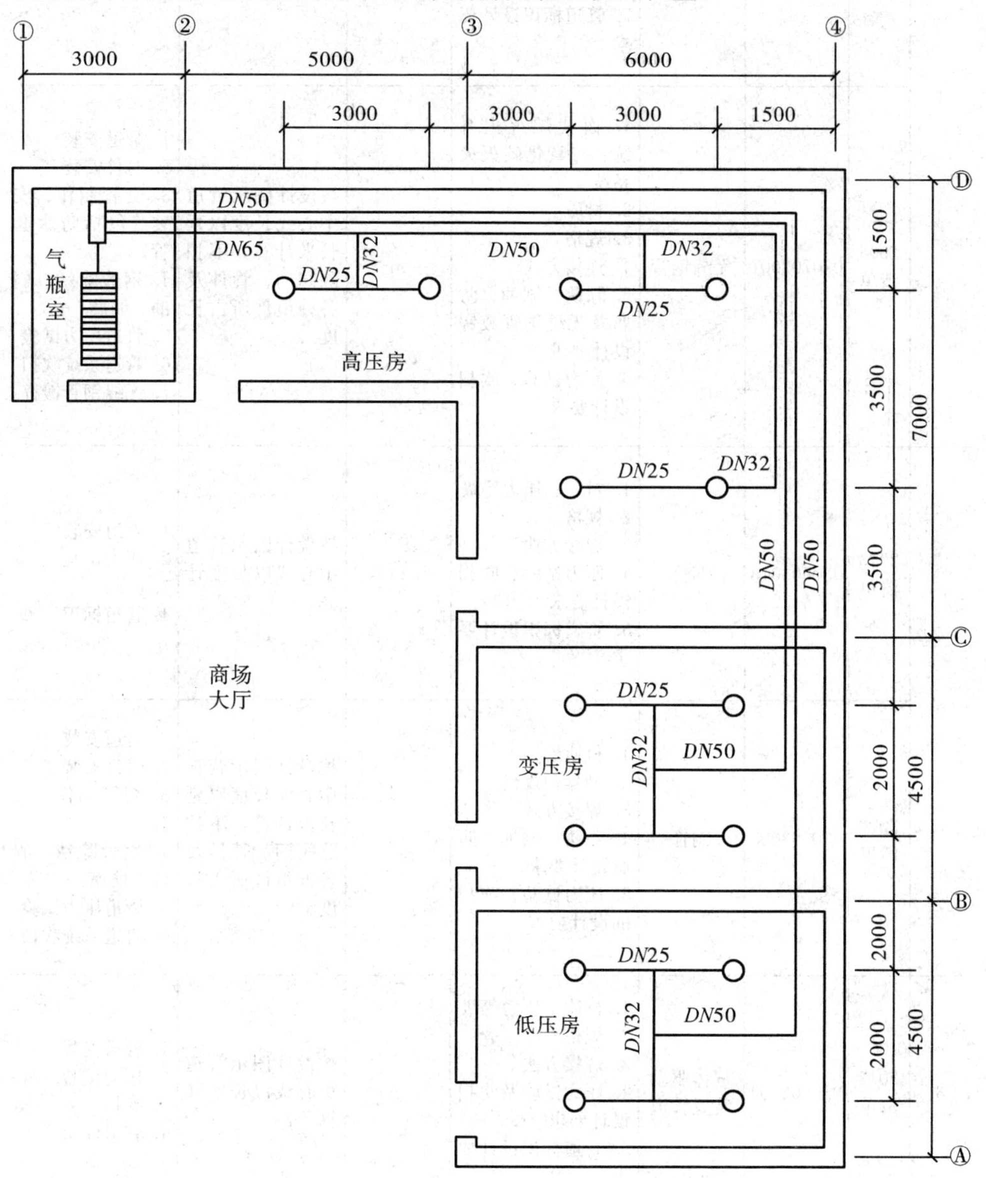


图 8-6　某综合大楼地下室配电房 $CO_2$ 灭火平面图

**【解】**（1）2013清单与2008清单对照（表8-15）

**2013清单与2008清单对照表** 表8-15

| 序号 | 清单 | 项目编码 | 项目名称 | 项目特征 | 计算单位 | 工程量计算规则 | 工作内容 |
|---|---|---|---|---|---|---|---|
| 1 | 2013清单 | 030902001 | 无缝钢管 | 1. 介质<br>2. 材质、压力等级<br>3. 规格<br>4. 焊接方法<br>5. 钢管镀锌设计要求<br>6. 压力试验及吹扫设计要求<br>7. 管道标识设计要求 | m | 按设计图示管道中心线以长度计算 | 1. 管道安装<br>2. 管件安装<br>3. 钢管镀锌<br>4. 压力试验<br>5. 吹扫<br>6. 管道标识 |
| | 2008清单 | 030702001 | 无缝钢管 | 1. 卤代烷灭火系统、二氧化碳灭火系统<br>2. 材质<br>3. 规格<br>4. 连接方式<br>5. 除锈、刷油、防腐及无缝钢管镀锌设计要求<br>6. 压力试验、吹扫设计要求 | m | 按设计图示管道中心线长度以延长米计算，不扣除阀门、管件及各种组件所占长度 | 1. 管道安装<br>2. 管件安装<br>3. 套管制作、安装（包括防水套管）<br>4. 钢管除锈、刷油、防腐<br>5. 管道压力试验<br>6. 管道系统吹扫<br>7. 无缝钢管镀锌 |
| 2 | 2013清单 | 030903003 | 铜管 | 1. 材质、压力等级<br>2. 规格<br>3. 焊接方法<br>4. 压力试验、吹扫设计要求<br>5. 管道标识设计要求 | m | 按设计图示管道中心线以长度计算 | 1. 管道安装<br>2. 压力试验<br>3. 吹扫<br>4. 管道标识 |
| | 2008清单 | 030703003 | 铜管 | 1. 材质<br>2. 型号、规格<br>3. 焊接方式<br>4. 除锈、刷油、防腐设计要求<br>5. 压力试验、吹扫的设计要求 | m | 按设计图示管道中心线长度以延长米计算，不扣除阀门、管件及各种组件所占长度 | 1. 管道安装<br>2. 管件安装<br>3. 套管制作、安装<br>4. 钢管除锈、刷油、防腐<br>5. 管道压力试验<br>6. 管道系统吹扫 |
| 3 | 2013清单 | 030902004 | 气体驱动装置管道 | 1. 材质、压力等级<br>2. 规格<br>3. 焊接方法<br>4. 压力试验及吹扫设计要求<br>5. 管道标识设计要求 | m | 按设计图示管道中心线以长度计算 | 1. 管道安装<br>2. 压力试验<br>3. 吹扫<br>4. 管道标识 |

续表

| 序号 | 清单 | 项目编码 | 项目名称 | 项目特征 | 计算单位 | 工程量计算规则 | 工作内容 |
|---|---|---|---|---|---|---|---|
| 3 | 2008清单 | 030702004 | 气体驱动装置管道 | 1. 卤代烷灭火系统、二氧化碳灭火系统<br>2. 材质<br>3. 规格<br>4. 连接方式<br>5. 除锈、刷油、防腐及无缝钢管镀锌设计要求<br>6. 压力试验、吹扫设计要求 | m | 按设计图示管道中心线长度以延长米计算，不扣除阀门、管件及各种组件所占长度 | 1. 管道安装<br>2. 管件安装<br>3. 套管制作、安装（包括防水套管）<br>4. 钢管除锈、刷油、防腐<br>5. 管道压力试验<br>6. 管道系统吹扫<br>7. 无缝钢管镀锌 |
| 4 | 2013清单 | 030902005 | 选择阀 | 1. 材质<br>2. 型号、规格<br>3. 连接形式 | 个 | 按设计图示数量计算 | 1. 安装<br>2. 压力试验 |
| | 2008清单 | 030702005 | 选择阀 | 1. 材质<br>2. 规格<br>3. 连接方式 | 个 | 按设计图示数量计算 | 1. 安装<br>2. 压力试验 |
| 5 | 2013清单 | 030902006 | 气体喷头 | 1. 材质<br>2. 型号、规格<br>3. 连接形式 | 个 | 按设计图示数量计算 | 喷头安装 |
| | 2008清单 | 030702006 | 气体喷头 | 型号、规格 | 个 | 按设计图示数量计算 | 1. 安装<br>2. 压力试验安装 |
| 6 | 2013清单 | 030902007 | 贮存装置 | 1. 介质、类型<br>2. 型号、规格<br>3. 气体增压设计要求 | 套 | 按设计图示数量计算 | 1. 贮存装置安装<br>2. 系统组件安装<br>3. 气体增压 |
| | 2008清单 | 030702007 | 贮存装置 | 规格 | 套 | 按设计图示数量计算（包括灭火剂存储器、驱动气瓶、支框架、集流阀、容器阀、单向阀、高压软管和安全阀等贮存装置和阀驱动装置） | 安装 |
| 7 | 2013清单 | 030808005 | 中压安全阀门 | 1. 名称<br>2. 材质<br>3. 型号、规格<br>4. 连接形式<br>5. 焊接方法 | 个 | 按设计图示数量计算 | 1. 安装<br>2. 壳体压力试验、解体检查及研磨<br>3. 调试 |

续表

| 序号 | 清单 | 项目编码 | 项目名称 | 项目特征 | 计算单位 | 工程量计算规则 | 工作内容 |
|---|---|---|---|---|---|---|---|
| 7 | 2008清单 | 030608004 | 中压安全阀门 | 1. 名称<br>2. 材质<br>3. 连接形式<br>4. 焊接方式<br>5. 型号、规格<br>6. 绝热及保护层设计要求 | 个 | 按设计图示数量计算<br>注：1. 各种形式补偿器（除方形补偿器外）、仪表流量计均按阀门安装<br>2. 减压阀直径按高压侧计算<br>3. 电动阀门包括电动机安装 | 1. 安装<br>2. 操纵装置安装<br>3. 绝热<br>4. 保温盒制作、安装、除锈、刷油<br>5. 压力试验<br>6. 调试 |
| 8 | 2013清单 | 030901004 | 报警装置 | 1. 名称<br>2. 型号、规格 | 组 | 按设计图示数量计算 | 1. 安装<br>2. 电气接线<br>3. 调试 |
|  | 2008清单 | 030701012 | 报警装置 | 1. 名称、型号<br>2. 规格 | 组 | 按设计图示数量计算（包括湿式报警装置、干湿两用报警装置、电动雨淋报警装置、预制作用报警装置） | 安装 |

### ✲解题思路及技巧

先要看图纸外形构造，以便结合图形采用数学原理进行快捷计算。另外，也可以结合计算规则和以往经验快速计算。

（2）清单工程量

1）*DN*25 无缝钢管

3×7＝21.00m

2）*DN*32 无缝钢管

0.8×3＋2.0×2＋4.3＝10.70m（4.30m 为高压房中末端干管长度）

**贴心助手**

0.8×3 为高压房中三段消防分支管 *DN*32 的长度；低压房和变压房中 *DN*32 无缝钢管的长度均为 2.0，所以为 2.0×2；高压房中末端干管长度 4.30＝3.50＋0.8。

3）*DN*50 无缝钢管

气瓶室外：2.3×2＋19.5＋23.7＋8＝55.80m；

**贴心助手**

低压房和变压房中东西走向 *DN*50 无缝钢管的长度均为 3.0/2+1.5/2，即 2.3，所以为 2.3×2；依次穿高压房、变压房、低压房的 *DN*50 无缝钢管长度为 23.7，从图中可以看出 23.7=5.0+6.0−1.5×1/3+7.0−1.5×1/3+4.5+4.5/2，其中 5.0+6.0−1.5×1/3 是高压房中东西方向的钢管长度，图示中，东端一段钢管的长度占 1.5 的 2/3，所以用 6.0 减去 1.5 的 1/3，7.0−1.5×1/3+4.5+4.5/2 是南北方向的长度，高压房北端一段钢管的长度占 1.5 的 2/3，所以用 7.0 减去 1.5 的 1/3，4.5 是变压房中钢管的长度，4.5/2 是低压房中钢管的长度；无缝钢管 *DN*50 依次穿高压房、变压房的钢管长度为 19.5，从图中可以看出 19.5=5.0+6.0−1.5×1/3+1.5×2/3+3.5+3.5+2.0×1/2，其中 5.0+6.0−1.5×1/3 是高压房中东西方向的长度，图示中，东端一段钢管的长度占 1.5 的 2/3，所以用 6.0 减去 1.5 的 1/3，1.5×2/3+3.5+3.5+2.0×1/2 是南北方向的长度，高压房北端一段钢管的长度占 1.5 的 2/3，3.5+3.5 是中间一部分的长度，最后一部分钢管的长度是 2.0 的一半长，所以用 2.0×1/2；高压房中连接在 *DN*65 后面的一段长度为 8，从图中可看出 8=3.0×1/2+3.0+3.0+1.5×1/3，与 *DN*65 连接的一段长度是 3.0×1/2，中间部分是 3.0+3.0，最后一段占 1.5 的 1/3 长，即 1.5×1/3。

气瓶室内：1.5×2=3.00m。

**贴心助手**

气瓶室内北面两段为 *DN*50 钢管，每根钢管的长度为室内宽度 3.0 的一半。

4）*DN*65 无缝钢管

气瓶室外 3.00m，气瓶室内 1.50m；

气体灭火系统汇集管之前的管道均采用氧乙炔焊铜管，长度为 3.70m，外径 40mm；

气体驱动装置管道，管外径 14mm，8.70m；

螺纹连接选择阀 *DN*32（EXF32）：1 个；

螺纹连接选择阀 *DN*50（EXF50）：1 个；

螺纹连接选择阀 *DN*65（EXF65）：1 个；

公称直径 *DN*25 全淹没性气体喷头 ZET12：14 个；

灭火剂存储器 ZE45：15 套，瓶组支架：15 位；

驱动气瓶及装置 EQF6：3 套，瓶组支架：3 位；

气体单向阀 BD5：5 个，液体单向阀：15 个，集流管：19 瓶组，高压软管：*DN*16 15 条；

采用 ZECZ45 型减重报警装置 19 组，压力讯号器 ZEJY12：3 个；

中压安全阀门 EAF65：3 个，压力讯号器 ZEJY12：3 个。

（3）清单工程量计算表（表 8-16）

清单工程量计算表 表 8-16

| 序号 | 项目编码 | 项目名称 | 项目特征描述 | 计量单位 | 工程量 |
|---|---|---|---|---|---|
| 1 | 030902001001 | 无缝钢管 | $CO_2$ 灭火系统，钢管，$DN$25，螺纹连接 | m | 21.00 |
| 2 | 030902001002 | 无缝钢管 | $CO_2$ 灭火系统，钢管，$DN$32，螺纹连接 | m | 10.70 |
| 3 | 030902001003 | 无缝钢管 | $CO_2$ 灭火系统，钢管，$DN$50，螺纹连接，气瓶室外 | m | 55.80 |
| 4 | 030902001004 | 无缝钢管 | $CO_2$ 灭火系统，钢管，$DN$50，螺纹连接，气瓶室内 | m | 3.00 |
| 5 | 030902001005 | 无缝钢管 | $CO_2$ 灭火系统，钢管，$DN$65，螺纹连接，气瓶室外 | m | 3.00 |
| 6 | 030902001006 | 无缝钢管 | $CO_2$ 灭火系统，钢管，$DN$65，螺纹连接，气瓶室内 | m | 1.50 |
| 7 | 030903003001 | 铜管 | $CO_2$ 灭火系统，氧乙炔焊铜管，管外径 40mm | m | 3.70 |
| 8 | 030902004001 | 气体驱动装置管道 | $CO_2$ 灭火系统，$\phi$10，管外径 14mm | m | 8.70 |
| 9 | 030902005001 | 选择阀 | EXF32，螺纹连接，$DN$32 | 个 | 1 |
| 10 | 030902005002 | 选择阀 | EXF50，螺纹连接，$DN$50 | 个 | 1 |
| 11 | 030902005003 | 选择阀 | EXF65，螺纹连接，$DN$65 | 个 | 1 |
| 12 | 030902006001 | 气体喷头 | 全淹没性气体喷头，公称直径 $DN$25 | 个 | 14 |
| 13 | 030902007001 | 贮存装置 | ZE45，15 位瓶组支架 | 套 | 15 |
| 14 | 030902007002 | 贮存装置 | EQF6，3 位瓶组支架 | 套 | 3 |
| 15 | 030808005001 | 中压调节阀门 | 气体单向安全阀，BD5 | 个 | 5 |
| 16 | 030808005002 | 中压调节阀门 | 液体单向安全阀 | 个 | 15 |
| 17 | 030808005003 | 中压调节阀门 | 安全阀 EAF65 | 个 | 3 |
| 18 | 030901004001 | 报警装置 | ZECZ45 型减重报警装置 | 组 | 19 |

**【例 9】** 如图 8-7 所示是某化工厂废气处理原理图，废气含氯化氢气体焚烧工艺流程，试求此工艺流程中管道系统工程量。

工程说明：焚烧处理废气法是利用燃料燃烧产生的热量把废气加热至 700℃左右，在充足的氧气存在下高温将废气中的污染物分解和氧化。氯化氢气体焚烧工艺流程图中管道包括燃料管道系统，废气管道系统，空气管道系统，蒸汽供、回水管道系统，工艺水管道系统，酸、碱溶液管道系统和冷却水管道系统。

（1）空气管道采用 20 号钢板卷制而成圆形风管，废气管道系统和酸、碱溶液管道采用低压铜管，其他管道系统均采用无缝碳钢管，风管采用电弧焊焊接。

（2）管道系统中的三通、弯头、法兰阀门、法兰直接购买相应成品件，与碳钢管道连接采用电弧焊，与铜管道连接采用氩电联焊。

（3）所用管道安装前要动力工具除锈，刷铁红防锈漆两遍，调和漆两遍。蒸汽供、回水管道系统要外包岩棉绝热层 $\delta_1=30$mm，$\delta_2=25$mm，外包保护层铝箔。

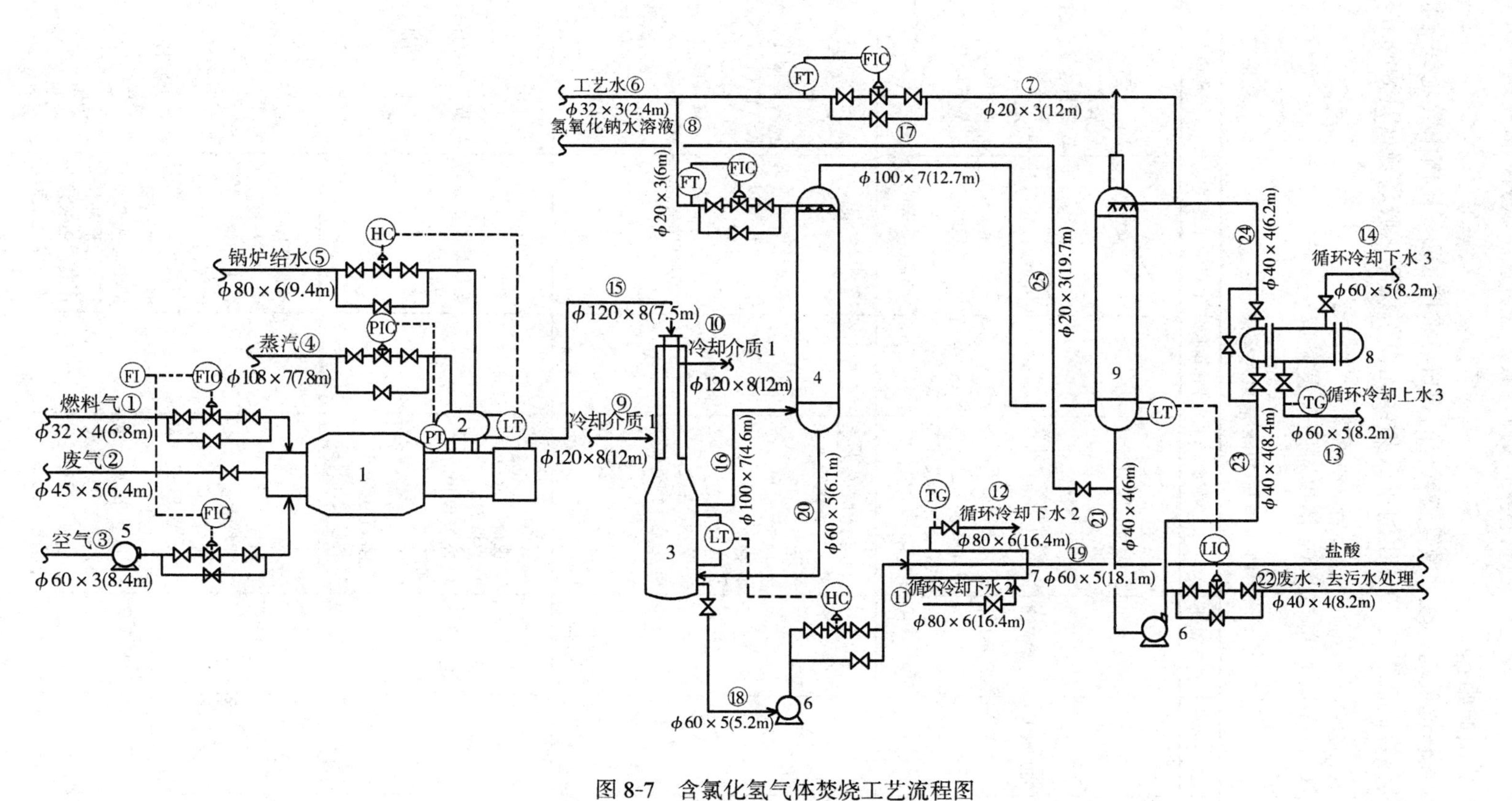


图 8-7 含氯化氢气体焚烧工艺流程图

1—焚烧炉；2—废热锅炉；3—急冷塔；4—HCl 吸收塔；
5—风机；6—溶液循环泵；7—HCl 冷却器；8—洗涤塔冷却器；9—洗涤塔

（4）所用管道安装完毕要进行空气吹扫，低压管道液压试验，低中压管道气密性试验，管道脱脂。

（5）废气管道系统，酸、碱管道系统的焊口要求按100%比例作X射线无损伤探测，其他管道系统按50%比例作X射线无损伤探测，胶卷规格是80mm×150mm。

**【解】**（1）2013清单与2008清单对照（表8-17）

**2013清单与2008清单对照表** **表8-17**

| 序号 | 清单 | 项目编码 | 项目名称 | 项目特征 | 计算单位 | 工程量计算规则 | 工作内容 |
| --- | --- | --- | --- | --- | --- | --- | --- |
| 1 | 2013清单 | 030902001 | 无缝钢管 | 1. 介质<br>2. 材质、压力等级<br>3. 规格<br>4. 焊接方法<br>5. 钢管镀锌设计要求<br>6. 压力试验及吹扫设计要求<br>7. 管道标识设计要求 | m | 按设计图示管道中心线以长度计算 | 1. 管道安装<br>2. 管件安装<br>3. 钢管镀锌<br>4. 压力试验<br>5. 吹扫<br>6. 管道标识 |
|  | 2008清单 | 030702001 | 无缝钢管 | 1. 卤代烷灭火系统、二氧化碳灭火系统<br>2. 材质<br>3. 规格<br>4. 连接方式<br>5. 除锈、刷油、防腐及无缝钢管镀锌设计要求<br>6. 压力试验、吹扫设计要求 | m | 按设计图示管道中心线长度以延长米计算，不扣除阀门、管件及各种组件所占长度 | 1. 管道安装<br>2. 管件安装<br>3. 套管制作、安装（包括防水套管）<br>4. 钢管除锈、刷油、防腐<br>5. 管道压力试验<br>6. 管道系统吹扫<br>7. 无缝钢管镀锌 |
| 2 | 2013清单 | 030801010 | 低压镍及镍合金管 | 1. 材质<br>2. 规格<br>3. 焊接方法<br>4. 充氩保护方式、部位<br>5. 压力试验、吹扫与清洗设计要求<br>6. 脱脂设计要求 | m | 按设计图示管道中心线以长度计算 | 1. 安装<br>2. 焊口充氩保护<br>3. 压力试验<br>4. 吹扫、清洗<br>5. 脱脂 |
|  | 2008清单 | 030601013 | 低压钛及钛合金管 | 1. 材质<br>2. 连接方式<br>3. 规格<br>4. 套管形式、材质、规格<br>5. 压力试验、吹扫、清洗设计要求<br>6. 绝热及保护层设计要求 | m | 按设计图示管道中心线长度以延长米计算，不扣除阀门、管件所占长度，遇弯管时，按两管交叉的中心线交点计算。方形补偿器以其所占长度按管道安装工程量计算 | 1. 安装<br>2. 焊口焊接管内、外充氩保护<br>3. 套管制作、安装<br>4. 压力试验<br>5. 系统吹扫<br>6. 系统清洗<br>7. 脱脂<br>8. 绝热及保护层安装、除锈、刷油 |

续表

| 序号 | 清单 | 项目编码 | 项目名称 | 项目特征 | 计算单位 | 工程量计算规则 | 工作内容 |
|---|---|---|---|---|---|---|---|
| 3 | 2013清单 | 030807003 | 低压法兰阀门 | 1. 名称<br>2. 材质<br>3. 型号、规格<br>4. 连接形式<br>5. 焊接方法 | 个 | 按设计图示数量计算 | 1. 安装<br>2. 操纵装置安装<br>3. 壳体压力试验、解体检查及研磨<br>4. 调试 |
| | 2008清单 | 030607003 | 低压法兰阀门 | 1. 名称<br>2. 材质<br>3. 连接形式<br>4. 焊接方式<br>5. 型号、规格<br>6. 绝热及保护层设计要求 | 个 | 按设计图示数量计算<br>注：1. 各种形式补偿器（除方形补偿器外）、仪表流量计均按阀门安装工程量计算<br>2. 减压阀直径按高压侧计算<br>3. 电动阀门包括电动机安装 | 1. 安装<br>2. 操纵装置安装<br>3. 绝热<br>4. 保温盒制作、安装、除锈、刷油<br>5. 压力试验、解体检查及研磨<br>6. 调试 |
| 4 | 2013清单 | 030816003 | 焊缝X射线探伤 | 1. 名称<br>2. 底片规格<br>3. 管壁厚度 | 张（口） | 按规范或设计技术要求计算 | 探伤 |
| | 2008清单 | 030616003 | 焊缝X光射线探伤 | 1. 底片规格<br>2. 管壁厚度 | 张 | 按规范或设计技术要求计算 | X光射线探伤 |

**✲解题思路及技巧**

先要看图纸外形构造，以便结合图形采用数学原理进行快捷计算。另外，也可以结合计算规则和以往经验快速计算。

(2) 清单工程量

1) 此流程图较复杂，我们按不同管道系统分别计算管道工程量如下：

a. 燃气管道系统管道工程量

$L_1$＝①＝6.80m

①——燃料气管道长度。

b. 废气管道系统管道工程量

$L_2$＝②＝6.40m

②——废气管道长度。

c. 空气管道系统管道工程量

$L_3$＝③＝8.40m

③——空气管道长度。

d. 蒸汽管道系统管道工程量

蒸汽管道系统的供水管道 $\phi108\times7$ 管道工程量计算：

$L_4$＝④＝7.80m

④——蒸汽供水管道长度。

蒸汽管道系统的回水管道 $\phi80\times6$ 管道工程量计算：

$L_5$＝⑤＝9.4m

⑤——蒸汽回水管道长度。

e. 工艺水管道系统管道工程量

工艺水管道系统管道包括 $\phi32\times3$ 和 $\phi20\times3$ 两种管道，其工程量分别计算如下：

$\phi32\times3$ 管道长度：$L_6$＝⑥＝2.4m；

⑥——$\phi32\times3$ 工艺管道长度。

$\phi20\times3$ 管道长度：$L_7$＝⑦＋⑧＝12＋6＝18m；

⑦——至洗涤塔工艺管道 $\phi20\times3$ 管道的长度；

⑧——至 HCI 吸收塔 $\phi20\times3$ 管道的长度。

f. 冷却水管道系统管道工程量

冷却水管道系统分三个部分，冷却急冷塔内气体冷却介质 1、冷却盐酸溶液的冷却系统 2、和冷却洗涤塔内溶液的冷却系统 3。其工程量分别计算如下：

冷却介质 1 管道工程量：

$\phi120\times8$ 管道长度：

$L_8$＝⑨＋⑩＝12＋12＝24.00m

⑨——冷却介质供水管段长度；

⑩——冷却介质回水管段长度。

冷却系统 2 管道工程量：

$\phi80\times6$ 管道长度：

$L_9$＝⑪＋⑫＝16.4＋16.4＝32.80m

⑪——循环冷却上水管段长度；

⑫——循环冷却下水管段长度。

冷却系统 3 管道工程量：

$\phi60\times5$ 管道长度：

$L_{10}$＝⑬＋⑭＝8.2＋8.2＝16.4m

⑬——循环冷却上水管段长度；

⑭——循环冷却下水管段长度。

g. 酸、碱、盐气体、溶液管道工程量

（黄铜管）其管道是黄铜管，包括 $\phi120\times8$、$\phi100\times7$、$\phi60\times5$、$\phi40\times4$、$\phi20\times3$ 不同规格管道，工程量分别计算如下：

$\phi120\times8$ 管道长度：

$L_{11}$＝⑮＝7.5m

⑮——废热锅炉出口至急冷塔之间管道长度。

$\phi100\times7$ 管道长度：

$L_{12}$＝⑯＋⑰＝4.6＋12.7＝17.30m

⑯——急冷塔与吸收塔之间管道长度；

⑰——吸收塔与洗涤塔之间管道长度。

$\phi$60×5 管道长度：

$L_{13}$=⑱+⑲+⑳=5.2+18.1+6.1=29.40m

⑱——急冷塔至溶液泵入口管段长度；

⑲——溶液泵出口处管段长度；

⑳——吸收塔至急冷塔之间管段长度。

$\phi$40×4 管段长度：

$L_{14}$=㉑+㉒+㉓+㉔

=6+8.2+8.4+6.2=28.80m

㉑——洗涤塔到溶液泵入口之间管段长度；

㉒——去污水处理处管段长度；

㉓——溶液泵至冷却器之间管段长度；

㉔——冷却塔至洗涤塔之间管段长度。

$\phi$20×3 管道长度：

$L_{15}$=㉕=19.70m

㉕——氢氧化钠溶液管道长度。

2）含氯化氢气体焚烧工艺流程管件工程量

管件根据管道材料可分为碳钢管件和铜管件，其中碳钢管件包括燃烧气管道系统，空气管道系统，蒸汽管道系统，工艺水管道系统，冷却管道系统的管件；铜管件包括在废气管道系统，酸、碱、盐溶液管道系统中，其工程量分别计算如下：

a. 燃料气管道系统中管件工程量

弯头：*DN*32，3个；

三通：*DN*32，2个；

电动阀：J94H-2.5，*DN*32，1个；

截止阀：J34H-2.5，*DN*32，3个。

b. 空气管道系统中管件工程量：

弯头：*DN*60，3个；

三通：*DN*60，2个；

电动阀：J94H-2.5，*DN*60，1个；

截止阀：J34H-2.5，*DN*60，3个；

风机：1台。

c. 蒸汽管道系统中管件工程量：

弯头：*DN*100，3个；*DN*80，3个；

三通：*DN*100，2个；*DN*80，2个；

电动阀：J94H-10，*DN*100，1个；J94H-10，DN80，1个；

截止阀：J34H-10，*DN*100，3个；J34H-10，DN80，3个。

d. 冷却介质管道系统中管件工程量

弯头：*DN*80，2个；*DN*60，2个；*DN*20，4个；

三通：$DN32$，1个；$DN20$，2个；

电动阀：J94H-2.5，$DN20$，2个；

截止阀：J34H-2.5，$DN80$，2个；$DN60$，2个；$DN20$，6个。

e. 废气管道系统管件工程量：（铜管件）

截止阀：J34T-2.5，$DN45$，1个。

f. 酸、碱、盐溶液管道系统管件工程量（铜管件）

弯头：$DN20$，2个；$DN40$，8个；$DN60$，6个；$DN100$，5个；$DN120$，4个；

三通：$DN40$，6个；$DN60$，2个；

电动阀：J94T-3，$DN40$，1个；$DN60$，2个；

截止阀：J34T-3，$DN40$，6个；$DN60$，4个。

3）含氯化氢气体焚烧工艺流程中管道动力除锈（轻锈）工程量

工艺流程中管道按材质分为碳钢管和黄铜管两种，其除锈工程量分别计算如下：

a. $\phi20\times3$ 管道表面积

$S_1=\pi DL_7=3.14\times0.02\times18=1.13\text{m}^2$

$\phi32\times3$ 管道表面积

$S_2=\pi DL_6=3.14\times0.032\times2.4=0.24\text{m}^2$

$\phi32\times4$ 管道表面积

$S_3=\pi DL_1=3.14\times0.032\times6.8=0.68\text{m}^2$

$\phi60\times3$ 管道表面积

$S_4=\pi DL_3=3.14\times0.06\times8.4=1.58\text{m}^2$

$\phi60\times5$ 管道表面积

$S_5=\pi DL_{10}=3.14\times0.06\times16.4=3.09\text{m}^2$

$\phi80\times6$ 管道表面积

$S_6=\pi D(L_5+L_9)=3.14\times0.08\times(9.4+32.8)=10.60\text{m}^2$

$\phi108\times7$ 管道表面积

$S_7=\pi DL_4=3.14\times0.108\times7.8=2.65\text{m}^2$

$\phi120\times8$ 管道表面积

$S_8=\pi DL_8=3.14\times0.12\times24=9.04\text{m}^2$

碳钢管总除锈（动力工具除锈，轻锈）工程量为

$$\begin{aligned}S&=S_1+S_2+S_3+S_4+S_5+S_6+S_7+S_8\\&=1.13+0.24+0.68+1.58+3.09+10.6+2.65+9.04\\&=29.01\text{m}^2=2.901\times10\text{m}^2\end{aligned}$$

b. 黄铜管

$\phi20\times3$ 管道表面积

$S_1=\pi DL_{15}=3.14\times0.02\times19.7=1.24\text{m}^2$

$\phi40\times4$ 管道表面积

$S_2=\pi DL_{14}=3.14\times0.04\times28.8=3.62\text{m}^2$

$\phi45\times5$ 管道表面积

$S_3=\pi DL_2=3.14\times0.04\times6.4=0.80\text{m}^2$

$\phi60\times5$ 管道表面积

$S_4=\pi DL_{13}=3.14\times0.06\times29.4=5.54\text{m}^2$

$\phi100\times7$ 管道表面积

$S_5=\pi DL_{12}=3.14\times0.1\times17.3=5.43\text{m}^2$

$\phi120\times8$ 管道表面积

$S_6=\pi DL_{11}=3.14\times0.12\times7.5=2.83\text{m}^2$

黄铜管总的动力工具除锈工程量

$S=S_1+S_2+S_3+S_4+S_5+S_6$

$=1.24+3.62+0.80+5.54+5.43+2.83$

$=19.46\text{m}^2=1.946\times10\text{m}^2$

4）含氯化氢气体焚烧工艺流程管道系统中管道外刷铁红防锈漆、调和漆工程量

根据设计要求，所用管道外均需除锈、防腐、刷油（铁红防锈漆、调和漆各两遍）工程量计算：

$$S=\pi DL$$

**贴心助手**

$D$——管道外径；$L$——相应管径的管道长度。

具体计算同（3）。

所以含氯化氢气体焚烧工艺流程管道的刷油工程量：$S=1.946\times10\text{m}^2$。

5）蒸汽管道系统外岩棉绝热层的工程量

蒸汽管道包括 $\phi108\times7$ 和 $\phi80\times6$ 两种，厚度分别是 $\delta_1=30\text{mm}$，$\delta_2=25\text{mm}$；工程量分别是：

$\phi108\times7$ 绝热层工程量

$V_1=\pi(D+\delta_1+\delta_1\times3.3\%)\times(\delta_1+\delta_1\times3.3\%)\times L_4$

$=3.14\times(0.108+0.03+0.03\times0.033)\times(0.03+0.03\times0.033)\times7.8$

$=0.11\text{m}^3$

**贴心助手**

0.108 为管道外径，0.03 为绝热层厚度，3.3%为绝热层厚度允许超厚系数，7.8 为蒸汽管道系统的供水管道 $\phi108\times7$ 的长度。

$\phi80\times6$ 管道外绝热层工程量

$V_2=\pi(D+\delta_2+\delta_2\times3.3\%)\times(\delta_2+\delta_2\times3.3\%)\times L_3$

$=3.14\times(0.08+0.025+0.025\times0.033)\times(0.025+0.025\times0.033)\times9.4$

$=0.08\text{m}^3$

式中参数详见上式。

总的绝热层工程量：

$V=V_1+V_2=0.11+0.08=0.19m^3$

6）蒸汽管道系统绝热层外铝箔保护层工程量

$\phi108\times7$ 管道外保护层工程量：

$S_1=\pi(D+2\delta_1+2\delta_1\times5\%+2d_1+3d_2)\times L_4$

$=3.14\times(0.108+2\times0.03+2\times0.03\times0.05+0.0032+0.005)\times7.8$

$=4.39m^2$

**贴心助手**

0.108 为管道外径，0.03 为绝热层厚度，3.3%为绝热层厚度允许超厚系数，0.032 为用于捆托保温材料的金属线或钢带厚度（一般取定 16 号线 $2d_1=0.0032$），0.005 为防潮层厚度（取定 350g 油毡纸 $3d_2=0.005$），7.8 为蒸汽管道系统的供水管道 $\phi108\times7$ 的长度。

$\phi80\times6$ 管道外保护层工程量：

$S_2=\pi(D+2\delta_2+2\delta_2\times5\%+2d_1+3d_2)\times L_5$

$=3.14\times(0.08+2\times0.025+2\times0.025\times0.05+0.0032+0.005)\times9.4$

$=4.15m^2$

式中参数详见上式。

蒸汽管道系统总的保护层工程量：

$S=S_1+S_2=4.39+4.15=8.54m^2=0.854\times10m^2$

7）含氯化氢气体焚烧工艺流程管道系统中管道脱脂工程量

管道系统按材质分为碳钢管和黄钢管，脱脂剂是四氯化碳，其脱脂工程量分别计算如下：

碳钢管脱脂工程量

① 公称直径 25mm 以内管道工程量：

$L=L_7=18m=0.18\times100m$

② 公称直径 25～50mm 以内管道工程量：

$L=L_1+L_6=6.8+2.4=9.2m=0.092\times100m$

③ 公称直径 50～100mm 以内管道工程量：

$L=L_3+L_5+L_9+L_{10}$

$=8.4+9.4+32.8+16.4$

$=67m=0.67\times100m$

④ 公称直径 100～200mm 以内管道工程量：

$L=L_4+L_8=7.8+24=31.8m=0.318\times100m$

黄铜管道脱脂工程量计算

① 公称直径 25mm 以内管道工程量：

$L=L_{15}=19.7m=0.197\times100m$

② 公称直径 25～50mm 以内管道工程量：

$L=L_2+L_{14}=6.4+28.8=35.2m=0.352\times100m$

③ 公称直径 50～100mm 以内管道工程量：

$L=L_{13}=29.4\text{m}=0.294\times100\text{m}$

④ 公称直径 100～200mm 以内管道工程量：

$L=L_{12}+L_{11}=17.3+7.5=24.8\text{m}=0.248\times100\text{m}$

8）含氯化氢气体焚烧工艺管道系统进行空气吹扫工程量

碳钢管道工程量

① 公称直径 50mm 以内管道工程量：

$L=L_1+L_6+L_7$

$=6.8+2.4+18=27.2\text{m}=0.272\times100\text{m}$

② 公称直径 50～100mm 以内管道工程量：

$L=L_3+L_5+L_9+L_{10}$

$=8.4+9.4+32.8+16.4$

$=67\text{m}=0.67\times100\text{m}$

③ 公称直径 100～200mm 以内管道工程量：

$L=L_4+L_8=7.8+24=31.8\text{m}=0.318\times100\text{m}$

黄铜管道工程量

① 公称直径 50mm 以内管道工程量：

$L=L_{15}+L_2+L_{14}=19.7+6.4+28.8=54.9\text{m}=0.549\times100\text{m}$

② 公称直径 50～100mm 以内管道工程量：

$L=L_{13}=29.4\text{m}=0.294\text{m}\times100\text{m}$

③ 公称直径 100～200mm 以内管道工程量：

$L=L_{11}+L_{12}=7.5+17.3=24.8\text{m}=0.248\times100\text{m}$

9）含氯化氢气体焚烧工艺管道系统低中压管道液压试验工程量

碳钢管道工程量

① 公称直径 100mm 以内管道工程量：

$L=L_1+L_3+L_5+L_6+L_7+L_9+L_{10}$

$=6.8+8.4+9.4+2.4+18+32.8+16.4$

$=94.2\text{m}=0.942\times100\text{m}$

② 公称直径 100～200mm 以内管道工程量：

$L=L_4+L_8=7.8+24=31.8\text{m}=0.318\times100\text{m}$

黄铜管道工程量

① 公称直径 100mm 以内管道工程量：

$L=L_2+L_{13}+L_{14}+L_{15}$

$=6.4+29.4+28.8+19.7$

$=84.3\text{m}=0.843\times100\text{m}$

② 公称直径 100～200mm 以内管道工程量：

$L=L_{11}+L_{12}=7.5+17.3=24.8\text{m}=0.248\times100\text{m}$

10）含氯化氢气体焚烧工艺管道进行低中压管道泄漏性试验工程量

碳钢管道工程量

① 公称直径 50mm 以内管道工程量：

$L = L_1 + L_6 + L_7$

$= 6.8 + 2.4 + 18 = 27.2m = 0.272 \times 100m$

② 公称直径 50～100mm 以内管道工程量：

$L = L_3 + L_5 + L_9 + L_{10}$

$= 8.4 + 9.4 + 32.8 + 16.4$

$= 67m = 0.67 \times 100m$

③ 公称直径 100～200mm 以内管道工程量：

$L = L_4 + L_8 = 7.8 + 24 = 31.8m = 0.318 \times 100m$

黄铜管道工程量

① 公称直径 50mm 以内管道工程量：

$L = L_{15} + L_2 + L_{14} = 19.7 + 6.4 + 28.8 = 54.9m = 0.549 \times 100m$

② 公称直径 50～100mm 以内管道工程量：

$L = L_{13} = 29.4m = 0.294 \times 100m$

③ 公称直径 100～200mm 以内管道工程量：

$L = L_{11} + L_{12} = 7.5 + 17.3 = 24.8m = 0.248 \times 100m$

11）含氯化氢气体焚烧工艺管道焊口进行 X 光射线无损伤探测工程量

a. 碳钢管管道上的焊口个数：

$DN20$ 焊口个数：2×4+3×2+2×(6+2)=30 个；

$DN32$ 焊口个数：2×3+3×2+2×(1+3)=20 个；

$DN60$ 焊口个数：2×3+3×2+2×(1+3)+2×2+2×2=28 个；

$DN80$ 焊口个数：2×3+3×2+1×2+3×2+2×2+2×2=28 个；

$DN100$ 焊口个数：2×3+3×2+2×(1+3)=20 个。

b. 黄铜管道上焊口个数：

$DN20$ 的焊口个数：2×2=4 个；

$DN45$ 的焊口个数：2×1=2 个；

$DN40$ 的焊口个数：2×8+3×6+2×1+2×6=48 个；

$DN60$ 的焊口个数：2×6+3×2+1×2+2×4=28 个；

$DN100$ 的焊口个数：2×5=10 个；

$DN120$ 的焊口个数：2×4=8 个。

c. 不同管径每个焊口所需拍 X 光张数：

$DN20$：20×π/(150－25×2)=0.628，取 1 张；

$DN32$：32×π/(150－25×2)=1.00，取 1 张；

$DN40$：40×π/(150－25×2)=1.256，取 2 张；

$DN45$：45×π/(150－25×2)=1.413，取 2 张；

$DN60$：60×π/(150－25×2)=1.884，取 2 张；

$DN80$：80×π/(150－25×2)=2.512，取 3 张；

$DN100$：100×π/(150－25×2)=3.14，取 4 张；

$DN120$：120×π/(150－25×2)=3.768，取 4 张。

碳钢管按设计要求按 50%比例作 X 光射线无损伤探测检查工程量：

(30×1+20×1+28×2+28×3+20×4)×50%=135 张

黄铜管按设计要求按 100%比例对焊口作 X 光射线无损伤探测检查工程量：

(4×1+2×2+48×2+28×2+10×4+8×4)×100%=232 张

(3) 清单工程量计算表（表 8-18）

**清单工程量计算表**　　　　**表 8-18**

| 序号 | 项目编码 | 项目名称 | 项目特征描述 | 计量单位 | 工程量 |
| --- | --- | --- | --- | --- | --- |
| 1 | 030902001001 | 无缝钢管 | 燃气管道，$\phi$32×4 | m | 6.80 |
| 2 | 030902001002 | 无缝钢管 | 废气管道，$\phi$45×5 | m | 6.40 |
| 3 | 030902001003 | 无缝钢管 | 蒸汽管道，$\phi$108×7 | m | 7.80 |
| 4 | 030902001004 | 无缝钢管 | 蒸汽管道，$\phi$80×6 | m | 9.40 |
| 5 | 030902001005 | 无缝钢管 | 工艺水管道系统，$\phi$32×3 | m | 2.40 |
| 6 | 030902001006 | 无缝钢管 | 工艺水管道系统，$\phi$20×3 | m | 18.00 |
| 7 | 030902001007 | 无缝钢管 | 冷却介质 1，$\phi$120×8 | m | 24.00 |
| 8 | 030902001008 | 无缝钢管 | 冷却系统 2 管道，$\phi$80×6 | m | 32.80 |
| 9 | 030902001009 | 无缝钢管 | 冷却系统 3 管道，$\phi$60×5 | m | 16.40 |
| 10 | 030902001010 | 无缝钢管 | 空气管道系统，20 号钢板卷管 | m | 8.40 |
| 11 | 030801010001 | 低压铜及铜合金管件 | 酸、碱、盐气体，溶液管道 $\phi$120×8 | m | 7.50 |
| 12 | 030801010002 | 低压铜及铜合金管件 | 酸、碱、盐气体，溶液管道 $\phi$100×7 | m | 17.30 |
| 13 | 030801010003 | 低压铜及铜合金管件 | 酸、碱、盐气体，溶液管道 $\phi$60×5 | m | 29.40 |
| 14 | 030801010004 | 低压铜及铜合金管件 | 酸、碱、盐气体，溶液管道 $\phi$40×4 | m | 28.80 |
| 15 | 030801010005 | 低压铜及铜合金管件 | 酸、碱、盐气体，溶液管道 $\phi$20×3 | m | 19.70 |
| 16 | 030807003001 | 低压法兰阀门 | 电弧焊连接，电动阀，J94H-2.5，*DN*32 | 个 | 1 |
| 17 | 030807003002 | 低压法兰阀门 | 电弧焊，截止阀，J34H-2.5，*DN*32 | 个 | 3 |
| 18 | 030807003003 | 低压法兰阀门 | 电弧焊，截止阀，J34H-2.5，*DN*60 | 个 | 3 |
| 19 | 030807003004 | 低压法兰阀门 | 电弧焊，电动阀，J94H-2.5，*DN*60 | 个 | 1 |
| 20 | 030807003005 | 低压法兰阀门 | 电弧焊，电动阀，J94H-10，*DN*100 | 个 | 1 |
| 21 | 030807003006 | 低压法兰阀门 | 电弧焊，电动阀，J94H-10，*DN*80 | 个 | 1 |
| 22 | 030807003007 | 低压法兰阀门 | 截止阀，J34H-10，*DN*100，电弧焊 | 个 | 3 |
| 23 | 030807003008 | 低压法兰阀门 | 截止阀，J34H-10，*DN*80，电弧焊 | 个 | 3 |
| 24 | 030807003009 | 低压法兰阀门 | 电动阀，J94H-2.5，*DN*20，电弧焊 | 个 | 2 |
| 25 | 030807003010 | 低压法兰阀门 | 截止阀，J34H-2.5，*DN*80，电弧焊 | 个 | 2 |
| 26 | 030807003011 | 低压法兰阀门 | 截止阀，J34H-2.5，*DN*60，电弧焊 | 个 | 2 |
| 27 | 030807003012 | 低压法兰阀门 | 截止阀，J34H-2.5，*DN*20，电弧焊 | 个 | 6 |
| 28 | 030807003013 | 低压法兰阀门 | 截止阀，J34T-2.5，*DN*45，氩电联焊 | 个 | 1 |
| 29 | 030807003014 | 低压法兰阀门 | 电动阀，J94T-3，*DN*40，氩电联焊 | 个 | 1 |
| 30 | 030807003015 | 低压法兰阀门 | 电动阀，J94T-3，*DN*60，氩电联焊 | 个 | 2 |
| 31 | 030807003016 | 低压法兰阀门 | 截止阀，J34T-3，*DN*40，氩电联焊 | 个 | 6 |
| 32 | 030807003017 | 低压法兰阀门 | 截止阀，J34T-3，*DN*60，氩电联焊 | 个 | 4 |
| 33 | 030816003001 | 焊缝 X 射线探伤 | 胶卷规格：80mm×150mm，*DN*20 | 张 | 1 |
| 34 | 030816003002 | 焊缝 X 射线探伤 | 胶卷规格：80mm×150mm，*DN*32 | 张 | 1 |
| 35 | 030816003003 | 焊缝 X 射线探伤 | 胶卷规格：80mm×150mm，*DN*40 | 张 | 2 |
| 36 | 030816003004 | 焊缝 X 射线探伤 | 胶卷规格：80mm×150mm，*DN*45 | 张 | 2 |
| 37 | 030816003005 | 焊缝 X 射线探伤 | 胶卷规格：80mm×150mm，*DN*60 | 张 | 2 |
| 38 | 030816003006 | 焊缝 X 射线探伤 | 胶卷规格：80mm×150mm，*DN*80 | 张 | 3 |
| 39 | 030816003007 | 焊缝 X 射线探伤 | 胶卷规格：80mm×150mm，*DN*100 | 张 | 4 |

续表

| 序号 | 项目编码 | 项目名称 | 项目特征描述 | 计量单位 | 工程量 |
| --- | --- | --- | --- | --- | --- |
| 40 | 030816003008 | 焊缝X射线探伤 | 胶卷规格：80mm×150mm，*DN*120 | 张 | 4 |
| 41 | 030816003009 | 焊缝X射线探伤 | 胶卷规格：80mm×150mm，碳钢管，按设计要求50%比例探伤 | 张 | 135 |
| 42 | 030816003010 | 焊缝X射线探伤 | 胶卷规格：80mm×150mm，黄铜管，按设计要求100%比例探伤 | 张 | 232 |

**【例10】** 本工程是某市某化纤厂主车间包装工段工艺配管工程，试求此工程工艺管道安装工程量。

工程说明：工艺管道采用无缝钢管焊接连接，平焊法兰接法兰阀门。三通、弯头、变径管直接购买成品件。钢管及管道支架除锈、刷防锈漆两遍、银粉漆两遍。管道及焊口要进行超声波无损伤探测。管道安装前应进行空气吹扫。安装完毕应进行低中压管道液压试验，低中压管道泄漏性试验。支架J101每架50kg，J102/每架15kg，J103/每架15kg，J105每架20kg。

**【解】**（1）2013清单与2008清单对照（表8-19）

**2013清单与2008清单对照表** **表8-19**

| 序号 | 清单 | 项目编码 | 项目名称 | 项目特征 | 计算单位 | 工程量计算规则 | 工作内容 |
| --- | --- | --- | --- | --- | --- | --- | --- |
| 1 | 2013清单 | 030902001 | 无缝钢管 | 1介质<br>2. 材质、压力等级<br>3. 规格<br>4. 焊接方法<br>5. 钢管镀锌设计要求<br>6. 压力试验及吹扫设计要求<br>7. 管道标识设计要求 | m | 按设计图示管道中心线以长度计算 | 1. 管道安装<br>2. 管件安装<br>3. 钢管镀锌及二次安装<br>4. 压力试验<br>5. 吹扫<br>6. 管道标识 |
| | 2008清单 | 030702001 | 无缝钢管 | 1. 卤代烷灭火系统、二氧化碳灭火系统<br>2. 材质<br>3. 规格<br>4. 连接方式<br>5. 除锈、刷油、防腐及无缝钢管镀锌设计要求<br>6. 压力试验、吹扫设计要求 | m | 按设计图示管道中心线长度以延长米计算，不扣除阀门、管件及各种组件所占长度 | 1. 管道安装<br>2. 管件安装<br>3. 套管制作、安装（包括防水套管）<br>4. 钢管除锈、刷油、防腐<br>5. 管道压力试验<br>6. 管道系统吹扫<br>7. 无缝钢管镀锌 |
| 2 | 2013清单 | 030808003 | 中压法兰阀门 | 1. 名称<br>2. 材质<br>3. 型号、规格<br>4. 连接形式<br>5. 焊接方法 | 个 | 按设计图示数量计算 | 1. 安装<br>2. 操纵装置安装<br>3. 壳体压力试验、解体检查及研磨<br>4. 调试 |

续表

| 序号 | 清单 | 项目编码 | 项目名称 | 项目特征 | 计算单位 | 工程量计算规则 | 工作内容 |
|---|---|---|---|---|---|---|---|
| 2 | 2008清单 | 030608002 | 中压法兰阀门 | 1. 名称<br>2. 材质<br>3. 连接形式<br>4. 焊接方式<br>5. 型号、规格<br>6. 绝热及保护层设计要求 | 个 | 按设计图示数量计算<br>注：1. 各种形式补偿器(除方形补偿器外)、仪表流量计均按阀门安装<br>2. 减压阀直径按高压侧计算<br>3. 电动阀门包括电动机安装 | 1. 安装<br>2. 操纵装置安装<br>3. 绝热<br>4. 保温盒制作、安装、除锈、刷油<br>5. 压力试验、解体检查及研磨<br>6. 调试 |
| 3 | 2013清单 | 030805001 | 中压碳钢管件 | 1. 材质<br>2. 规格<br>3. 焊接方法<br>4. 补强圈材质、规格 | 个 | 按设计图示数量计算 | 1. 安装<br>2. 三通补强圈制作、安装 |
| | 2008清单 | 030605001 | 中压碳钢管件 | 1. 材质<br>2. 连接方式<br>3. 型号、规格<br>4. 补强圈材质、规格 | 个 | 按设计图示数量计算<br>注：1. 管件包括弯头、三通、四通、异径管、管接头、管上焊接管接头、管帽、方形补偿器弯头、管道上仪表一次部件、仪表温度计扩大管制作安装等<br>2. 管件压力试验、吹扫、清洗、脱脂、除锈、刷油、防腐、保温及其补口均包括在管道安装中<br>3. 在主管上挖眼接管的三通和摔制异径管，均以主管径按管件安装工程量计算，不另计制作费和主材费；挖眼接管的三通支线管径小于主管径1/2时，不计算管件安装工程量；在主管上挖眼接管的焊接接头、凸台等配件，按配件管径计算管件工程量<br>4. 三通、四通、异径管均按大管径计算<br>5. 管件用法兰连接时按法兰安装，管件本身安装不再计算安装<br>6. 半加热外套管摔口后焊接在内套管上，每处焊口按一个管件计算；外套碳钢管如焊接不锈钢内套管上时，焊口间需加不锈钢短管衬垫，每处焊口按两个管件计算 | 1. 安装<br>2. 三通补强圈制作、安装<br>3. 焊口预热及后热<br>4. 焊口热处理<br>5. 焊口硬度检测 |

续表

| 序号 | 清单 | 项目编码 | 项目名称 | 项目特征 | 计算单位 | 工程量计算规则 | 工作内容 |
|---|---|---|---|---|---|---|---|
| 4 | 2013清单 | 030815001 | 管架制作安装 | 1. 单件支架质量<br>2. 材质<br>3. 管架形式<br>4. 支架衬垫材质<br>5. 减震器形式及做法 | kg | 按设计图示质量计算 | 1. 制作、安装<br>2. 弹簧管架物理性试验 |
|  | 2008清单 | 030615001 | 管架制作安装 | 1. 材质<br>2. 管架形式<br>3. 除锈、刷油、防腐设计要求 | kg | 按设计图示质量计算<br>注：单件支架质量100kg以内的管支架 | 1. 制作、安装<br>2. 除锈及刷油<br>3. 弹簧管架全压缩变形试验<br>4. 弹簧管架工作荷载试验 |
| 5 | 2013清单 | 030816005 | 焊缝超声波探伤 | 1. 名称<br>2. 管道规格<br>3. 对比试块设计要求 | 口 | 按规范或设计技术要求计算 | 1. 探伤<br>2. 对比试块的制作 |
|  | 2008清单 | 030616005 | 焊缝超声波探伤 | 规格 | 口 | 按规范或设计技术要求计算 | 超声波探伤 |

**✲解题思路及技巧**

先要看图纸外形构造，以便结合图形采用数学原理进行快捷计算。另外，也可以结合计算规则和以往经验快速计算。

(2) 清单工程量

1）分级包装工艺配管管道工程量

由于管道系统较复杂，因此把管道系统分成三部分分别计算如下：

① 部分中管道包括 $\phi57\times3$ 和 $\phi45\times2.5$ 两种规格无缝钢管

a. $\phi57\times3$ 管道长度：

$$L_{11}=(6\times4+7.5-0.45)+(7.5\times2+6\times2-0.45-0.35)+1+[(4.4-3)+(4.1-3)+(4.5-4.1)]=61.15\text{m}$$

**贴心助手**

(6×4+7.5−0.45) 为图 8-9 中Ⓛ～Ⓡ间使用 $\phi57\times3$ 管道的长度，其中6×4为Ⓛ～Ⓡ间有 4 个管道段的长度，7.5 为Ⓜ与Ⓝ之间的管道长度，0.45 为管道与墙之间的距离。(7.5×2+6×2−0.45−0.35) 为图 8-9 中⑫～⑯间使用 $\phi57\times3$ 管道的长度，其中 7.5×2 为⑫轴与⑬轴、⑬轴与⑭轴之间的管道长，6×2 为⑭轴与⑮轴、⑮轴与⑯轴间的管道长，0.45、0.35 均为管道与墙之间的距离。1 为室外使用 $\phi57\times3$ 管道的长度。[(4.4−3)+(4.1−3)+(4.5−4.1)]为图 8-8 中使用 $\phi57\times3$ 管道间的标高差。

b. $\phi45\times2.5$ 管道长度：

$$L_{12}=7.7-4.5=3.20\text{m}$$

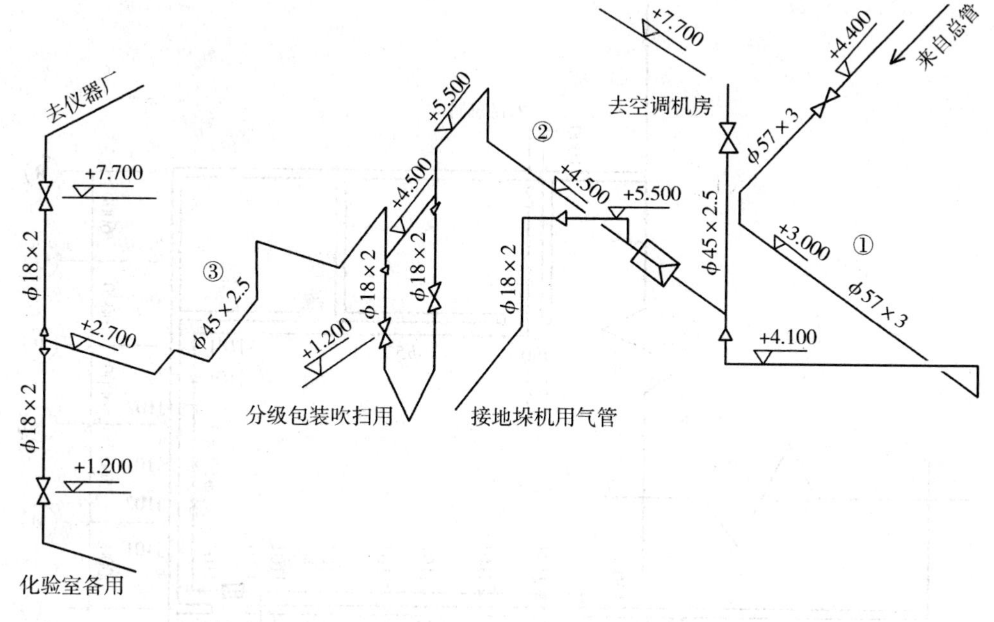


图 8-8 分级包装工艺配管系统图

**贴心助手**

(7.7－4.5) 为图 8-8 中使用 $\phi45\times2.5$ 管道间的标高差。

② 部分中管道包括 $\phi45\times2.5$ 和 $\phi18\times2$ 两种规格管道

a. $\phi45\times2.5$ 管道长度：

$$L_{21}=(7.5\times2+6\times2-0.35)+(6\times2+7.5+0.45-0.2)+(5.5-4.5)\times3=49.40\text{m}$$

**贴心助手**

(7.5×2＋6×2－0.35) 为图 8-9 中⑫～⑯间使用 $\phi45\times2.5$ 管道的长度。(6×2＋7.5＋0.45－0.2) 为图 8-9 中Ⓗ～Ⓛ间使用 $\phi45\times2.5$ 管道的长度。(5.5－4.5) ×3 为图 8-8 中使用 $\phi45\times2.5$ 管道间的标高差。

b. $\phi18\times2$ 管道长度：

$$L_{22}=(6+0.45-1)+(5.5-4.5)+(5.5-1.2)+(4.5-1.2)\times2=17.35\text{m}$$

**贴心助手**

(6＋0.45－1) 为图 8-9 中Ⓛ～Ⓡ间使用 $\phi18\times2$ 管道的长度。(5.5－4.5)＋(5.5－1.2)＋(4.5－1.2)×2 为图 8-8 中使用 $\phi18\times2$ 管道间的标高差。

③ 部分中管道包括 $\phi45\times2.5$ 和 $\phi18\times2$ 两种不同规格管道

a. $\phi45\times2.5$ 管道长度：

$$L_{31}=10.5+(7.5\times2+1)+(3+0.2)+(5.5-2.7)=32.50\text{m}$$

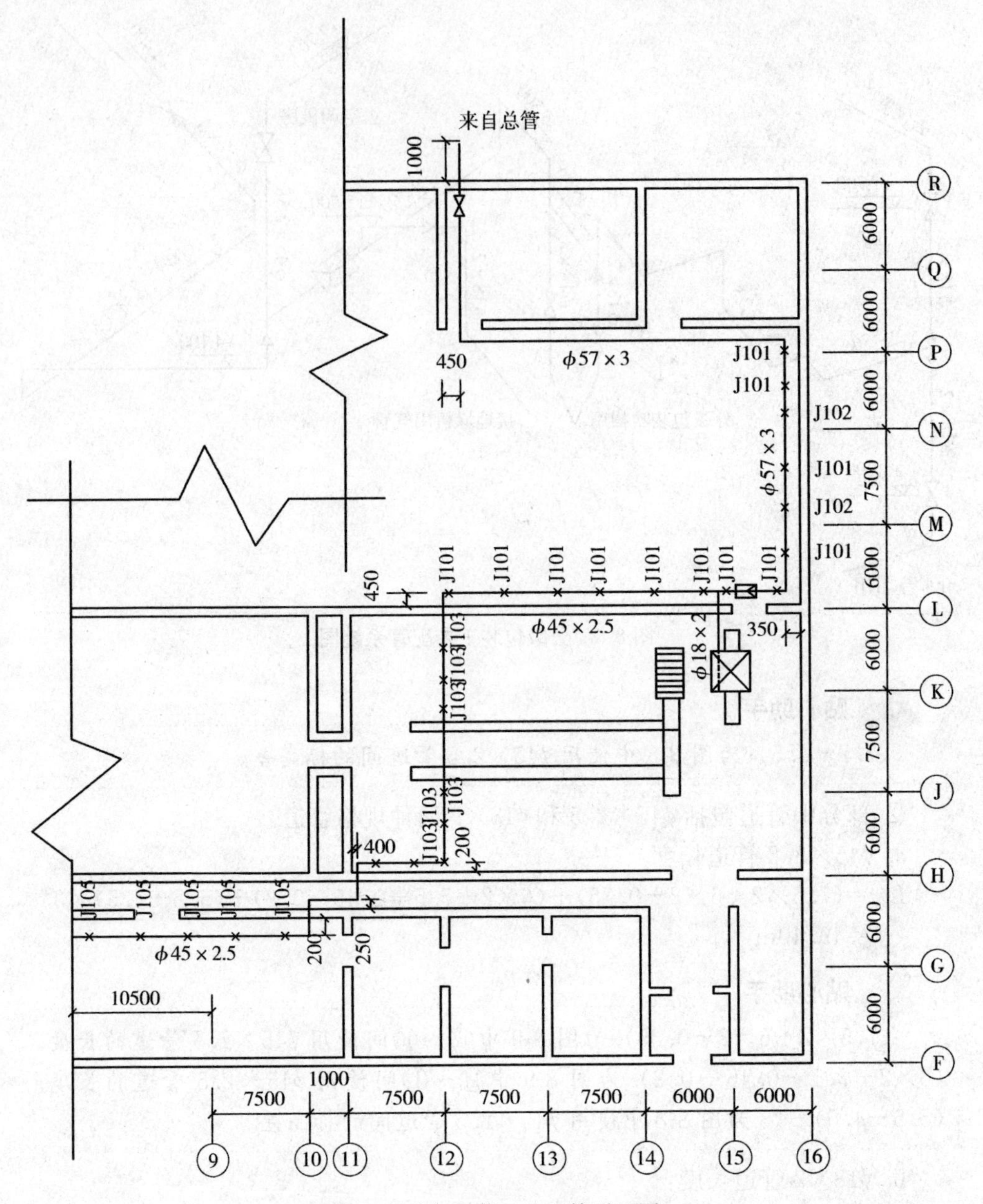


图 8-9 分级包装工艺配管平面图

**贴心助手**

(7.5×2+1) 为图 8-9 中⑨～⑫间使用 φ45×2.5 管道的长度。(3+0.2) 为图 8-9 中Ⓗ～Ⓖ间使用 φ45×2.5 管道的长度。(5.5−2.7) 为图 8-8 中使用 φ45×2.5 管道间的标高差。

b. φ18×2 管道长度：

$$L_{32}=\frac{(7.7-1.2)}{a}=6.50\text{m}$$

式中 $a$——图 8-8 中标高差。

分级包装工艺配管管道工程量汇总：

$\phi$57×3 管道长度：$L_1=L_{11}=61.15$m；

$\phi$45×2.5 管道长度：$L_2=L_{12}+L_{21}+L_{31}=3.20+49.40+32.50=85.10$m；

$\phi$18×2 管道长度：$L_3=L_{22}+L_{32}=17.35+6.50=23.85$m。

2）分级包装工艺配管管件工程量

① 部分中管件工程量

a. 阀门：J41T-16，*DN*50，1个；*DN*40，1个；

b. 弯头：$\phi$57×3，5个；

c. 三通：$\phi$57×3，1个；

d. 变径：*DN*50/40，1个；

e. 支架：J101，4个；J102，2个。

② 部分管道中管件工程量

a. 阀门：减压阀 QFY-603，*DN*40，1个；截止阀 J41T-16，DN15，2个；

b. 弯头：$\phi$45×2.5，5个；$\phi$18×2，2个；

c. 三通：$\phi$45×2.5，3个；

d. 变径：*DN*40/15，2个；

e. 支架：J101，8个；J103，6个。

③ 部分管道中管件工程量

a. 阀门：截止阀 J41－16，*DN*15，2个；

b. 弯头：$\phi$45×2.5，5个；$\phi$18×2，2个；

c. 三通：$\phi$45×2.5，1个；

d. 变径：*DN*40/15，2个；

e. 支架：J105；7个。

分级包装工艺配管管件汇总如下：

阀门：减压阀 QFY-603，*DN*40，1个；

截止阀 J41T-16，*DN*50，1个；*DN*40，1个；*DN*15，4个；

弯头：$\phi$57×3，3个；$\phi$45×2.5，10个；$\phi$18×2，2个；

三通：$\phi$57×3，1个；$\phi$45×2.5，4个；

变径：*DN*50/40，1个；*DN*40/15，4个；

支架：J101，12个；J102，2个；J103，6个；J105，7个；

$mg=50\times12+15\times2+15\times6+20\times7=860$kg$=0.86$t

3）分级包装工艺配管管道除锈工程量

$\phi$57×3 管道表面积：$S_1=\pi DL_1=3.14\times0.057\times61.15=10.94$m$^2$；

$\phi$45×2.5 管道表面积：$S_2=\pi DL_2=3.14\times0.045\times85.10=12.02$m$^2$；

$\phi$18×2 管道表面积：$S_3=\pi DL_3=3.14\times0.018\times23.85=1.35$m$^2$；

除锈工程量：$S=S_1+S_2+S_3=(10.94+12.02+1.35)=24.31=2.431\times10$m$^2$。

4）分级包装工艺配管刷防锈漆两遍、银粉两遍工程量

$\phi$57×3 管道表面积：$S_1=\pi DL_1=3.14\times0.057\times61.15=10.94$m$^2$；

$\phi45\times2.5$ 管道表面积：$S_2=\pi DL_2=3.14\times0.045\times85.10=12.02m^2$；

$\phi18\times2$ 管道表面积：$S_3=\pi DL_3=3.14\times0.018\times23.85=1.35m^2$。

刷防锈漆、银粉各两遍工程量：

$S=S_1+S_2+S_3=10.94+12.02+1.35=24.31m^2=2.431\times10m^2$

5）分级包装工艺配管管道进行空气吹扫工程量

$\phi57\times3$ 管道长度：$L_1=61.15m$；

$\phi45\times2.5$ 管道长度：$L_2=85.10m$；

$\phi18\times2$ 管道长度：$L_3=23.85m$。

公称直径 50mm 以内管道工程量：

$L=L_1+L_2+L_3=61.15+85.10+23.85=170.10m=1.7010\times100m$

6）管道系统进行低中压管道液压试验工程量

公称直径 100mm 以内工程量：

$L=L_1+L_2+L_3=61.15+85.10+23.85=170.10m=1.7010\times100m$

7）管道系统进行低中压管道泄漏性试验工程量

公称直径 50mm 以内工程量：

$L=L_1+L_2+L_3=61.15+85.10+23.85=170.10m=1.7010\times100m$

8）焊口超声波无损伤探测工程量：

$\phi57\times3$ 焊口个数：2×1 个＝2 个；

$\phi45\times2.5$ 焊口个数：（2×1＋2×1）个＝4 个；

$\phi18\times2$ 焊口数量：2×4 个＝8 个。

超声波无损伤探测工程量：

（2＋4＋8）×1＝14 口

（3）清单工程量计算表（表 8-20）

**清单工程量计算表** **表 8-20**

| 序号 | 项目编码 | 项目名称 | 项目特征描述 | 计量单位 | 工程量 |
|---|---|---|---|---|---|
| 1 | 030902001001 | 无缝钢管 | 平焊，$\phi57\times3$ | m | 61.15 |
| 2 | 030902001002 | 无缝钢管 | 平焊，$\phi45\times2.5$ | m | 85.10 |
| 3 | 030902001003 | 无缝钢管 | 平焊，$\phi18\times2$ | m | 23.85 |
| 4 | 030808003001 | 中压法兰阀门 | 平焊，减压焊 QFY-603，*DN*40 | 个 | 1 |
| 5 | 030808003002 | 中压法兰阀门 | 平焊，截止阀，J41T-16，*DN*50 | 个 | 1 |
| 6 | 030808003003 | 中压法兰阀门 | 平焊，截止阀，J41T-16，*DN*40 | 个 | 1 |
| 7 | 030808003004 | 中压法兰阀门 | 平焊，截止阀，J41T-16，*DN*15 | 个 | 4 |
| 8 | 030805001001 | 中压碳钢管件 | 弯头，$\phi57\times3$ | 个 | 3 |
| 9 | 030805001002 | 中压碳钢管件 | 弯头，$\phi45\times2.5$ | 个 | 10 |
| 10 | 030805001003 | 中压碳钢管件 | 弯头，$\phi18\times2$ | 个 | 2 |
| 11 | 030805001004 | 中压碳钢管件 | 三通，$\phi57\times3$ | 个 | 1 |
| 12 | 030805001005 | 中压碳钢管件 | 三通，$\phi45\times2.5$ | 个 | 4 |

续表

| 序号 | 项目编码 | 项目名称 | 项目特征描述 | 计量单位 | 工程量 |
|---|---|---|---|---|---|
| 13 | 030805001006 | 中压碳钢管件 | 变径管，DN50/40 | 个 | 1 |
| 14 | 030805001007 | 中压碳钢管件 | 变径管，DN40/15 | 个 | 4 |
| 15 | 030815001001 | 管架制作安装 | 支架，J101，12个，每个50kg | kg | 600 |
| 16 | 030815001002 | 管架制作安装 | 支架，J102，2个，每个15kg | kg | 30 |
| 17 | 030815001003 | 管架制作安装 | 支架，J103，6个，每个15kg | kg | 90 |
| 18 | 030815001004 | 管架制作安装 | 支架，J105，7个，每个20kg | kg | 140 |
| 19 | 030815001005 | 管架制作安装 | 管架制作安装 | kg | 860 |
| 20 | 030816005001 | 焊缝超声波探伤 | 超声波无损伤 | 口 | 14 |

**【例11】** 图8-10是某商场空调机房螺杆式压缩机冷却水系统图，试求此系统图的管道工程量。

工程说明：

（1）管道采用无缝不锈钢管材，管道连接采用电弧焊。

（2）管件：三通现场挖眼制作，弯头机械煨弯，与管道电弧焊连接，阀门采用螺纹阀门。

（3）管道安装前要除锈、刷油（两遍红丹防锈漆，两遍调和漆）。

（4）管道安装完毕要进行管道系统空气吹扫，低中压管道液压试验。

（5）焊口设计要求按50%做超声波无损伤探测。

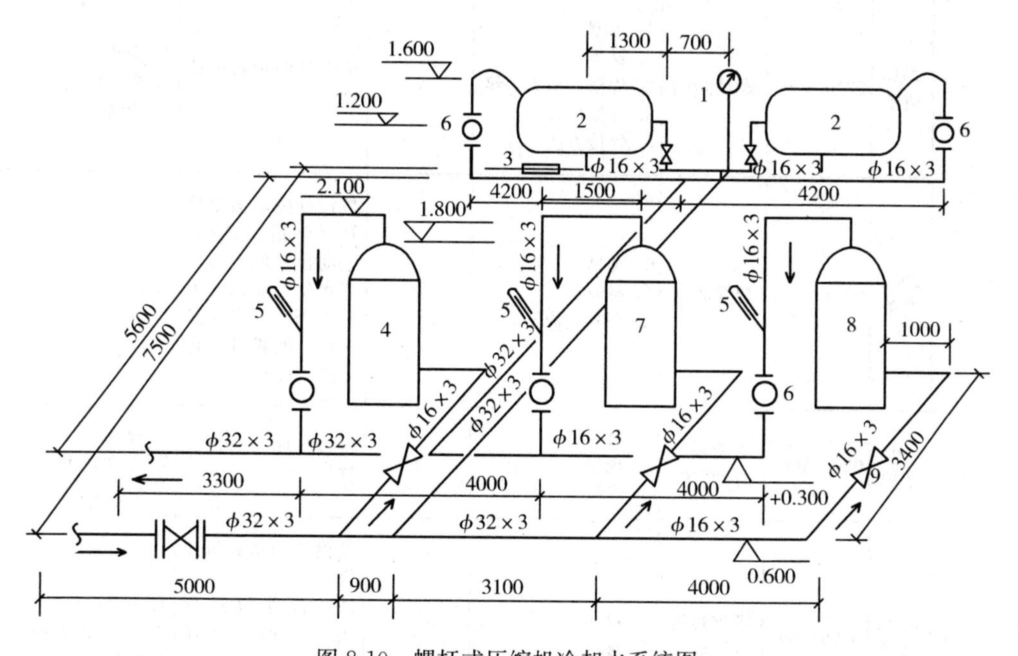


图8-10 螺杆式压缩机冷却水系统图

1—压力表；2—空压机主体；3—压力继电器；4—中间冷却器 5—玻璃温度计；6—透视镜；7—末端冷却器；8—油冷却器；9—截止阀

【解】（1）2013 清单与 2008 清单对照（表 8-21）

2013 清单与 2008 清单对照表　　表 8-21

| 序号 | 清单 | 项目编码 | 项目名称 | 项目特征 | 计算单位 | 工程量计算规则 | 工作内容 |
|---|---|---|---|---|---|---|---|
| 1 | 2013 清单 | 030902001 | 无缝钢管 | 1. 介质<br>2. 材质、压力等级<br>3. 规格<br>4. 焊接方法<br>5. 钢管镀锌设计要求<br>6. 压力试验及吹扫设计要求<br>7. 管道标识设计要求 | m | 按设计图示管道中心线以长度计算 | 1. 管道安装<br>2. 管件安装<br>3. 钢管镀锌<br>4. 压力试验<br>5. 吹扫<br>6. 管道标识 |
| | 2008 清单 | 030702001 | 无缝钢管 | 1. 卤代烷灭火系统、二氧化碳灭火系统<br>2. 材质<br>3. 规格<br>4. 连接方式<br>5. 除锈、刷油、防腐及无缝钢管镀锌设计要求<br>6. 压力试验、吹扫设计要求 | m | 按设计图示管道中心线长度以延长米计算，不扣除阀门、管件及各种组件所占长度 | 1. 管道安装<br>2. 管件安装<br>3. 套管制作、安装（包括防水套管）<br>4. 钢管除锈、刷油、防腐<br>5. 管道压力试验<br>6. 管道系统吹扫<br>7. 无缝钢管镀锌 |
| 2 | 2013 清单 | 031003001 | 螺纹阀门 | 1. 类型<br>2. 材质<br>3. 规格、压力等级<br>4. 连接形式<br>5. 焊接方法 | 个 | 按设计图示数量计算 | 1. 安装<br>2. 电气接线<br>3. 调试 |
| | 2008 清单 | 030803001 | 螺纹阀门 | 1. 类型<br>2. 材质<br>3. 型号、规格 | 个 | 按设计图示数量计算（包括浮球阀、手动排气阀、液压式水位控制阀、不锈钢阀门、煤气减压阀、液相自动转换阀、过滤阀等） | 安装 |
| 3 | 2013 清单 | 030814001 | 碳钢板管件制作 | 1. 材质<br>2. 规格<br>3. 焊接方法 | t | 按设计图示质量计算 | 1. 制作<br>2. 卷筒式板材开卷及平直 |
| | 2008 清单 | 030614001 | 碳钢板管件制作 | 1. 材质<br>2. 规格 | t | 按设计图示数量计算<br>注：管件包括弯头、三通、异径管；异径管按大头口径计算，三通按主管口径计算 | 1. 制作<br>2. 卷筒式板材开卷及平直 |

续表

| 序号 | 清单 | 项目编码 | 项目名称 | 项目特征 | 计算单位 | 工程量计算规则 | 工作内容 |
|---|---|---|---|---|---|---|---|
| 4 | 2013清单 | 030814009 | 管道机械煨弯 | 1. 压力<br>2. 材质<br>3. 型号、规格 | 个 | 按设计图示数量计算 | 煨弯 |
| | 2008清单 | 030614009 | 管道机械煨弯 | 1. 压力<br>2. 材质<br>3. 型号、规格 | 个 | 按设计图示数量计算 | 煨弯 |
| 5 | 2013清单 | 030816005 | 焊缝超声波探伤 | 1. 名称<br>2. 管道规格<br>3. 对比试块设计要求 | 口 | 按规或设计技术要求计算 | 1. 探伤<br>2. 对比试块的制作 |
| | 2008清单 | 030616005 | 焊缝超声波探伤 | 规格 | 口 | 按规范或设计技术要求计算 | 超声波探伤 |

**※解题思路及技巧**

先要看图纸外形构造，以便结合图形采用数学原理进行快捷计算。另外，也可以结合计算规则和以往经验快速计算。

（2）清单工程量

1）管道系统工程量

管道系统包括$\phi32\times3$和$\phi16\times3$两种无缝钢管，其工程量分别计算如下：

①$\phi32\times3$管道工程量

$L$＝水平长度＋垂直长度

＝(5＋0.9＋3.1＋3.3＋4＋7.5＋5.6)＋(1.6－0.6)

＝30.40m

**贴心助手**

水平长度：$\phi32\times3$引入管的长度为（5＋0.9＋3.1），引出管的长度为（3.3＋4），从引入管到空压机主体的水平管之间的长度为7.5，从引出管到空压机主体的水平管的长度为5.6；竖直长度：压力表到空压机主体之间的竖直长度为（1.6－0.6）。

②$\phi16\times3$管道工程量

$L$＝水平长度＋垂直长度

＝(4＋3.4×3＋1×3＋4＋1.5×3＋4.2×2＋1.3×2＋0.7×2)＋(2.1－0.3)×3＋(2.1－1.8)×3＋(1.6－0.3)×2＋(1.2－0.6)×2

＝48.20m

**贴心助手**

水平长度：水平引入管最后一段长为4，引入管至三个冷却器的水平长度为3.4×3＋1×3，第一段水平引出管的长度为4，标高2.1m处与冷却器上部连接的水平管的长度为1.5×3，与空压机主体连接的水平管的长度为4.2×2，两个空压机主体中心的距离为 1.3×2+0.7×2；竖直长度：从三个冷却器引出的竖直管的总长为（2.1−0.3)×3+(2.1−1.8)×3，引入两个空压机主体的竖直管道为（1.6−0.3)×2，空压机主体引出管的竖直管道的长度为（1.2−0.6)×2。

2）管件工程量计算如下：

① 压缩机：2 台；

② 冷却器：2 台；

③ 油冷却器：1 台；

④ 透视镜 *DN*16：5 个；

⑤ 温度计：3 个；

⑥ 压力计：1 个；

⑦ 阀门：J42T-1.0，*DN*16，5 个；Z42T-1.0，*DN*32，1 个；

⑧ 三通：*DN*16，2 个；*DN*32，7 个；

⑨ 弯头：*DN*16，15 个。

3）管道系统除锈工程量

① $\phi32\times3$ 管道表面积：

$S_1=\pi DL=3.14\times0.032\times30.4=3.05\text{m}^2$

② $\phi16\times3$ 管道表面积计算：

$S_2=\pi DL=3.14\times0.016\times48.2=2.42\text{m}^2$

共计除锈工程量：

$S=S_1+S_2=3.05+2.42=5.47\text{m}^2=0.547\times10\text{m}^2$

4）管道系统刷油（两遍红丹防锈漆，两遍调和漆）工程量

① $\phi32\times3$ 管道刷油工程量：

$S_1=\pi DL=3.14\times0.032\times30.40=3.05\text{m}^2$

② $\phi16\times3$ 管道刷油工程量：

$S_2=\pi DL=3.14\times0.016\times48.20=2.42\text{m}^2$

管道系统共计刷油工程量：

$S=S_1+S_2=3.05+2.42=5.47\text{m}^2=0.547\times10\text{m}^2$

5）管道系统进行空气吹扫工程量

$\phi32\times3$ 管道长度：$L_1=30.40\text{m}$；

$\phi16\times3$ 管道长度：$L_2=48.20\text{m}$。

公称直径 50mm 以内管道空气吹扫工程量：

$L=L_1+L_2=30.40+48.20=78.6\text{m}=0.786\times100\text{m}$

6）管道系统进行低中压管道液压试验工程量

$\phi32\times3$ 管道长度：$L_1=30.40\text{m}$；

$\phi16\times3$ 管道长度：$L_2=48.20\text{m}$。

公称直径 50mm 以内管道进行低中压管道液压试验工程量：

$L=L_1+L_2=30.4+48.20=78.6\text{m}=0.786\times100\text{m}$

7）焊口作超声波无损伤探测工程量

管道系统中三通和弯头与管道连接采用电弧焊，其中三通共9个，弯头15个，焊口共计：

3×9+2×15=57口

设计要求按50%比例作超声波无损伤探测工程量：

57×50%=11.4口，取12口。

（3）清单工程量计算表（表8-22）

清单工程量计算表　　表8-22

| 序号 | 项目编码 | 项目名称 | 项目特征描述 | 计量单位 | 工程量 |
|---|---|---|---|---|---|
| 1 | 030902001001 | 无缝钢管 | $\phi$32×3，不锈钢管 | m | 30.40 |
| 2 | 030902001002 | 无缝钢管 | $\phi$16×3，不锈钢管 | m | 48.20 |
| 3 | 031003001001 | 螺纹阀门 | J42T-1.0，*DN*16 | 个 | 5 |
| 4 | 031003001002 | 螺纹阀门 | Z42T-1.0，*DN*32 | 个 | 1 |
| 5 | 030814001001 | 碳钢板管件制作 | *DN*16三通，现场挖眼制作 | 个 | 2 |
| 6 | 030814001002 | 碳钢板管件制作 | *DN*32三通，现场挖眼制作 | 个 | 7 |
| 7 | 030814009001 | 管道机械煨弯 | *DN*16弯头，机械煨弯 | 个 | 15 |
| 8 | 030816005001 | 焊缝超声波探伤 | 焊口按50%比例作超声波无损探伤 | 口 | 12 |

**【例12】**　如图8-11～图8-13所示，本设计分三个防护区，采用组合分配式

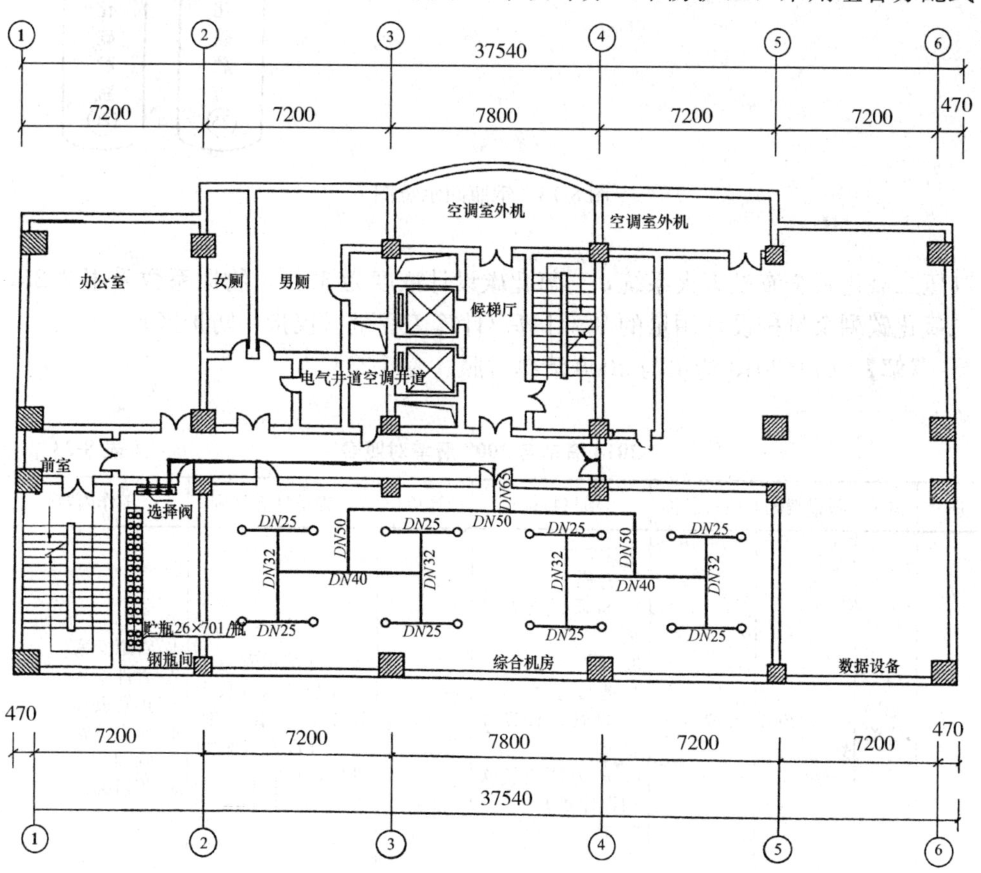


图8-11　高压二氧化碳灭火系统图

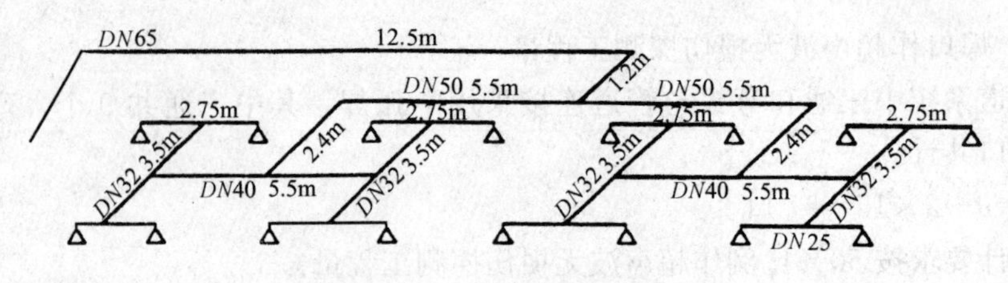


图 8-12　高压二氧化碳灭火系统图

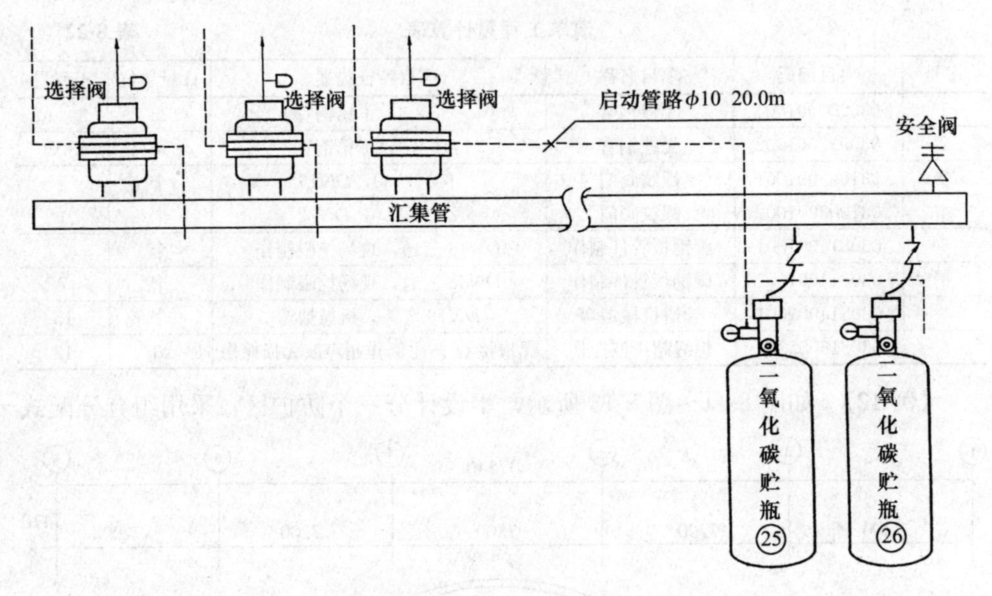


图 8-13　钢瓶间示意图

高压二氧化碳全淹没灭火系统，二氧化碳设计浓度为 62%，物质系数采用 2.25，二氧化碳剩余量按设计用量的 8%计算。计算工程量（仅指一防护区）。

**【解】**（1）2013 清单与 2008 清单对照（表 8-23）

**2013 清单与 2008 清单对照表**　　　　**表 8-23**

| 序号 | 清单 | 项目编码 | 项目名称 | 项目特征 | 计算单位 | 工程量计算规则 | 工作内容 |
|---|---|---|---|---|---|---|---|
| 1 | 2013 清单 | 030902001 | 无缝钢管 | 1. 介质<br>2. 材质、压力等级<br>3. 规格<br>4. 焊接方法<br>5. 钢管镀锌设计要求<br>6. 压力试验及吹扫设计要求<br>7. 管道标识设计要求 | m | 按设计图示管道中心线长度以延长米计算，不扣除阀门、管件及各种组件所占长度 | 1. 管道安装<br>2. 管件安装<br>3. 钢管镀锌<br>4. 压力试验<br>5. 吹扫<br>6. 管道标识 |

续表

| 序号 | 清单 | 项目编码 | 项目名称 | 项目特征 | 计算单位 | 工程量计算规则 | 工作内容 |
|---|---|---|---|---|---|---|---|
| 1 | 2008清单 | 030702001 | 无缝钢管 | 1. 卤代烷灭火系统、二氧化碳灭火系统<br>2. 材质<br>3. 规格<br>4. 连接方式<br>5. 除锈、刷油、防腐及无缝钢管镀锌设计要求<br>6. 压力试验、吹扫设计要求 | m | 按设计图示管道中心线以长度计算，不扣除阀门、管件及各种组件所占长度 | 1. 管道安装<br>2. 管件安装<br>3. 套管制作、安装（包括1号水套管）<br>4. 钢管除锈、制油、防腐<br>5. 管道压力试验<br>6. 管道系统吹扫<br>7. 无缝钢管镀锌 |
| 2 | 2013清单 | 030902006 | 气体喷头 | 1. 材质<br>2. 型号、规格<br>3. 连接形式 | 个 | 按设计图示数量计算 | 喷头安装 |
| | 2008清单 | 030702007 | 贮存装置 | 规格 | 套 | 按设计图示数量计算（包括灭火剂存储器、驱动气瓶、支框架、集流阀、容器阀、单向阀、高压软管和安全阀等贮存装置和阀驱动） | 安装 |
| 3 | 2013清单 | 030902004 | 气体驱动装置管道 | 1. 材质、压力等级<br>2. 规格<br>3. 焊接方法<br>4. 压力试验及吹扫设计要求<br>5. 管道标识设计要求 | m | 按设计图示管道中心线以长度计算 | 1. 管道安装<br>2. 压力试验<br>3. 吹扫<br>4. 管道标识 |
| | 2008清单 | 030702004 | 气体驱动装置管道 | 1. 卤代烷灭火系统、二氧化碳灭火系统<br>2. 材质<br>3. 规格<br>4. 连接方式<br>5. 除锈、刷油、防腐及无缝钢管镀锌设计要求<br>6. 压力试验、吹扫设计要求 | m | 按设计图示管道中心线以长度计算，不扣除阀门、管件及各种组件所占长度 | 1. 管道安装<br>2. 管件安装<br>3. 套管制作、安装（包括防水套管）<br>4. 钢管除锈、刷油、防腐<br>5. 管道压力试验<br>6. 管道系统吹扫<br>7. 无缝钢管镀锌 |
| 4 | 2013清单 | 030902005 | 选择阀 | 1. 材质<br>2. 型号、规格<br>3. 连接形式 | 个 | 按设计图示数量计算 | 1. 安装<br>2. 压力试验 |
| | 2008清单 | 030702005 | 选择阀 | 1. 材质<br>2. 规格<br>3. 连接方式 | 个 | 按设计图示数量计算 | 1. 安装<br>2. 压力试验 |

续表

| 序号 | 清单 | 项目编码 | 项目名称 | 项目特征 | 计算单位 | 工程量计算规则 | 工作内容 |
|---|---|---|---|---|---|---|---|
| 5 | 2013清单 | 030902007 | 贮存装置 | 1. 介质、类型<br>2. 型号、规格<br>3. 气体增压设计要求 | 套 | 按设计图示数量计算 | 1. 贮存装置安装<br>2. 系统组件安装<br>3. 气体增压 |
| | 2008清单 | 030702007 | 贮存装置 | 规格 | 套 | 按设计图示数量计算（包括灭火剂存储器、驱动气瓶、支框架、集流阀、容器阀、单向阀、高压软管和安全阀等贮存装置和阀驱动装置） | 安装 |
| 6 | 2013清单 | 030902008 | 称重检漏装置 | 1. 型号<br>2. 规格 | 套 | 按设计图示数量计算 | 1. 安装<br>2. 调试 |
| | 2008清单 | 030702008 | 二氧化碳称重检漏装置 | 规格 | 套 | 按设计图示数量计算（包括泄漏开关、配重、支架等） | 安装 |
| 7 | 2013清单 | 030905004 | 气体灭火系统装置调试 | 1. 试验容器规格<br>2. 气体试喷 | 点 | 按调试、检验和验收所消耗的试验容器总数计算 | 1. 模拟喷气试验<br>2. 备用灭火器贮存容器切换操作试验<br>3. 气体试喷 |
| | 2008清单 | 030706004 | 气体灭火系统装置调试 | 试验容器规格 | 个 | 按调试、检验和验收所消耗的试验容器总数计算 | 1. 模拟喷气试验<br>2. 备用灭火器贮存容器切换操作试验 |

**✲解题思路及技巧**

先要看图纸外形构造，以便结合图形采用数学原理进行快捷计算。另外，也可以结合计算规则和以往经验快速计算。

(2) 清单工程量

1）无缝钢管（法兰连接）*DN*65 的工程量＝2＋1.2＋12.5＋1.2＝16.9m。

**贴心助手**

如图 8-12 所示，2＋1.2 为左边钢管的长度，12.5＋1.2 如图所示可看出。

2）无缝钢管（螺纹连接）*DN*50 的工程量＝5.5×2＋2.4×2＝15.8m。

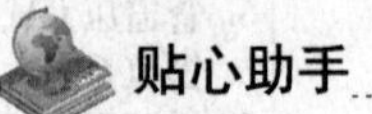

**贴心助手**

无缝钢管 *DN*50 如图 8-12 所示，该钢管的有两段 5.5m 长，两段 2.4m 的长度。

3）无缝钢管（螺纹连接）*DN*40 的工程量=5.5×2=11m。

**贴心助手**

*DN*40 钢管尺寸如图 8-12 所示，有两段 5.5m 的长度。

4）无缝钢管（螺纹连接）*DN*32 的工程量=3.5×4=14m。

**贴心助手**

*DN*32 的工程量，如图 8-12 所示每段长为 3.5，共有四段。

5）无缝钢管（螺纹连接）*DN*25 的工程量=2.75×8=22m。

**贴心助手**

钢管工程量按设计图示尺寸以“m”为单位，如图 8-12 所示，2.75 表示每段钢管 *DN*25 的长度，8 表示该钢管共有 8 段。

6）喷头安装 *DN*20 的工程量=16 个。

**贴心助手**

喷头安装工程量以个为计量单位，如图 8-11 所示 *DN*20 喷头安装有 16 个。

7）气动管道 $\phi$10=20m。

**贴心助手**

如图 8-13 钢瓶间示意图所示，$\phi$10 气动管道的长度为 20.0m。

8）选择阀 *DN*65=1 个。

9）贮存装置 40L=1 套。

10）二氧化碳称重检漏装置安装工程量=2 套。

**贴心助手**

如图 8-13 钢瓶间示意图所示，二氧化碳贮瓶的套数为 2 套。

11）气体灭火系统调试的工程量=1 个。

12）一般钢管安装 *DN*65=1 个。

（3）清单工程量计算表（表 8-24）

**清单工程量计算表** **表 8-24**

| 序号 | 项目编码 | 项目名称 | 项目特征描述 | 计量单位 | 工程量 |
|---|---|---|---|---|---|
| 1 | 030902001001 | 无缝钢管 | 法兰连接 *DN*65 | m | 16.90 |
| 2 | 030902001002 | 无缝钢管 | 螺纹连接 *DN*50 | m | 15.80 |
| 3 | 030902001003 | 无缝钢管 | 螺纹连接 *DN*40 | m | 11.00 |
| 4 | 030902001004 | 无缝钢管 | 螺纹连接 *DN*32 | m | 14.00 |
| 5 | 030902001005 | 无缝钢管 | 螺纹连接 *DN*25 | m | 22.00 |
| 6 | 030902006001 | 气体喷头 | *DN*20 | 个 | 16 |
| 7 | 030902004001 | 气体驱动装置管道 | $\phi$10 | m | 20.00 |

续表

| 序号 | 项目编码 | 项目名称 | 项目特征描述 | 计量单位 | 工程量 |
|---|---|---|---|---|---|
| 8 | 030902005001 | 选择阀 | *DN*65 | 个 | 1 |
| 9 | 030902007001 | 贮存装置 | 40L | 套 | 2 |
| 10 | 030902008001 | 二氧化碳称重检漏装置 | 二氧化碳称重检漏装置安装 | 套 | 2 |
| 11 | 030905004001 | 气体灭火系统装置调试 | 组合分配式高压二氧化碳全淹没灭火系统 | 个 | 1 |

## 8.3 火灾自动报警系统

**【例 13】** 某综合大楼一层大厅装有总线制火灾自动报警系统，该系统设有 10 只感烟探测器，报警按钮 4 只，警铃 2 台，并接于同一回路，128 点报警控制器一台（壁挂式），1 报警备用电源 1 台。如图 8-14 所示为火灾自动报警系统原理图。试编制分部分项工程量清单。

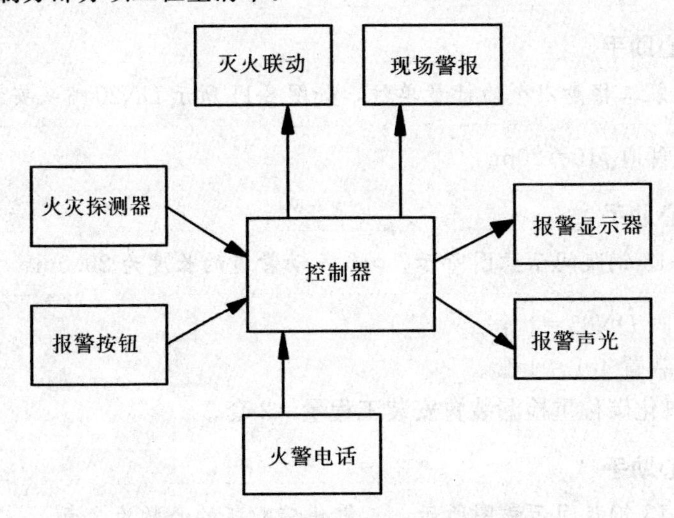


图 8-14 火灾自动报警系统原理框图

**【解】** (1) 2013 清单与 2008 清单对照（表 8-25）

**2013 清单与 2008 清单对照表** 表 8-25

| 序号 | 清单 | 项目编码 | 项目名称 | 项目特征 | 计算单位 | 工程量计算规则 | 工作内容 |
|---|---|---|---|---|---|---|---|
| 1 | 2013 清单 | 030904001 | 点型探测器 | 1. 名称<br>2. 规格<br>3. 线制<br>4. 类型 | 个 | 按设计图示数量计算 | 1. 探头安装<br>2. 底座安装<br>3. 校接线<br>4. 编码<br>5. 探测器调试 |
| | 2008 清单 | 030705001 | 点型探测器 | 1. 名称<br>2. 多线制<br>3. 总线制<br>4. 类型 | 只 | 按设计图示数量计算 | 1. 探头安装<br>2. 底座安装<br>3. 校接线<br>4. 探测器调试 |

续表

| 序号 | 清单 | 项目编码 | 项目名称 | 项目特征 | 计算单位 | 工程量计算规则 | 工作内容 |
|---|---|---|---|---|---|---|---|
| 2 | 2013清单 | 030904003 | 按钮 | 1. 名称<br>2. 规格 | 个 | 按设计图示数量计算 | 1. 安装<br>2. 校接线<br>3. 编码<br>4. 调试 |
| | 2008清单 | 030705003 | 按钮 | 规格 | 只 | 按设计图示数量计算 | 1. 安装<br>2. 校接线<br>3. 调试 |
| 3 | 2013清单 | 030904009 | 区域报警控制箱 | 1. 多线制<br>2. 总线制<br>3. 安装方式<br>4. 控制点数量<br>5. 显示器类型 | 台 | 按设计图示数量计算 | 1. 本体安装<br>2. 校接线、摇测绝缘电阻<br>3. 排线、绑扎、导线标识<br>4. 显示器安装<br>5. 调试 |
| | 2008清单 | 030705005 | 报警控制器 | 1. 多线制<br>2. 总线制<br>3. 安装方式<br>4. 控制点数量 | 台 | 按设计图示数量计算 | 1. 本体安装<br>2. 消防报警备用电源<br>3. 校接线<br>4. 调试 |
| 4 | 2013清单 | 030904005 | 声光报警器 | 1. 名称<br>2. 规格 | 个 | 按设计图示数量计算 | 1. 安装<br>2. 校接线<br>3. 编码<br>4. 调试 |
| | 2008清单 | 030705003 | 按钮 | 规格 | 只 | 按设计图示数量计算 | 1. 安装<br>2. 校接线<br>3. 调试 |

**✲解题思路及技巧**

此题比较简单，主要考察该项目的清单工程量表的填写。

(2) 清单工程量

总线制感烟式点型探测器：10个；

按钮：4个；

总线制128点壁挂式报警控制器：1台；

报警装置警铃：2个。

(3) 清单工程量计算表（表8-26）

**清单工程量计算表** **表8-26**

| 序号 | 项目编码 | 项目名称 | 项目特征描述 | 计量单位 | 工程量 |
|---|---|---|---|---|---|
| 1 | 030904001001 | 点型探测器 | 总线制感烟式点型探测器 | 个 | 10 |
| 2 | 030904003001 | 按钮 | 按钮 | 个 | 4 |
| 3 | 030904009001 | 区域报警控制箱 | 总线制128点壁挂式报警控制器 | 台 | 1 |
| 4 | 030904005001 | 声光报警器 | 报警装置警铃 | 个 | 2 |

【例 14】 有一局部总线性火灾自动报警工程，工程量统计为智能离子感烟探测器 25 个，智能感温探测器 4 个，总线报警控制器 1 台，回路总线采用 RVS-2×1.5 塑料绝缘软双绞铜导线，共计 125m，选用线管 SC15 砖混结构暗敷，共计 115m，隔离模块 1 台，手动报警按钮 4 个，监视模块 6 个，控制模块 4 个，试编写分部分项工程量清单。

【解】 (1) 2013 清单与 2008 清单对照（表 8-27）

**2013 清单与 2008 清单对照表** **表 8-27**

| 序号 | 清单 | 项目编码 | 项目名称 | 项目特征 | 计算单位 | 工程量计算规则 | 工作内容 |
|---|---|---|---|---|---|---|---|
| 1 | 2013 清单 | 030904001 | 点型探测器 | 1. 名称<br>2. 规格<br>3. 线制<br>4. 类型 | 个 | 按设计图示数量计算 | 1. 底座安装<br>2. 探头安装<br>3. 校接线<br>4. 编码<br>5. 探测器调试 |
| | 2008 清单 | 030705001 | 点型探测器 | 1. 名称<br>2. 多线制<br>3. 总线制<br>4. 类型 | 只 | 按设计图示数量计算 | 1. 探头安装<br>2. 底座安装<br>3. 校接线<br>4. 探测器调试 |
| 2 | 2013 清单 | 030904008 | 模块（模块箱） | 1. 名称<br>2. 规格<br>3. 类型<br>4. 输出形式 | 个（台） | 按设计图示数量计算 | 1. 安装<br>2. 校接线<br>3. 编码<br>4. 调试 |
| | 2008 清单 | 030705004 | 模块（接口） | 1. 名称<br>2. 输出形式 | 只 | 按设计图示数量计算 | 1. 安装<br>2. 调试 |
| 3 | 2013 清单 | 030904003 | 按钮 | 1. 名称<br>2. 规格 | 个 | 按设计图示数量计算 | 1. 安装<br>2. 校接线<br>3. 编码<br>4. 调试 |
| | 2008 清单 | 030705003 | 按钮 | 规格 | 只 | 按设计图示数量计算 | 1. 安装<br>2. 校接线<br>3. 调试 |
| 4 | 2013 清单 | 030904009 | 区域报警控制箱 | 1. 多线制<br>2. 总线制<br>3. 安装方式<br>4. 控制点数量<br>5. 显示器类型 | 台 | 按设计图示数量计算 | 1. 本体安装<br>2. 校接线、摇测绝缘电阻<br>3. 排线、绑扎、导线标识<br>4. 显示器安装<br>5. 调试 |
| | 2008 清单 | 030705005 | 报警控制器 | 1. 多线制<br>2. 总线制<br>3. 安装方式<br>4. 控制点数量 | 台 | 按设计图示数量计算 | 1. 本体安装<br>2. 消防报警备用电源<br>3. 校接线<br>4. 调试 |

续表

| 序号 | 清单 | 项目编码 | 项目名称 | 项目特征 | 计算单位 | 工程量计算规则 | 工作内容 |
| --- | --- | --- | --- | --- | --- | --- | --- |
| 5 | 2013清单 | 030411001 | 配管 | 1. 名称<br>2. 材质<br>3. 规格<br>4. 配置形式<br>5. 接地要求<br>6. 钢索材质、规格 | m | 按设计图示尺寸以长度计算 | 1. 电线管路敷设<br>2. 钢索架设（拉紧装置安装）<br>3. 预留沟槽<br>4. 接地 |
|  | 2008清单 | 030212001 | 电气配管 | 1. 名称<br>2. 材质<br>3. 规格<br>4. 配置形式及部位 | m | 按设计图示尺寸以延长米计算。不扣除管路中间的接线箱（盒）、灯头盒、开关盒所占长度 | 1. 刨沟槽<br>2. 钢索架设（拉紧装置安装）<br>3. 支架制作、安装<br>4. 电线管路敷设<br>5. 接线盒（箱）、灯头盒、开关盒、插座盒安装<br>6. 防腐油漆<br>7. 接地 |
| 6 | 2013清单 | 030411004 | 配线 | 1. 名称<br>2. 配线形式<br>3. 型号<br>4. 规格<br>5. 材质<br>6. 配线部位<br>7. 配线线制<br>8. 钢索材质、规格 | m | 按设计图示尺寸以单线长度计算（含预留长度） | 1. 配线<br>2. 钢索架设（拉紧装置安装）<br>3. 支持体（夹板、绝缘子、槽板等）安装 |
|  | 2008清单 | 030212003 | 电气配线 | 1. 配线形式<br>2. 导线型号、材质、规格<br>3. 敷设部位或线制 | m | 按设计图示尺寸以单线延长米计算 | 1. 支持体（夹板、绝缘子、槽板等）安装<br>2. 支架制作、安装<br>3. 钢索架设（拉紧装置安装）<br>4. 配线<br>5. 管内穿线 |
| 7 | 2013清单 | 030905001 | 自动报警系统调试 | 1. 点数<br>2. 线制 | 系统 | 按设计图示数量计算 | 系统调试 |
|  | 2008清单 | 030706001 | 自动报警系统装置调试 | 点数 | 系统 | 按设计图示数量计算（由探测器、报警按钮、报警控制器组成的报警系统；点数按多线制、总线制报警器的点数计算） | 系统装置调试 |

（2）清单工程量

根据计算统计的工程数量，依据《通用安装工程工程量计算规范》GB 50856—2013，编制此工程分部分项工程量清单，见表 8-28。

工程名称：某消防工程

**分部分项工程量清单** **表 8-28**

| 序号 | 项目编码 | 项目名称 | 计量单位 | 工程数量 |
|---|---|---|---|---|
| 01 | 030904001001 | 点型探测器：智能离子感烟探测器<br>工程内容：1. 探头安装 2. 底座安装<br>3. 校接线 4. 探测器调试 | 个 | 25 |
| 02 | 030904001002 | 点型探测器：智能感温探测器<br>工程内容：1. 探头安装 2. 底座安装<br>3. 校接线 4. 探测器调试 | 个 | 4 |
| 03 | 030904008001 | 模块（模块箱）：监视模块<br>工程内容：1. 安装 2. 调试 | 个 | 6 |
| 04 | 030904008002 | 模块（模块箱）：控制模块<br>工程内容：1. 安装 2. 调试 | 个 | 4 |
| 05 | 030904008003 | 模块（模块箱）：隔离模块<br>工程内容：1. 安装 2. 调试 | 个 | 1 |
| 06 | 030904003001 | 按钮（总线制）<br>工程内容：1. 安装 2. 校接线 3. 调试 | 个 | 4 |
| 07 | 030904009001 | 区域报警控制箱：总线制<br>工程内容：1. 本体安装 2. 消防报警备用电源<br>3. 校接线 4. 调试 | 台 | 1 |
| 08 | 030411001001 | 配管：SC15，砖混结构暗敷设<br>工程内容：系统装置调试 | m | 115 |
| 09 | 030411004001 | 配线：RVS－2×1.5<br>工程内容：1. 配线 2. 管内穿线 | m | 125 |
| 10 | 030905001001 | 自动报警系统装置调试<br>工程内容：系统装置调试 | 系统 | 1 |

（3）清单工程量计算表（表 8-29）

**清单工程量计算表** **表 8-29**

| 序号 | 项目编码 | 项目名称 | 项目特征描述 | 计量单位 | 工程量 |
|---|---|---|---|---|---|
| 1 | 030904001001 | 点型探测器 | 点型探测器，智能离子感烟探测器器 | 个 | 25 |
| 2 | 030904001002 | 点型探测器 | 智能感温探测器 | 个 | 4 |
| 3 | 030904008001 | 模块（模块箱） | 监视模块 | 个 | 6 |
| 4 | 030904008002 | 模块（模块箱） | 控制模块 | 个 | 4 |
| 5 | 030904008003 | 模块（模块箱） | 隔离模块 | 个 | 1 |
| 6 | 030904003001 | 按钮 | 总线制 | 个 | 4 |
| 7 | 030904009001 | 区域报警控制箱 | 总线制 | 台 | 1 |
| 8 | 030411001001 | 配管 | 电气配管，SC15 砖混结构暗敷设 | m | 115 |
| 9 | 030411004001 | 配线 | 电气配线，RVS－2×1.5 | m | 125 |
| 10 | 030905001001 | 自动报警系统装置调试 | 自动报警系统装置调试 | 系统 | 1 |

**【例 15】** 本工程为上海市某饭馆火灾自动报警系统，如图 8-15 所示。该建筑为砖混结构，一层，高为 4.0m，做吊顶装修，人工天花板距地 3.2m。火灾自动报警系统控制主机选用南京消防电子技术有限公司生产的 JB－QB－J2000/s 智能型火灾报警控制器。主机、楼层、接线箱为壁挂式安装，底边距地 1.4m，探测器吸顶安装，声光报警器，模块底边距地 1.8m 安装，手动报警按钮底边距地 1.4m，报警控制总线 DC24V 主机电源线均采用阻燃型 BVR－2×1.5 穿钢管暗敷于墙内或吊顶内。计算工程量。

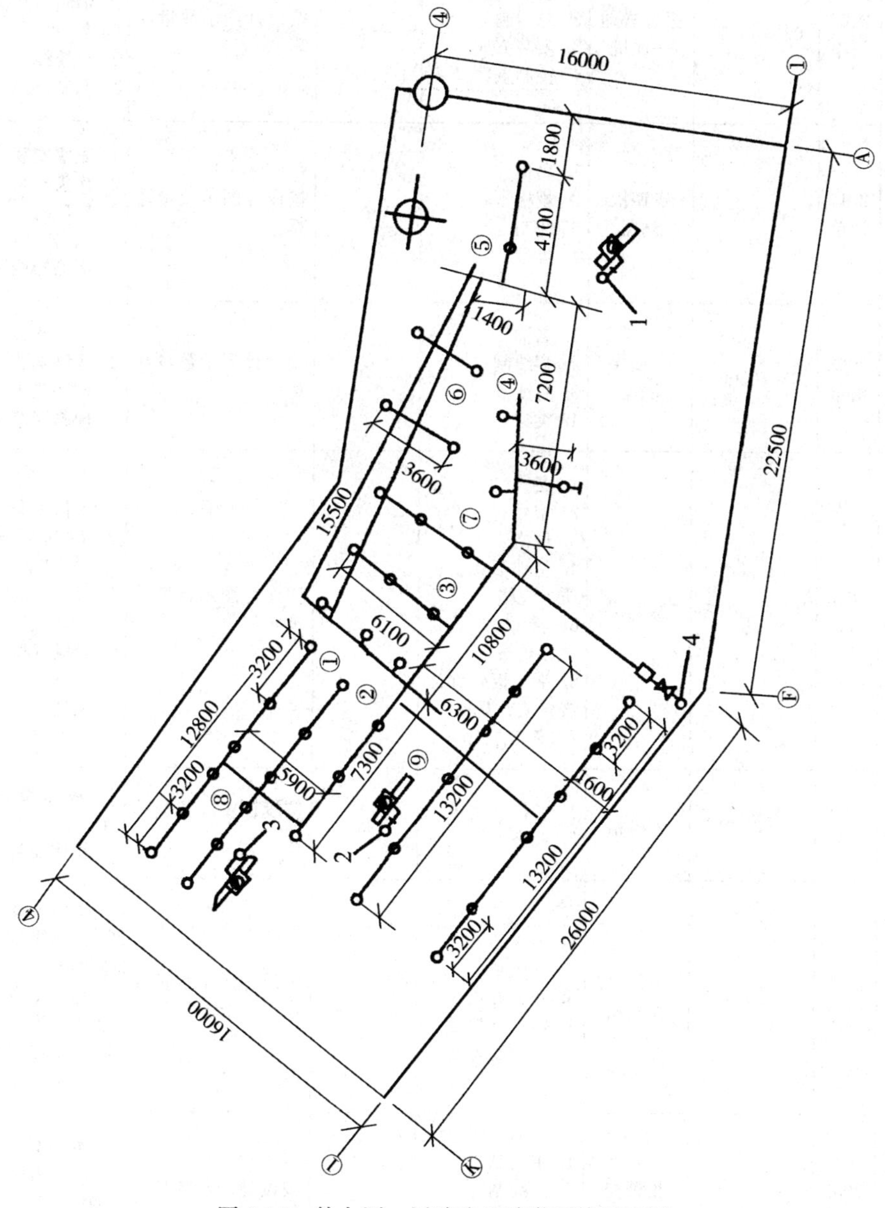

图 8-15　某大厦一层消防及喷淋系统平面图

**【解】**（1）2013 清单与 2008 清单对照（表 8-30）

**2013 清单与 2008 清单对照表** **表 8-30**

| 序号 | 清单 | 项目编码 | 项目名称 | 项目特征 | 计算单位 | 工程量计算规则 | 工作内容 |
|---|---|---|---|---|---|---|---|
| 1 | 2013 清单 | 030904012 | 火灾报警系统控制主机 | 1. 规格、线制<br>2. 控制回路<br>3. 安装方式 | 台 | 按设计图示数量计算 | 1. 安装<br>2. 校接线<br>3. 调试 |
| | 2008 清单 | 030705007 | 报警联动一体机 | 1. 多线制<br>2. 总线制<br>3. 安装方式<br>4. 控制点数量 | 台 | 按设计图示数量计算 | 1. 本体安装<br>2. 消防报警备用电源<br>3. 校接线<br>4. 调试 |
| 2 | 2013 清单 | 030904001 | 点型探测器 | 1. 名称<br>2. 规格<br>3. 线制<br>4. 类型 | 个 | 按设计图示数量计算 | 1. 底座安装<br>2. 探头安装<br>3. 校接线<br>4. 编码<br>5. 探测器调试 |
| | 2008 清单 | 030705001 | 点型探测器 | 1. 名称<br>2. 多线制<br>3. 总线制<br>4. 类型 | 只 | 按设计图示数量计算 | 1. 探头安装<br>2. 底座安装<br>3. 校接线<br>4. 探测器调试 |
| 3 | 2013 清单 | 030404017 | 配电箱 | 1. 名称<br>2. 型号<br>3. 规格<br>4. 基础形式、材质、规格<br>5. 接线端子材质、规格<br>6. 端子板外部接线材质、规格<br>7. 安装方式 | 台 | 按设计图示数量计算 | 1. 本体安装<br>2. 基础型钢制作、安装<br>3. 焊、压接线端子<br>4. 补刷（喷）油漆<br>5. 接地 |
| | 2008 清单 | 030204018 | 配电箱 | 1. 名称、型号<br>2. 规格 | 台 | 按设计图示数量计算 | 1. 基础型钢制作、安装<br>2. 箱体安装 |
| 4 | 2013 清单 | 030904009 | 区域报警控制箱 | 1. 多线制<br>2. 总线制<br>3. 安装方式<br>4. 控制点数量<br>5. 显示器类型 | 台 | 按设计图示数量计算 | 1. 本体安装<br>2. 校接线、摇测绝缘电阻<br>3. 排线、绑扎、导线标识<br>4. 显示器安装<br>5. 调试 |
| | 2008 清单 | 030705005 | 报警控制器 | 1. 多线制<br>2. 总线制<br>3. 安装方式<br>4. 控制点数量 | 台 | 按设计图示数量计算 | 1. 本体安装<br>2. 消防报警备用电源<br>3. 校接线<br>4. 调试 |

续表

| 序号 | 清单 | 项目编码 | 项目名称 | 项目特征 | 计算单位 | 工程量计算规则 | 工作内容 |
|---|---|---|---|---|---|---|---|
| 5 | 2013清单 | 030904003 | 按钮 | 1. 名称<br>2. 规格 | 个 | 按设计图示数量计算 | 1. 安装<br>2. 校接线<br>3. 编码<br>4. 调试 |
| | 2008清单 | 030705003 | 按钮 | 规格 | 只 | 按设计图示数量计算 | 1. 安装<br>2. 校接线<br>3. 调试 |
| 6 | 2013清单 | 030904008 | 模块（模块箱） | 1. 名称<br>2. 规格<br>3. 类型<br>4. 输出形式 | 个（台） | 按设计图示数量计算 | 1. 安装<br>2. 校接线<br>3. 编码<br>4. 调试 |
| | 2008清单 | 030705004 | 模块（接口） | 1. 名称<br>2. 输出形式 | 只 | 按设计图示数量计算 | 1. 安装<br>2. 调试 |
| 7 | 2013清单 | 030901002 | 消火栓钢管 | 1. 安装部位<br>2. 材质、规格<br>3. 连接形式<br>4. 钢管镀锌设计要求<br>5. 压力试验及冲洗设计要求<br>6. 管道标识设计要求 | m | 按设计图示管道中心线以长度计算 | 1. 管道及管件安装<br>2. 钢管镀锌<br>3. 压力试验<br>4. 冲洗<br>5. 管道标识 |
| | 2008清单 | 030701004 | 消火栓钢管 | 1. 安装部位（室内、外）<br>2. 材质<br>3. 型号、规格<br>4. 连接方式<br>5. 除锈标准、刷油、防腐设计要求<br>6. 水冲洗、水压试验设计要求 | m | 按设计图示管道中心线长度以延长米计算，不扣除阀门、管件及各种组件所占长度；方形补偿器以其所占长度按管道安装工程量计算 | 1. 管道及管件安装<br>2. 套管（包括防水套管）制作、安装<br>3. 管道除锈、刷油、防腐<br>4. 管网水冲洗<br>5. 无缝钢管镀锌<br>6. 水压试验 |
| 8 | 2013清单 | 030411001 | 配管 | 1. 名称<br>2. 材质<br>3. 规格<br>4. 配置形式<br>5. 接地要求<br>6. 钢索材质、规格 | m | 按设计图示尺寸以长度计算 | 1. 电线管路敷设<br>2. 钢索架设（拉紧装置安装）<br>3. 预留沟槽<br>4. 接地 |

续表

| 序号 | 清单 | 项目编码 | 项目名称 | 项目特征 | 计算单位 | 工程量计算规则 | 工作内容 |
|---|---|---|---|---|---|---|---|
| 8 | 2008清单 | 030212001 | 电气配管 | 1. 名称<br>2. 材质<br>3. 规格<br>4. 配置形式及部位 | m | 按设计图示尺寸以延长米计算。不扣除管路中间的接线箱（盒）、灯头盒、开关盒所占长度 | 1. 刨沟槽<br>2. 钢索架设（拉紧装置安装）<br>3. 支架制作、安装<br>4. 电线管路敷设<br>5. 接线盒（箱）、灯头盒、开关盒、插座盒安装<br>6. 防腐油漆<br>7. 接地 |
| 9 | 2013清单 | 030411004 | 配线 | 1. 名称<br>2. 配线形式<br>3. 型号<br>4. 规格<br>5. 材质<br>6. 配线部位<br>7. 配线线制<br>8. 钢索材质、规格 | m | 按设计图示尺寸以单线长度计算（含预留长度） | 1. 配线<br>2. 钢索架设（拉紧装置安装）<br>3. 支持体（夹板、绝缘子、槽板等）安装 |
|  | 2008清单 | 030212003 | 电气配线 | 1. 配线形式<br>2. 导线型号、材质、规格<br>3. 敷设部位或线制 | m | 按设计图示尺寸以单线延长米计算 | 1. 支持体（夹板、绝缘子、槽板等）安装<br>2. 支架制作、安装<br>3. 钢索架设（拉紧装置安装）<br>4. 配线<br>5. 管内穿线 |
| 10 | 2013清单 | 030905001 | 自动报警系统装置调试 | 1. 点数<br>2. 线制 | 系统 | 按设计图示数量计算 | 系统调试 |
|  | 2008清单 | 030706001 | 自动报警系统装置调试 | 点数 | 系统 | 按设计图示数量计算（由探测器、报警按钮、报警控制器组成的报警系统；点数按多线制、总线制报警器的点数计算） | 系统装置调试 |

### ✲解题思路及技巧

先要看图纸外形构造，以便结合图形采用数学原理进行快捷计算。另外，也可以结合计算规则和以往经验快速计算。

（2）清单工程量

1）火灾报警控制器 JB-QB-J2000/s 的工程量＝1 台；

2）感烟探测器 JTY-LZ-ZM1551（配底座：DZ-B501）工程量＝8 只；

3）感温探测器 JTW-BD-ZM5551（配底座：DZ-B501）工程量＝1 只；

4）接线端子箱 200×150 的工程量＝1 只；

5）声光报警器 SGH・B 的工程量＝1 只；

6）手动报警按钮 J-SAP-M-M500K＝1 只；

7）输入模块 JSM-M500M 的工程量＝1 只；

8）输出模块 KM-M500C 的工程量＝2 只；

9）总线隔离器 GLM-M500X 的工程量＝1 只；

10）钢管埋墙暗敷 G20 的工程量＝10.2m＝0.1（100m）；

11）钢管顶棚内暗敷 G20 的工程量＝39.2m＝0.39（100m）；

12）金属软管顶棚内暗敷 $\phi$20 的工程量＝2.4m＝0.02（100m）；

13）管内穿线 BVR-1.5 的工程量＝104m＝1.04（100m）；

14）接线盒暗装的工程量＝11 个＝1.1（10 个）；

15）系统调试的工程量＝1 系统。

（3）清单工程量计算表（表 8-31）

**清单工程量计算表**　　　　**表 8-31**

| 序号 | 项目编码 | 项目名称 | 项目特征描述 | 计量单位 | 工程量 |
|---|---|---|---|---|---|
| 1 | 030904012001 | 火灾报警系统控制主机 | JB-QB-J2000/s | 台 | 1 |
| 2 | 030904001001 | 点型探测器 | 感烟探测器 JTY-LZ-ZM1551，吸顶安装 | 只 | 8 |
| 3 | 030904001002 | 点型探测器 | 感温探测器 JTW-BD -ZM5551，吸顶安装 | 只 | 1 |
| 4 | 030404017001 | 配电箱 | 接线端箱 200×150 | 台 | 1 |
| 5 | 030904009001 | 区域报警控制箱 | 声光报警器 SGH・B | 台 | 1 |
| 6 | 030904003001 | 按钮 | 手动报警按钮 J-SAP-M-M500K | 只 | 1 |
| 7 | 030904008001 | 模块（接口） | 输出模块 GLM-M500X | 只 | 1 |
| 8 | 030901002001 | 消火栓钢管 | 暗敷，G20 | m | 49.40 |
| 9 | 030411001001 | 配管 | 金属软管，暗敷，$\phi$20 | m | 2.40 |
| 10 | 030411004001 | 配线 | BVR-1.5 | m | 104.00 |
| 11 | 030905001001 | 自动报警系统装置调试 | 火灾自动报警系统 | 系统 | 1 |

**【例 16】** 某商场一层高 4.5m，吊顶高 4m。其火灾报警系统组成如图 8-16 所示。

（1）区域报警器 AR 支挂式，板面尺寸 520×800，安装高度 1.5m。

（2）防火卷帘开关安装及消防按钮开关安装高度 1.5m。

（3）SS 及 ST 和地址解码器，注用四总线制，配 BV-4×1 线，穿 PVC20 管，暗敷设在吊顶内。试计算工程量。

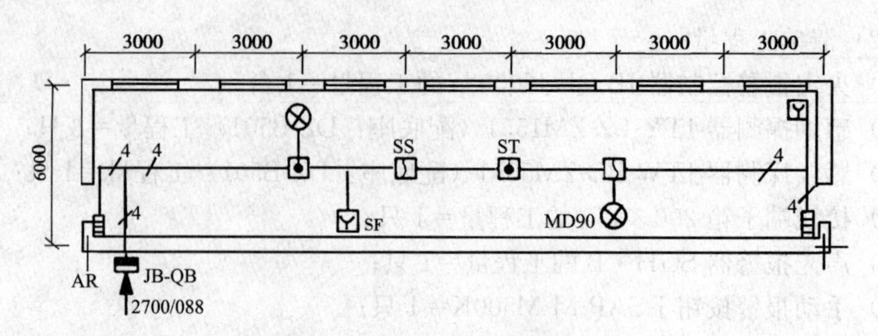


图 8-16　某商场火灾报警系统

【解】（1）2013 清单与 2008 清单对照（表 8-32）

**2013 清单与 2008 清单对照表**　　表 8-32

<table>
<tr><th>序号</th><th>清单</th><th>项目编码</th><th>项目名称</th><th>项目特征</th><th>计算单位</th><th>工程量计算规则</th><th>工作内容</th></tr>
<tr><td rowspan="2">1</td><td>2013 清单</td><td>030901004</td><td>报警装置</td><td>1. 名称<br>2. 型号、规格</td><td>组</td><td>按设计图示数量计算</td><td>1. 安装<br>2. 电气接线<br>3. 调试</td></tr>
<tr><td>2008 清单</td><td>030701012</td><td>报警装置</td><td>1. 名称、型号<br>2. 规格</td><td>组</td><td>按设计图示数量计算（包括湿式报警装置、干湿两用报警装置、电动雨淋报警装置、预作用报警装置）</td><td>安装</td></tr>
<tr><td rowspan="2">2</td><td>2013 清单</td><td>030904003</td><td>按钮</td><td>1. 名称<br>2. 规格</td><td>个</td><td>按设计图示数量计算</td><td>1. 安装<br>2. 校接线<br>3. 编码<br>4. 调试</td></tr>
<tr><td>2008 清单</td><td>030705003</td><td>按钮</td><td>规格</td><td>只</td><td>按设计图示数量计算</td><td>1. 安装<br>2. 校接线<br>3. 调试</td></tr>
<tr><td rowspan="2">3</td><td>2013 清单</td><td>030904001</td><td>点型探测器</td><td>1. 名称<br>2. 规格<br>3. 线制<br>4. 类型</td><td>个</td><td>按设计图示数量计算</td><td>1. 底座安装<br>2. 探头安装<br>3. 校接线<br>4. 编码<br>5. 探测器调试</td></tr>
<tr><td>2008 清单</td><td>030705001</td><td>点型探测器</td><td>1. 名称<br>2. 多线制<br>3. 总线制<br>4. 类型</td><td>只</td><td>按设计图示数量计算</td><td>1. 探头安装<br>2. 底座安装<br>3. 校接线<br>4. 探测器调试</td></tr>
<tr><td>4</td><td>2013 清单</td><td>030411001</td><td>配管</td><td>1. 名称<br>2. 材质<br>3. 规格<br>4. 配置形式<br>5. 接地要求<br>6. 钢索材质、规格</td><td>m</td><td>按设计图示尺寸以长度计算</td><td>1. 电线管路敷设<br>2. 钢索架设（拉紧装置安装）<br>3. 预留沟槽<br>4. 接地</td></tr>
</table>

续表

| 序号 | 清单 | 项目编码 | 项目名称 | 项目特征 | 计算单位 | 工程量计算规则 | 工作内容 |
|---|---|---|---|---|---|---|---|
| 4 | 2008清单 | 030212001 | 电气配管 | 1. 名称<br>2. 材质<br>3. 规格<br>4. 配置形式及部位 | m | 按设计图示尺寸以延长米计算。不扣除管路中间的接线箱(盒)、灯头盒、开关盒所占长度 | 1. 刨沟槽<br>2. 钢索架设(拉紧装置安装)<br>3. 支架制作、安装<br>4. 电线管路敷设<br>5. 接线盒(箱)、灯头盒、开关盒、插座盒安装<br>6. 防腐油漆<br>7. 接地 |

**✲解题思路及技巧**

先要看图纸外形构造，以便结合图形采用数学原理进行快捷计算。另外，也可以结合计算规则和以往经验快速计算。

(2) 清单工程量

工程量计算见表8-33。

**工程量计算表** **表8-33**

| 编号 | 项目名称 | 单位 | 工程量 |
|---|---|---|---|
| 1 | 火灾区域报警器 | 组 | 1 |
| 2 | 防火卷帘门开关安装 | 套 | 2 |
| 3 | 卷帘门开关暗敷 | 个 | 2 |
| 4 | 消防按钮安装 | 10个 | 0.2 |
| 5 | 按钮暗盒安装 | 10个 | 0.2 |
| 6 | 感温探测器安装 | 10个 | 0.2 |
| 7 | 感烟探测器安装 | 10个 | 0.2 |
| 8 | 探测器显示灯 | 10套 | 0.3 |
| 9 | PVC20管吊顶内明敷 | 10m | 3.45 |
| 10 | 管内穿线BV-1 | 100m | 2.317 |
| 11 | 探测器及显示灯头盒安装 | 10个 | 0.6 |
| 12 | 接线盒安装 | 10个 | 0.9 |
| 13 | 塑料波纹管 $\phi 20$ | 10m | 0.3 |

(3) 清单工程量计算表(表8-34)

**清单工程量计算表** **表8-34**

| 序号 | 项目编码 | 项目名称 | 项目特征描述 | 计量单位 | 工程量 |
|---|---|---|---|---|---|
| 1 | 030901004001 | 报警装置 | 火灾区域报警，AR支挂式 | 台 | 1 |
| 2 | 030904003001 | 按钮 | 消防暗扭 | 只 | 2 |
| 3 | 030904001001 | 点型探测器 | 感温探测器 | 只 | 2 |
| 4 | 030904001002 | 点型探测器 | 感烟探测器 | 只 | 2 |

续表

| 序号 | 项目编码 | 项目名称 | 项目特征描述 | 计量单位 | 工程量 |
|---|---|---|---|---|---|
| 5 | 030411001001 | 配管 | PVC20 管吊顶内明敷 | m | 34.50 |
| 6 | 030411004001 | 配线 | 管内穿线 BV-1 | m | 231.70 |

## 8.4 消防系统调试

**【例 17】** 某 10 层办公楼，消防工程的部分工程项目如下：

（1）消火栓灭火系统：墙壁式消防水泵结合器 *DN*120＝4 套，室内消火栓单栓，铝合金箱 *DN*60＝35 套；手动对夹式蝶阀（*D*71X-6）*DN*120＝6 个；镀锌钢管安装（丝接）*DN*120＝300m（管道穿墙及楼板采用一般钢套管，*DN*125＝8m），*DN*50＝60m；管道角钢支架＝585kg。

（2）自动喷淋灭火系统：水流指示器 *DN*120＝14 个，湿式报警装置 *DN*120＝2组。

（3）火灾自动报警系统：点型感烟探测器（总线制）＝160 只，消火栓按钮＝36 只。

试求其工程量。

**【解】**（1）2013 清单与 2008 清单对照（表 8-35）

**2013 清单与 2008 清单对照表** **表 8-35**

| 序号 | 清单 | 项目编码 | 项目名称 | 项目特征 | 计算单位 | 工程量计算规则 | 工作内容 |
|---|---|---|---|---|---|---|---|
| 1 | 2013清单 | 030901002 | 消火栓钢管 | 1. 安装部位<br>2. 材质、规格<br>3. 连接形式<br>4. 钢管镀锌设计要求<br>5. 压力试验及冲洗设计要求<br>6. 管道标识设计要求 | m | 按设计图示管道中心线以长度计算 | 1. 管道及管件安装<br>2. 钢管镀锌<br>3. 压力试验<br>4. 冲洗<br>5. 管道标识 |
| | 2008清单 | 030701004 | 消火栓钢管 | 1. 安装部位（室内、外）<br>2. 材质<br>3. 型号、规格<br>4. 连接方式<br>5. 除锈标准、刷油、防腐设计要求<br>6. 水冲洗、水压试验设计要求 | m | 按设计图示管道中心线长度以延长米计算，不扣除阀门、管件及各种组件所占长度；方形补偿器以其所占长度按管道安装工程量计算 | 1. 管道及管件安装<br>2. 套管（包括防水套管）制作、安装<br>3. 管道除锈、刷油、防腐<br>4. 管网水冲洗<br>5. 无缝钢管镀锌<br>6. 水压试验 |
| 2 | 2013清单 | 031003001 | 螺纹阀门 | 1. 类型<br>2. 材质<br>3. 规格、压力等级<br>4. 连接形式<br>5. 焊接方法 | 个 | 按设计图示数量计算 | 1. 安装<br>2. 电气接线<br>3. 调试 |

续表

| 序号 | 清单 | 项目编码 | 项目名称 | 项目特征 | 计算单位 | 工程量计算规则 | 工作内容 |
| --- | --- | --- | --- | --- | --- | --- | --- |
| 2 | 2008清单 | 030803001 | 螺纹阀门 | 1. 类型<br>2. 材质<br>3. 型号、规格 | 个 | 按设计图示数量计算（包括浮球阀、手动排气阀、液压式水位控制阀、不锈钢阀门、煤气减压阀、液相自动转换阀、过滤阀等） | 安装 |
| 3 | 2013清单 | 030901004 | 报警装置 | 1. 名称<br>2. 型号、规格 | 组 | 按设计图示数量计算 | 1. 安装<br>2. 电气接线<br>3. 调试 |
|  | 2008清单 | 030701012 | 报警装置 | 1. 名称、型号<br>2. 规格 | 组 | 按设计图示数量计算（包括湿式报警装置、干湿两用报警装置、电动雨淋报警装置、预作用报警装置） | 安装 |
| 4 | 2013清单 | 030901006 | 水流指示器 | 1. 规格、型号<br>2. 连接形式 | 个 | 按设计图示数量计算 | 1. 安装<br>2. 电气接线<br>3. 调试 |
|  | 2008清单 | 030701014 | 水流指示器 | 规格、型号 | 个 | 按设计图示数量计算 | 安装 |
| 5 | 2013清单 | 030901010 | 室内消火栓 | 1. 安装方式<br>2. 型号、规格<br>3. 附件材质、规格 | 套 | 按设计图示数量计算 | 1. 箱体及消火栓安装<br>2. 配件安装 |
|  | 2008清单 | 030701018 | 消火栓 | 1. 安装部位（室内、外）<br>2. 型号、规格<br>3. 单栓、双栓 | 套 | 按设计图示数量计算（安装包括：室内消火栓、室外地上式消火栓、室外地下式消火栓） | 安装 |
| 6 | 2013清单 | 030901012 | 消防水泵接合器 | 1. 安装部位<br>2. 型号、规格<br>3. 附件材质、规格 | 套 | 按设计图示数量计算 | 1. 安装<br>2. 附件安装 |
|  | 2008清单 | 030701019 | 消防水泵接合器 | 1. 安装部位<br>2. 型号、规格 | 套 | 按设计图示数量计算（包括消防接口本体、止回阀、安全阀、闸阀、弯管底座、放水阀、标牌） | 安装 |

续表

| 序号 | 清单 | 项目编码 | 项目名称 | 项目特征 | 计算单位 | 工程量计算规则 | 工作内容 |
|---|---|---|---|---|---|---|---|
| 7 | 2013清单 | 030904001 | 点型探测器 | 1. 名称<br>2. 规格<br>3. 线制<br>4. 类型 | 个 | 按设计图示数量计算 | 1. 底座安装<br>2. 探头安装<br>3. 校接线<br>4. 编码<br>5. 探测器调试 |
| | 2008清单 | 030705001 | 点型探测器 | 1. 名称<br>2. 多线制<br>3. 总线制<br>4. 类型 | 只 | 按设计图示数量计算 | 1. 探头安装<br>2. 底座安装<br>3. 校接线<br>4. 探测器调试 |
| 8 | 2013清单 | 030904003 | 按钮 | 1. 名称<br>2. 规格 | 个 | 按设计图示数量计算 | 1. 安装<br>2. 校接线<br>3. 编码<br>4. 调试 |
| | 2008清单 | 030705003 | 按钮 | 规格 | 只 | 按设计图示数量计算 | 1. 安装<br>2. 校接线<br>3. 调试 |
| 9 | 2013清单 | 030905001 | 自动报警系统调试 | 1. 点数<br>2. 线制 | 系统 | 按系统计算 | 系统调试 |
| | 2008清单 | 030706001 | 自动报警系统装置调试 | 点数 | 系统 | 按设计图示数量计算（由探测器、报警按钮、报警控制器组成的报警系统；点数按多线制、总线制报警器的点数计算） | 系统装置调试 |
| 10 | 2013清单 | 030905002 | 水灭火控制装置调试 | 系统形式 | 点 | 按控制装置的点数计算 | 调试 |
| | 2008清单 | 030706002 | 水灭火系统控制装置调试 | 点数 | 系统 | 按设计图示数量计算（由消火栓、自动喷水、卤代烷、二氧化碳等灭火系统组成的灭火系统装置；点数换按多线制、总线联动控制器的点数计算） | 系统装置调试 |

**✻解题思路及技巧**

先要看图纸外形构造，以便结合图形采用数学原理进行快捷计算。另外，也可以结合计算规则和以往经验快速计算。

（2）清单工程量

1）室内消火栓镀锌钢管安装（丝接）*DN*120

管件安装：300m；

一般钢套管制作安装 *DN*125＝8m。

**贴心助手**

300m 表示室内消火栓镀锌钢管安装（丝接）*DN*120 的长度，8m 表示一般钢套管制作安装的长度。

2）室内消火栓镀锌钢管安装（丝接）*DN*50

管件安装：60m。

**贴心助手**

60m 表示 *DN*50 室内消火栓镀锌钢管丝接的安装长度。

3）手动对夹式蝶阀安装 *D*71X-16*DN*120：6 个。

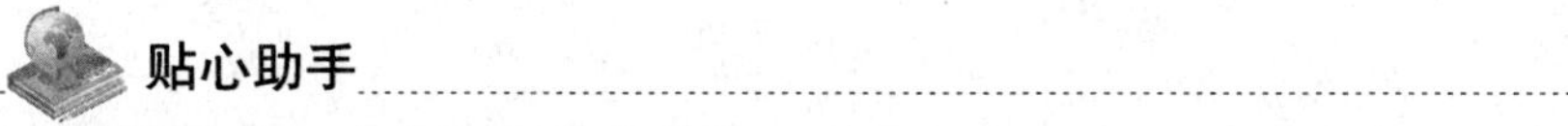

**贴心助手**

蝶阀安装以“个”为计量单位，共有 6 个。

4）湿式报警装置安装 *DN*120：2 组。

5）水流指示器安装 *DN*120：14 个。

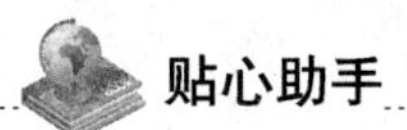

**贴心助手**

水流指示器安装以“个”为计量单位，共 16 个。

6）室内消火栓安装 *DN*60（单栓、铝合金箱）：35 套。

7）墙壁式消防水泵结合器 *DN*120：4 套。

8）点型感烟探测器安装（总线制）

探头、底座安装，校接线、探测器调试：160 个。

9）消火栓按钮安装：36 个。

10）自动报警系统装置调试 258 点以下：1 系统。

11）水灭火系统控制装置调试 200 点以下：1 点。

（3）清单工程量计算表（表 8-36）

**清单工程量计算表** **表 8-36**

| 序号 | 项目编码 | 项目名称 | 项目特征描述 | 计量单位 | 工程量 |
|---|---|---|---|---|---|
| 1 | 030901002001 | 消火栓钢管 | 丝接，*DN*120 | m | 300 |
| 2 | 030901002002 | 消火栓钢管 | 丝接，*DN*50 | m | 60 |

续表

| 序号 | 项目编码 | 项目名称 | 项目特征描述 | 计量单位 | 工程量 |
|---|---|---|---|---|---|
| 3 | 031003001001 | 螺纹阀门 | 手动对夹式蝶阀，D71X-16*DN*120 | 个 | 6 |
| 4 | 030901004001 | 报警装置 | 湿式报警装置，*DN*120 | 组 | 2 |
| 5 | 030901006001 | 水流指示器 | *DN*20 | 个 | 14 |
| 6 | 030901010001 | 室内消火栓 | 单挂，铝合金箱，*DN*60 | 套 | 35 |
| 7 | 030901012001 | 消火水泵接合器 | 墙壁式，*DN*120 | 套 | 4 |
| 8 | 030904001001 | 点型探测器 | 总线制 | 个 | 160 |
| 9 | 030904003001 | 按钮 | 消火栓按钮 | 个 | 36 |
| 10 | 030905001001 | 自动报警系统装置调试 | 258 点以下 | 系统 | 1 |
| 11 | 030905002001 | 水灭火系统控制装置调试 | 200 点以下 | 点 | 1 |

# 第9章 给排水、采暖、燃气工程

## 9.1 给排水、采暖、燃气管道

**【例1】** 某女卫生间给排水管道安装平面图如图 9-1 所示，系统图如图 9-2 所示，给水管管材采用给水承插铸铁管，石棉水泥接口，管道外刷面漆两道，对管道进行消毒冲洗，试求其工程量。

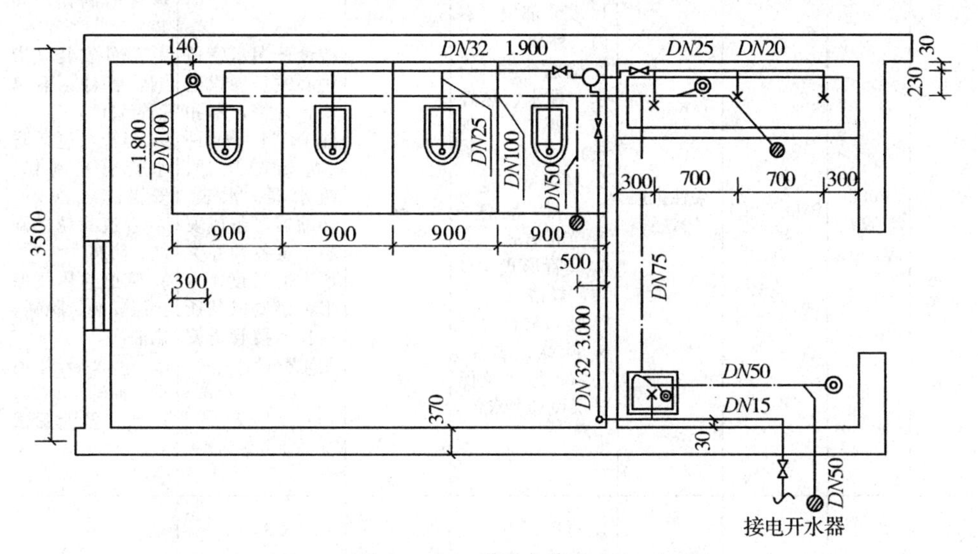


图 9-1 某女卫生间给排水管道布置平面图

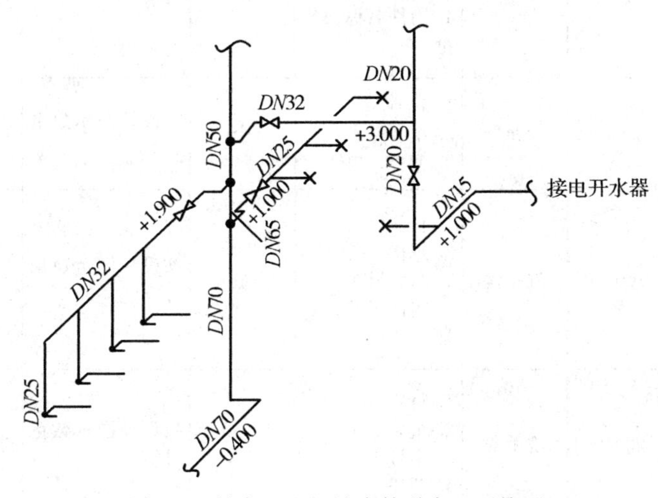


图 9-2 某女卫生间给水管道布置系统图

**【解】**（1）2013清单与2008清单对照（表9-1）

**2013清单与2008清单对照表** **表9-1**

| 序号 | 清单 | 项目编码 | 项目名称 | 项目特征 | 计算单位 | 工程量计算规则 | 工作内容 |
|---|---|---|---|---|---|---|---|
| 1 | 2013清单 | 031001005 | 铸铁管 | 1. 安装部位<br>2. 介质<br>3. 材质、规格<br>4. 连接形式<br>5. 接口材料<br>6. 压力试验及吹、洗设计要求<br>7. 警示带形式 | m | 按设计图示管道中心线以长度计算 | 1. 管道安装<br>2. 管件安装<br>3. 压力试验<br>4. 吹扫、冲洗<br>5. 警示带铺设 |
| | 2008清单 | 030801004 | 柔性抗震铸铁管 | 1. 安装部位（室内、外）<br>2. 输送介质（给水、排水、热媒体、燃气、雨水）<br>3. 材质<br>4. 型号、规格<br>5. 连接方式<br>6. 套管形式、材质、规格<br>7. 接口材料<br>8. 除锈、刷油、防腐、绝热及保护层设计要求 | m | 按设计图示管道中心线长度以延长米计算，不扣除阀门、管件（包括减压器、疏水器、水表、伸缩器等组成安装）及各种井类所占的长度；方形补偿器以其所占长度按管道安装工程量计算 | 1. 管道、管件及弯管的制作、安装<br>2. 管件安装（指铜管管件、不锈钢管管件）<br>3. 套管（包括防水套管）制作、安装<br>4. 管道除锈、刷油、防腐<br>5. 管道绝热及保护层安装、除锈、刷油<br>6. 给水管道消毒、冲洗<br>7. 水压及泄漏试验 |
| 2 | 2013清单 | 031004006 | 大便器 | 1. 材质<br>2. 规格、类型<br>3. 组装形式<br>4. 附件名称、数量 | 组 | 按设计图示数量计算 | 1. 器具安装<br>2. 附件安装 |
| | 2008清单 | 030804012 | 大便器 | 1. 材质<br>2. 组装方式<br>3. 型号、规格 | 套 | 按设计图示数量计算 | 器具、附件安装 |
| 3 | 2013清单 | 031004003 | 洗脸盆 | 1. 材质<br>2. 规格、类型<br>3. 组装形式<br>4. 附件名称、数量 | 组 | 按设计图示数量计算 | 1. 器具安装<br>2. 附件安装 |
| | 2008清单 | 030804004 | 洗手盆 | 1. 材质<br>2. 组装形式<br>3. 型号<br>4. 开关 | 组 | 按设计图示数量计算 | 器具、附件安装 |

**✲解题思路及技巧**

此题比较简单，主要考察该项目的清单工程量表的填写。

（2）清单工程量

1）管道安装工程量

*DN*70（埋地水平部分）：1.5＋0.3＝1.80m；

**贴心助手**

1.5为室内外管线分界点的长度。

埋地立管部分：0.40m；

明装立管部分：1.00m；

*DN*65（立管）：0.90m；

*DN*50（立管）：1.10m；

*DN*32（大便器侧）：0.9－0.3＋0.9×2＋0.9－0.3＝3.0m；

**贴心助手**

0.37为外墙厚度，0.04为*DN*50立管中心距内墙皮之间的距离，0.03为*DN*20管中心距内墙皮的距离。

*DN*32（墩布池一侧）：3.5－0.37－0.04－0.03＝3.06m；

**贴心助手**

第一个0.3为*DN*65立管中心距内墙皮的距离，0.9×2为两个大便器中心的间距，第二个0.3为大便器外边缘到其左侧隔墙的距离。

*DN*25（盥洗槽）：0.7＋0.3＋0.24＋0.3＝1.54m；

**贴心助手**

0.7为图9-1中右上侧每段*DN*25管道的长度，0.24为内墙厚度，0.3为*DN*65立管距内墙皮的距离。

*DN*25（大便器支管）：1.0×4＝4.00m；

**贴心助手**

4为给水水平管与支管交点处至阀门之间的距离。

*DN*25管长总计：1.54＋4＝5.54m；

*DN*20（盥洗槽）：0.7＋0.23×3＝1.39m；

*DN*20（墩布池侧）：3.0－1.0＋1.0（水平管总计）＝3.00m；

*DN*20管长总计：4.39m；

*DN*15：2.00m。

**贴心助手**

2.00为墩布池给水支管与干管交点处和阀门之间距离总和。

2）管道附件

截止阀$DN32$：2个；

$DN25$：1个；

$DN20$：1个；

大便器：4个；

高位水箱：4个；墩布池：1个。

3）管道冲洗、消毒

① 生活给水管一般用漂白粉消毒，用量一般按每升水中含25mg游离氯来计算，漂白粉以含有的有效氯25%计算。

也即漂白粉用量公式为$\frac{25}{25\%}=100\text{mg/L}$。

也就是说每立方米的消毒用水量需0.1kg漂白粉，再加上损耗，则需要0.105kg/m$^3$。

② 消毒用水量公式为$Q=WL$。

$W=\frac{1}{4}\pi D^2$（m$^2$）为管子横断面积；$D$为管内径；$L$为管长（m）。

$DN70$：消毒用水量$Q=0.012\text{m}^3$；

$DN65$：消毒用水量$Q=0.002\text{m}^3$；

$DN50$：消毒用水量$Q=0.002\text{m}^3$；

$DN32$：消毒用水量$Q=0.005\text{m}^3$；

$DN25$：消毒用水量$Q=0.003\text{m}^3$；

$DN20$：消毒用水量$Q=0.001\text{m}^3$；

$DN15$：消毒用水量$Q=0.0004\text{m}^3$；

总共所需消毒水量$Q=0.0254\text{m}^3$；

则漂白粉用量为$0.105\times0.0254=0.0027\text{kg}$。

③ 冲洗用水量

冲洗水量常用数据：冲洗流速$V=2\text{m/s}$，冲洗时间$T=30\text{min}=1800\text{s}$（含预先冲洗和消毒后的冲洗时间），则公式$Q=\frac{1}{4}\pi D^2VT/L$。

$DN70$：冲洗用水量$Q=4.33\text{m}^3$；

$DN65$：冲洗用水量$Q=13.27\text{m}^3$；

$DN50$：冲洗用水量$Q=6.45\text{m}^3$；

$DN32$：冲洗用水量$Q=0.47\text{m}^3$；

$DN25$：冲洗用水量$Q=0.27\text{m}^3$；

$DN20$：冲洗用水量$Q=0.29\text{m}^3$；

$DN15$：冲洗用水量$Q=0.32\text{m}^3$。

则冲洗总用水量为：

$$
\begin{aligned}
Q &= 4.33+13.27+6.45+0.47+0.27+0.29+0.32 \\
&= 25.40\text{m}^3
\end{aligned}
$$

以上消毒与冲洗用水量之和为：

$Q=0.0254+25.40=25.43m^3$

4）卫生器具

大便器：4 个；

冷水洗手盆：3 个；

高位冰箱：4 个；

墩布池：1 个。

（3）清单工程量计算表（表 9-2）

**清单工程量计算表**　　**表 9-2**

| 序号 | 项目编码 | 项目名称 | 项目特征描述 | 计量单位 | 工程量 |
|---|---|---|---|---|---|
| 1 | 031001005001 | 铸铁管 | 承插铸铁管 *DN*70，给水系统，石棉水泥接口，管道外刷面漆两道，用漂白粉消毒，并冲洗 | m | 3.20 |
| 2 | 031001005002 | 铸铁管 | 承插铸铁管 *DN*65，给水系统，石棉水泥接口，管道外刷面漆两道，用漂白粉消毒，并冲洗 | m | 0.90 |
| 3 | 031001005003 | 铸铁管 | 承插铸铁管 *DN*50，给水系统，石棉水泥接口，管道外刷面漆两道，用漂白粉消毒，并冲洗 | m | 1.10 |
| 4 | 031001005004 | 铸铁管 | 承插铸铁管 *DN*32，给水系统，石棉水泥接口，管道外刷面漆两道，用漂白粉消毒，并冲洗 | m | 6.06 |
| 5 | 031001005005 | 铸铁管 | 承插铸铁管 *DN*25，给水系统，石棉水泥接口，管道外刷面漆两道，用漂白粉消毒，并冲洗 | m | 5.54 |
| 6 | 031001005006 | 铸铁管 | 承插铸铁管 *DN*20，给水系统，石棉水泥接口，管道外刷面漆两道，用漂白粉消毒，并冲洗 | m | 4.39 |
| 7 | 031001005007 | 铸铁管 | 承插铸铁管 *DN*15，给水系统，石棉水泥接口，管道外刷面漆两道，用漂白粉消毒，并冲洗 | m | 2.00 |
| 8 | 031004006001 | 大便器 | 蹲式，瓷高水箱，脚步踏式冲洗阀 | 个 | 4 |
| 9 | 031004003001 | 洗手盆 | 冷水洗手盆 | 个 | 3 |

**【例 2】** 某女卫生间给排水管道安装系统图如图 9-3 所示，给排水管道安装平面图如图 9-1 所示。排水管材采用承插铸铁管，石棉水泥接口，埋地部分刷两遍沥青，明装部分刷一遍红丹防锈漆两遍银粉漆，试求工程量。

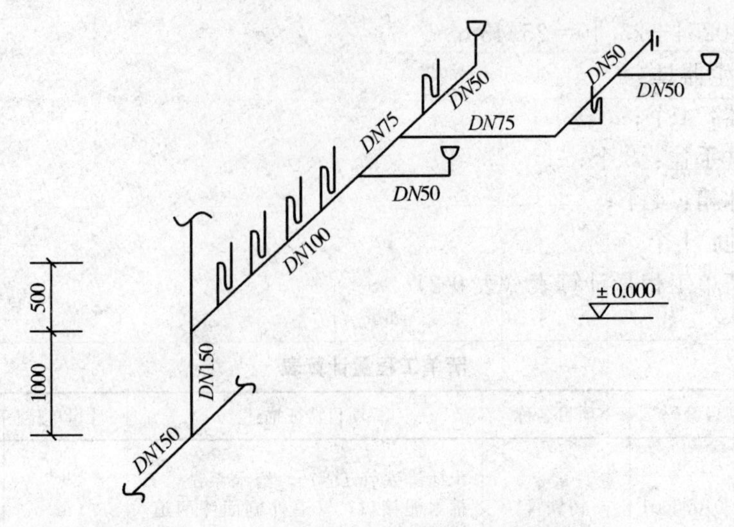


图 9-3　某女卫生间排水管道布置系统图

【解】（1）2013 清单与 2008 清单对照（表 9-3）

**2013 清单与 2008 清单对照表**　　**表 9-3**

| 序号 | 清单 | 项目编码 | 项目名称 | 项目特征 | 计算单位 | 工程量计算规则 | 工作内容 |
|---|---|---|---|---|---|---|---|
| 1 | 2013 清单 | 031001005 | 铸铁管 | 1. 安装部位<br>2. 介质<br>3. 材质、规格<br>4. 连接形式<br>5. 接口材料<br>6. 压力试验及吹、洗设计要求<br>7. 警示带形式 | m | 按设计图示管道中心线以长度计算 | 1. 管道安装<br>2. 管件安装<br>3. 压力试验<br>4. 吹扫、冲洗<br>5. 警示带铺设 |
| | 2008 清单 | 030801004 | 柔性抗震铸铁管 | 1. 安装部位（室内、外）<br>2. 输送介质（给水、排水、热媒体、燃气、雨水）<br>3. 材质<br>4. 型号、规格<br>5. 连接方式<br>6. 套管形式、材质、规格<br>7. 接口材料<br>8. 除锈、刷油、防腐、绝热及保护层设计要求 | m | 按设计图示管道中心线长度以延长米计算，不扣除阀门、管件（包括减压器、疏水器、水表、伸缩器等组成安装）及各种井类所占的长度；方形补偿器以其所占长度按管道安装工程量计算 | 1. 管道、管件及弯管的制作、安装<br>2. 管件安装（指铜管管件、不锈钢管管件）<br>3. 套管（包括防水套管）制作、安装<br>4. 管道除锈、刷油、防腐<br>5. 管道绝热及保护层安装、除锈、刷油<br>6. 给水管道消毒、冲洗<br>7. 水压及泄漏试验 |

续表

| 序号 | 清单 | 项目编码 | 项目名称 | 项目特征 | 计算单位 | 工程量计算规则 | 工作内容 |
|---|---|---|---|---|---|---|---|
| 2 | 2013清单 | 031004014 | 给、排水附（配）件 | 1. 材质<br>2. 型号、规格<br>3. 安装方式 | 个（组） | 按设计图示数量计算 | 安装 |
|  | 2008清单 | 030804015 | 排水栓 | 1. 带存水弯、不带存水弯<br>2. 材质<br>3. 型号、规格 | 组 | 按设计图示数量计算 | 安装 |
|  | 2008清单 | 030804016 | 水龙头 | 1. 材质<br>2. 型号、规格 | 个 | 按设计图示数量计算 | 安装 |
|  | 2008清单 | 030804017 | 地漏 | 1. 材质<br>2. 型号、规格 | 个 | 按设计图示数量计算 | 安装 |
|  | 2008清单 | 030804018 | 地面扫除口 | 1. 材质<br>2. 型号、规格 | 个 | 按设计图示数量计算 | 安装 |

（2）清单工程量

1）管道安装：

*DN*150（埋地部分）：1.5＋1.0＝2.50m；

**贴心助手**

1.5为室内外管道分界点的长度。

*DN*100（埋地）：0.9×3－0.14＋0.9－0.5＝2.96m；

**贴心助手**

0.14为*DN*100立管中心与其左侧内墙皮的净距，0.5为*DN*50地漏中心与内墙皮之间的净距。

*DN*100（明装）：0.5×4＝2.00m（详见系统图）；

**贴心助手**

0.5为排水水平管与支管交点处之间的距离，4为段数。

*DN*75（埋地）：0.3＋0.24＋0.5＋3.5－0.23－0.03－0.37－0.5＝3.41m；

**贴心助手**

0.24为内墙厚度，0.5为*DN*50地漏中心与内墙皮之间的净距，3.5为室内房间的内墙中心线长，0.23为给水管与排水管之间的距离，0.03为给水管据墙之间的距离，0.37为外墙厚度。

*DN*50（埋地）：1.1＋2.0＋1.5＝4.60m（按比例量取）；

*DN*50（明装）：0.15×5＝0.75m；

凡图中未注明的尺寸，可按与施工图相同比例的比例尺测量计算。

2）管道设备：

地漏*DN*50：3个；

清扫口 $DN50$：1 个。

3）管道刷油除锈：

① $DN150$：埋地管道刷两遍沥青，轻度除锈；

除锈工程量计算公式：$S=\pi\times D\times L=3.14\times0.15\times2.5=1.18m^2$；

刷沥青一遍工程量：$S=1.18m^2$；

刷沥青两遍工程量：$S=1.18m^2$。

② $DN100$（埋地部分）：手工轻度除锈；

除锈工程量计算公式：$S=\pi DL=3.14\times0.1\times2.96=0.93m^2$；

刷沥青的工程量为：$S=0.93m^2$；

（明装部分）除锈工程量为：$S=3.14\times0.1\times2=0.63m^2$；

刷红丹防锈漆的工程量为：$S=0.63m^2$；

刷银粉两遍的工程量为：$S=0.63m^2$。

③ $DN75$：手工轻度除锈，刷沥青两遍；

除锈工程量为：$S=3.14\times0.075\times3.41=0.80m^2$；

刷沥青的工程量为：$S=0.80m^2$。

④ $DN50$（埋地）：手工轻度除锈，刷沥青两遍；

除锈工程量为：$S=0.72m^2$；

刷沥青工程量为：$S=0.72m^2$。

⑤ $DN50$（明装）：手工轻度除锈工程量 $S=0.39m^2$；

刷红丹防锈漆工程量：$S=0.39m^2$，刷银粉工程量：$S=0.39m^2$。

除锈刷油工程量小计：

除锈工程量：$S=1.18+0.93+0.80+0.72=3.63m^2$；

刷沥青工程量：$S=1.18+0.93\times2+0.80+0.72=4.56m^2$；

刷红丹防锈漆工作量：$S=0.63+0.39=1.02m^2$；

刷银粉工程量：$S=0.63+0.39=1.02m^2$。

（3）清单工程量计算表（表 9-4）

**清单工程量计算表** **表 9-4**

| 序号 | 项目编码 | 项目名称 | 项目特征描述 | 计量单位 | 工程量 |
|---|---|---|---|---|---|
| 1 | 031001005001 | 铸铁管 | 承插铸铁管 DN50 排水系统，石棉水泥接口，埋地刷沥青两道，手工除轻锈 | m | 2.50 |
| 2 | 031001005002 | 铸铁管 | 承插铸铁管 DN100 排水系统，石棉水泥接口，埋地刷沥青两道，手工除轻锈，明装刷红丹锈漆一道，银粉两道 | m | 4.76 |
| 3 | 031001005003 | 铸铁管 | 承插铸铁管 DN75 排水系统，石棉水泥接口，埋地刷沥青两道，手工除轻锈 | m | 3.41 |
| 4 | 031001005004 | 铸铁管 | 承插铸铁管 DN50 排水系统，石棉水泥接口，埋地刷沥青两道，手工除轻锈，明装刷红丹防锈漆一道，银粉两道 | m | 5.35 |
| 5 | 031004014001 | 给、排水附件 | 地漏 DN50 | 个 | 3 |
| 6 | 031004014002 | 给、排水附件 | 扫出口 DN50，铜盖 | 个 | 1 |

**【例3】** 如图9-4所示为某饭店顶层盥洗室排水系统图。排水管道采用承插铸铁管，石棉水泥接口，排水系统设伸顶通气管，试求工程量。

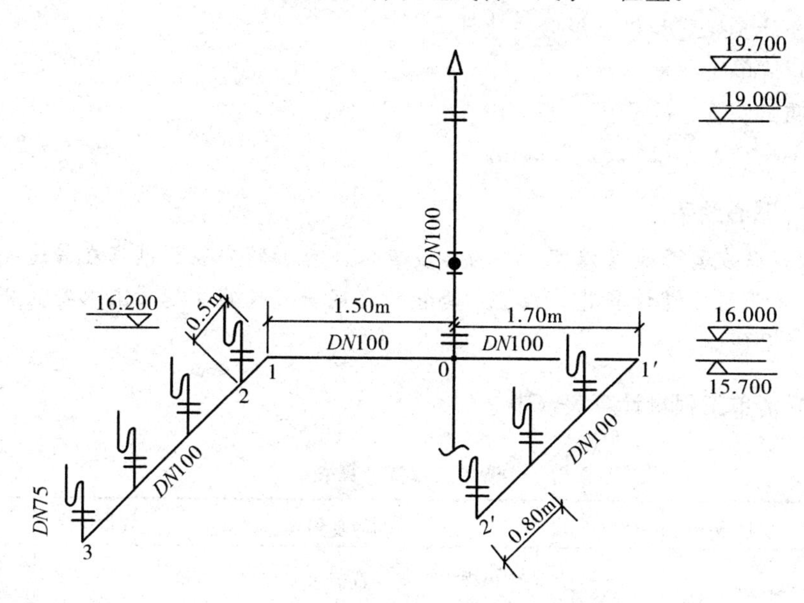


图9-4 某饭店顶层盥洗室排水系统图

**【解】** (1) 2013清单与2008清单对照（表9-5）

**2013清单与2008清单对照表** **表9-5**

| 清单 | 项目编码 | 项目名称 | 项目特征 | 计算单位 | 工程量计算规则 | 工作内容 |
|---|---|---|---|---|---|---|
| 2013清单 | 031001005 | 铸铁管 | 1. 安装部位<br>2. 介质<br>3. 材质、规格<br>4. 连接形式<br>5. 接口材料<br>6. 压力试验及吹、洗设计要求<br>7. 警示带形式 | m | 按设计图示管道中心线以长度计算 | 1. 管道安装<br>2. 管件安装<br>3. 压力试验<br>4. 吹扫、冲洗<br>5. 警示带铺设 |
| 2008清单 | 030801004 | 柔性抗震铸铁管 | 1. 安装部位（室内、外）<br>2. 输送介质（给水、排水、热媒体、燃气、雨水）<br>3. 材质<br>4. 型号、规格<br>5. 连接方式<br>6. 套管形式、材质、规格<br>7. 接口材料<br>8. 除锈、刷油、防腐、绝热及保护层设计要求 | m | 按设计图示管道中心线长度以延长米计算，不扣除阀门、管件（包括减压器、疏水器、水表、伸缩器等组成安装）及各种井类所占的长度；方形补偿器以其所占长度按管道安装工程量计算 | 1. 管道、管件及弯管的制作、安装<br>2. 管件安装（指铜管管件、不锈钢管管件）<br>3. 套管（包括防水套管）制作、安装<br>4. 管道除锈、刷油、防腐<br>5. 管道绝热及保护层安装、除锈、刷油<br>6. 给水管道消毒、冲洗<br>7. 水压及泄漏试验 |

**✲解题思路及技巧**

先要看图纸外形构造，以便结合图形采用数学原理进行快捷计算。另外，也可以结合计算规则和以往经验快速计算。

（2）清单工程量

承插铸铁管：*DN*100，12.50m；

*DN*75，3.50m。

**贴心助手**

镀锌铁皮套管制是以“个”为计量单位，套管的安装已包括在管道安装清单内，不用再另外计算其工程量。套管的直径一般较其穿越管道本身的公称直径大1～2级。

（3）清单工程量计算表（表9-6）

**清单工程量计算表** **表9-6**

| 序号 | 项目编码 | 项目名称 | 项目特征描述 | 计量单位 | 工程量 |
|---|---|---|---|---|---|
| 1 | 031001005001 | 铸铁管 | 室内排水工程，石棉水泥接口，承接铸铁管 *DN*100 | m | 12.50 |
| 2 | 031001005002 | 铸铁管 | 室内排水工程，石棉水泥接口，承接铸铁管 *DN*75 | m | 3.50 |

**【例4】** 如图9-5所示为某厨房给水系统部分管道，采用镀锌钢管，螺纹连接，试求其中的镀锌钢管工程量。

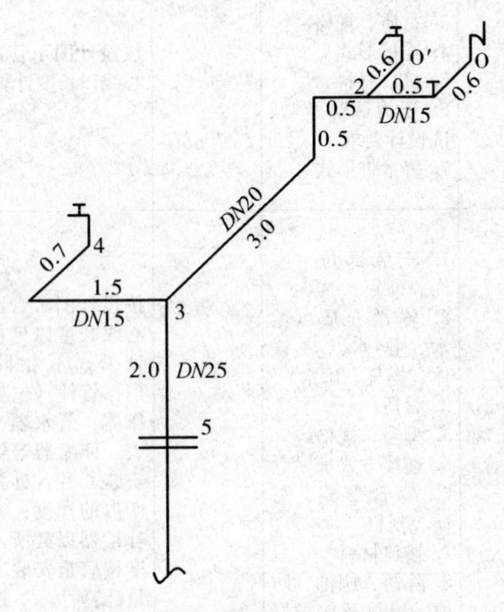


图9-5 某厨房给水系统示意图

【解】（1）2013清单与2008清单对照（表9-7）

**2013清单与2008清单对照表**　　表9-7

| 清单 | 项目编码 | 项目名称 | 项目特征 | 计算单位 | 工程量计算规则 | 工作内容 |
| --- | --- | --- | --- | --- | --- | --- |
| 2013清单 | 031001001 | 镀锌钢管 | 1. 安装部位<br>2. 介质<br>3. 规格、压力等级<br>4. 连接形式<br>5. 压力试验及吹、洗设计要求<br>6. 警示带形式 | m | 按设计图示管道中心线以长度计算 | 1. 管道安装<br>2. 管件制作、安装<br>3 压力试验<br>4. 吹扫、冲洗<br>5. 警示带铺设 |
| 2008清单 | 030801001 | 镀锌钢管 | 1. 安装部位（室内、外）<br>2. 输送介质（给水、排水、热媒体、燃气、雨水）<br>3. 材质<br>4. 型号、规格<br>5. 连接方式<br>6. 套管形式、材质、规格<br>7. 接口材料<br>8. 除锈、刷油、防腐、绝热及保护层设计要求 | m | 按设计图示管道中心线长度以延长米计算，不扣除阀门、管件（包括减压器、疏水器、水表、伸缩器等组成安装）及各种井类所占的长度；方形补偿器以其所占长度按管道安装工程量计算 | 1. 管道、管件及弯管的制作、安装<br>2. 管件安装（指铜管管件、不锈钢管管件）<br>3. 套管（包括防水套管）制作、安装<br>4. 管道除锈、刷油、防腐<br>5. 管道绝热及保护层安装、除锈、刷油<br>6. 给水管道消毒、冲洗<br>7. 水压及泄漏试验 |

**※解题思路及技巧**

先要看图纸外形构造，以便结合图形采用数学原理进行快捷计算。另外，也可以结合计算规则和以往经验快速计算。

（2）清单工程量

丝接镀锌钢管，项目编码031001001；计量单位：m。

$DN25$：2.0m(节点3到节点5)；

$DN20$：3＋0.5＋0.5(节点3到节点2)＝4m；

$DN15$：1.5＋0.7(节点3到节点4)＋0.5＋0.6＋0.6(节点2到节点0′，节点2到1再到节点0)＝3.9m。

（3）清单工程量计算表（表9-8）

**清单工程量计算表**　　表9-8

| 序号 | 项目编码 | 项目名称 | 项目特征描述 | 计量单位 | 工程量 |
| --- | --- | --- | --- | --- | --- |
| 1 | 031001001001 | 镀锌钢管 | $DN25$ 镀锌钢管，螺纹连接 | m | 2.0 |
| 2 | 031001001002 | 镀锌钢管 | $DN20$ 镀锌钢管，螺纹连接 | m | 4.0 |
| 3 | 031001001003 | 镀锌钢管 | $DN15$ 镀锌钢管，螺纹连接 | m | 3.9 |

**【例5】** 如图9-6所示，已知某仪表箱高1m，楼板厚度为0.2m，试计算垂直部分暗配钢管的长度及清单工程量。

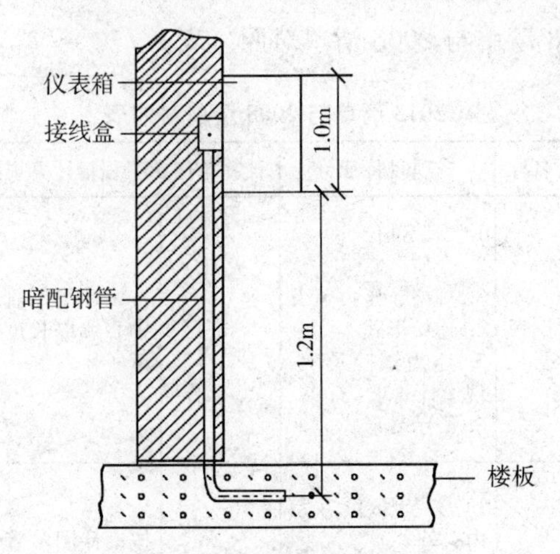


图 9-6　某仪表管路敷设示意图

【解】（1）2013 清单与 2008 清单对照（表 9-9）

**2013 清单与 2008 清单对照表**　　表 9-9

| 清单 | 项目编码 | 项目名称 | 项目特征 | 计算单位 | 工程量计算规则 | 工作内容 |
|---|---|---|---|---|---|---|
| 2013 清单 | 031001002 | 钢管 | 1. 安装部位<br>2. 介质<br>3. 规格、压力等级<br>4. 连接形式<br>5. 压力试验及吹、洗设计要求<br>6. 警示带形式 | m | 按设计图示管道中心线以长度计算 | 1. 管道安装<br>2. 管件制作、安装<br>3 压力试验<br>4. 吹扫、冲洗<br>5. 警示带铺设 |
| 2008 清单 | 030801002 | 钢管 | 1. 安装部位（室内、外）<br>2. 输送介质（给水、排水、热媒体、燃气、雨水）<br>3. 材质<br>4. 型号、规格<br>5. 连接方式<br>6. 套管形式、材质、规格<br>7. 接口材料<br>8. 除锈、刷油、防腐、绝热及保护层设计要求 | m | 按设计图示管道中心线长度以延长米计算，不扣除阀门、管件（包括减压器、疏水器、水表、伸缩器等组成安装）及各种井类所占的长度；方形补偿器以其所占长度按管道安装工程量计算 | 1. 管道、管件及弯管的制作、安装<br>2. 管件安装（指铜管管件、不锈钢管管件）<br>3. 套管（包括防水套管）制作、安装<br>4. 管道除锈、刷油、防腐<br>5. 管道绝热及保护层安装、除锈、刷油<br>6. 给水管道消毒、冲洗<br>7. 水压及泄漏试验 |

**✻解题思路及技巧**

先要看图纸外形构造，以便结合图形采用数学原理进行快捷计算。另外，也可以结合计算规则和以往经验快速计算。

（2）清单工程量

如图 9-6 所示，可计算其暗配钢管的垂直长度为：

$$1.2+\frac{1}{2}\times1.0+0.2=1.9\text{m}$$

**贴心助手**

1.2 为接线盒距地面的高度，$\frac{1}{2}\times1.0$ 为上端长度，0.2 为楼板厚度的一半。

（3）清单工程量计算表（表 9-10）

清单工程量计算表　　　　　　　　　　表 9-10

| 项目编码 | 项目名称 | 项目特征描述 | 计量单位 | 工程量 | 计算式 |
| --- | --- | --- | --- | --- | --- |
| 030609001001 | 钢管 | 暗配钢管 | m | 1.90 | $1.2+\frac{1}{2}\times1+0.2$ |

**【例 6】** 某大厦消防及喷淋系统安装工程，图 9-7 为大厦一层消防及喷淋系统平面图，图 9-8 为大厦喷淋管道系统图，求一层各管的工程量。

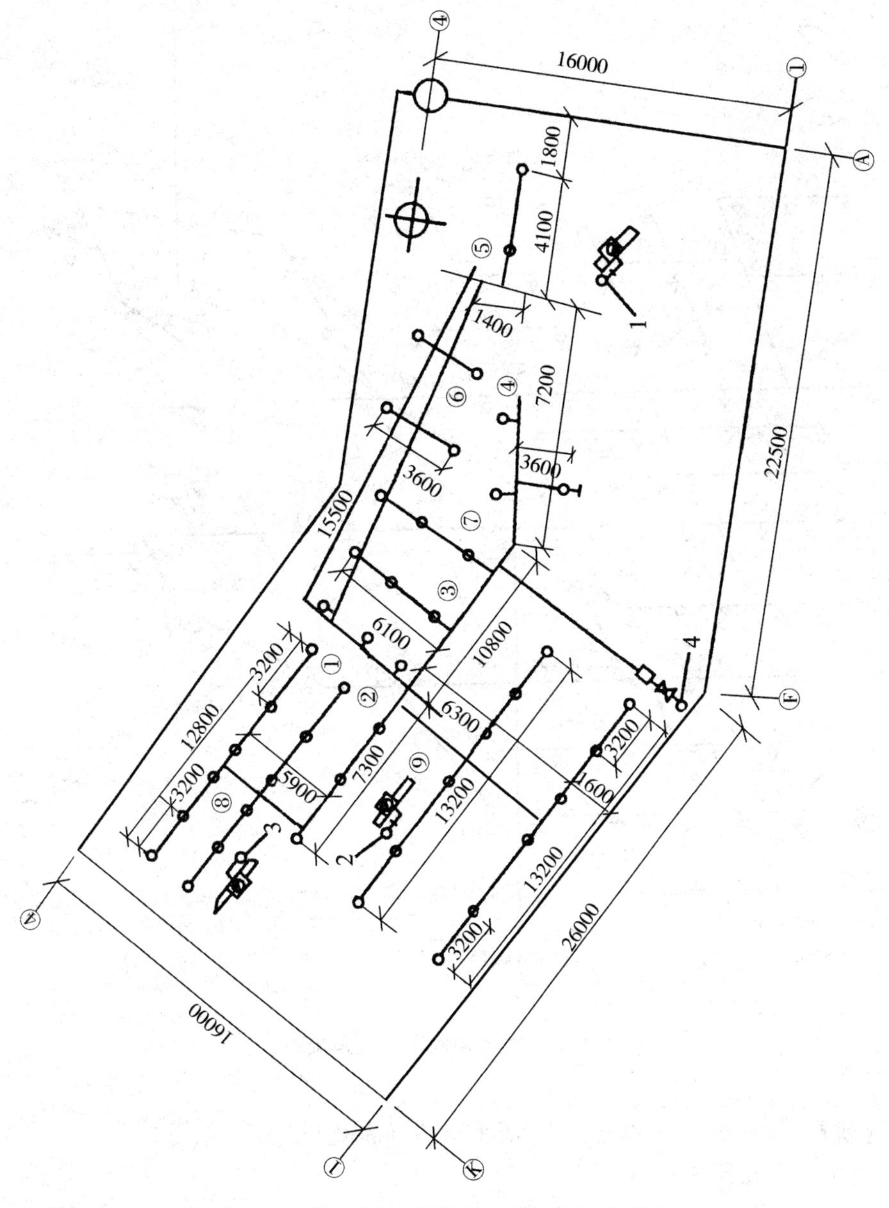


图 9-7　某大厦一层消防及喷淋系统平面图

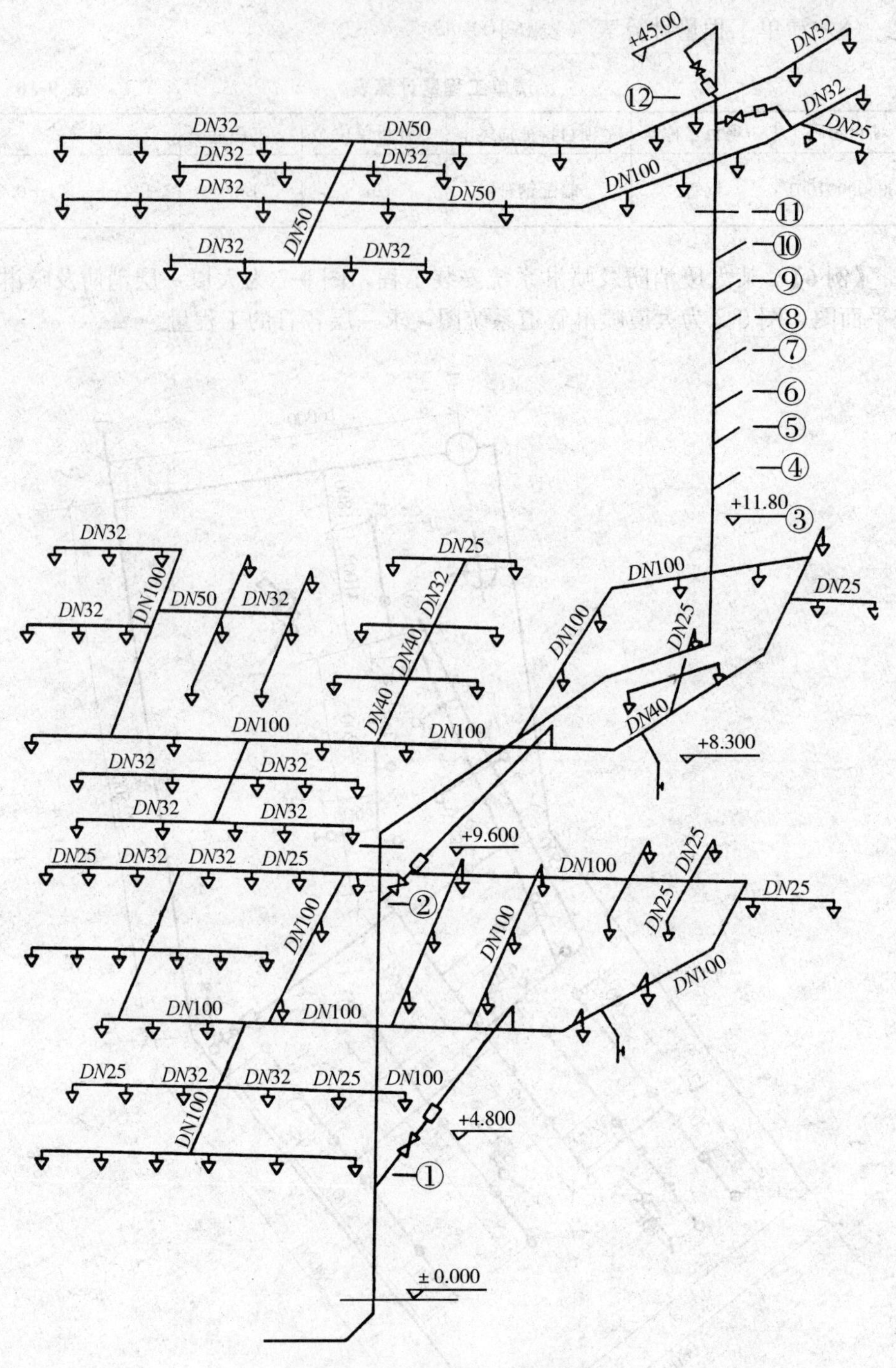


图 9-8　某大厦喷淋管道系统图

**【解】**（1）2013 清单与 2008 清单对照（表 9-11）

**✲解题思路及技巧**

先要看图纸外形构造，以便结合图形采用数学原理进行快捷计算。另外，也可以结合计算规则和以往经验快速计算。

**2013 清单与 2008 清单对照表**　　　　**表 9-11**

| 清单 | 项目编码 | 项目名称 | 项目特征 | 计算单位 | 工程量计算规则 | 工作内容 |
| --- | --- | --- | --- | --- | --- | --- |
| 2013 清单 | 031001001 | 镀锌钢管 | 1. 安装部位<br>2. 介质<br>3. 规格、压力等级<br>4. 连接形式<br>5. 压力试验及吹、洗设计要求<br>6. 警示带形 | m | 按设计图示管道中心线以长度计算 | 1. 管道安装<br>2. 管件制作、安装<br>3 压力试验<br>4. 吹扫、冲洗<br>5. 警示带铺设 |
| 2008 清单 | 030801001 | 镀锌钢管 | 1. 安装部位（室内、外）<br>2. 输送介质（给水、排水、热媒体、燃气、雨水）<br>3. 材质<br>4. 型号、规格<br>5. 连接方式<br>6. 套管形式、材质、规格<br>7. 接口材料<br>8. 除锈、刷油、防腐、绝热及保护层设计要求 | m | 按设计图示管道中心线长度以延长米计算，不扣除阀门、管件（包括减压器、疏水器、水表、伸缩器等组成安装）及各种井类所占的长度；方形补偿器以其所占长度按管道安装工程量计算 | 1. 管道、管件及弯管的制作、安装<br>2. 管件安装（指铜管管件、不锈钢管管件）<br>3. 套管（包括防水套管）制作、安装<br>4. 管道除锈、刷油、防腐<br>5. 管道绝热及保护层安装、除锈、刷油<br>6. 给水管道消毒、冲洗<br>7. 水压及泄漏试验 |

（2）清单工程量

在图 9-7、图 9-8 中已标出了相对应的镀锌钢管 $DN100$ 管件。

所以其工程量＝①＋②＋③＋④＋⑤＋⑥＋⑦＋⑧＋⑨

＝8＋7.3＋10.8＋7.2＋1.4＋15.5＋6.1＋5.9＋6.3

＝68.5m

同理可得：镀锌钢管 $DN32$ 工程量＝(12.8－6.4)×2＋(13.2－6.4)×2

＝26.4m

镀锌钢管 $DN25$ 工程量＝(3.6×2)＋4.1＋(3.2×4)＋3.2×4

＝36.9m

镀锌钢管 $DN50$ 工程量＝44×0.25(综合)＝11m

**贴心助手**

如图 9-7、图 9-8 所示，管镀锌钢管的尺寸已标明。

（3）清单工程量计算表（表 9-12）

**清单工程量计算表**　　　　**表 9-12**

| 项目编码 | 项目名称 | 项目特征描述 | 计量单位 | 工程量 |
| --- | --- | --- | --- | --- |
| 031001001001 | 镀锌钢管 | $DN100$ | m | 68.50 |
| 031001001002 | 镀锌钢管 | $DN32$ | m | 26.40 |
| 031001001003 | 镀锌钢管 | $DN25$ | m | 36.90 |
| 031001001004 | 镀锌钢管 | $DN50$ | m | 11.00 |

【例 7】 某市××住宅给排水管道安装工程的平面图和系统图如图 9-9～图 9-11 所示，试求室内排水系统 JL-1 系统衬塑钢管安装（丝接）工程量。

注：给水管道采用衬塑钢管、螺纹连接。

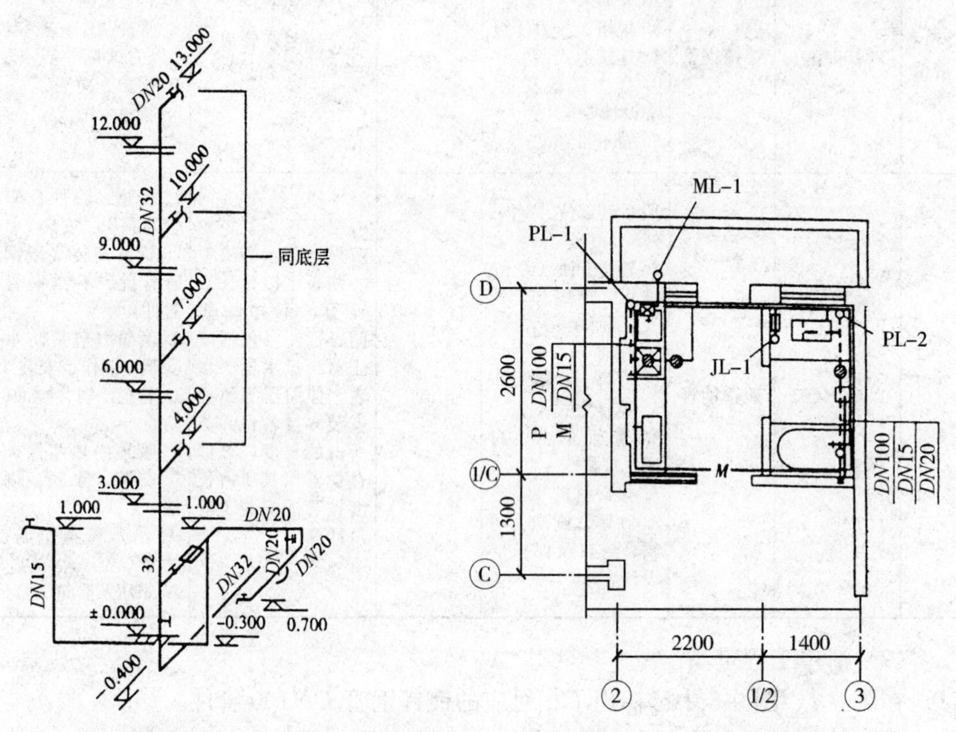


图 9-9 给水系统图（JL-1 系统） 图 9-10 2-5 层平面图

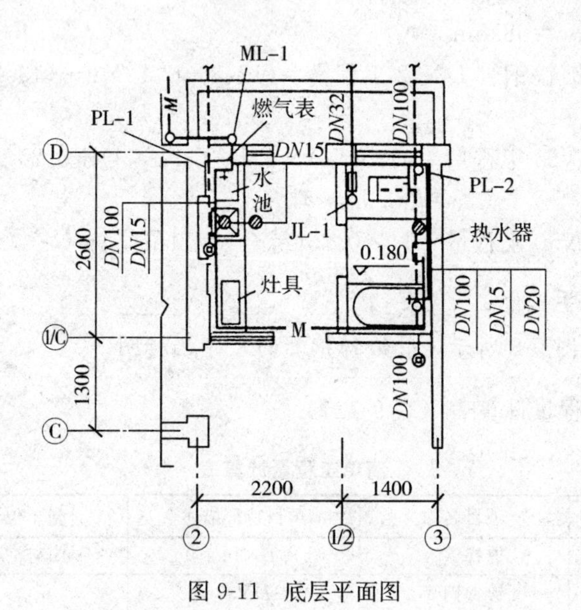


图 9-11 底层平面图

【解】 （1）2013 清单与 2008 清单对照（表 9-13）

**2013清单与2008清单对照表**　　　　**表9-13**

| 清单 | 项目编码 | 项目名称 | 项目特征 | 计算单位 | 工程量计算规则 | 工作内容 |
|---|---|---|---|---|---|---|
| 2013清单 | 031001002 | 钢管 | 1. 安装部位<br>2. 介质<br>3. 规格、压力等级<br>4. 连接形式<br>5. 压力试验及吹、洗设计要求<br>6. 警示带形式 | m | 按设计图示管道中心线以长度计算 | 1. 管道安装<br>2. 管件制作、安装<br>3压力试验<br>4. 吹扫、冲洗<br>5. 警示带铺设 |
| 2008清单 | 030801002 | 钢管 | 1. 安装部位（室内、外）<br>2. 输送介质（给水、排水、热媒体、燃气、雨水）<br>3. 材质<br>4. 型号、规格<br>5. 连接方式<br>6. 套管形式、材质、规格<br>7. 接口材料<br>8. 除锈、刷油、防腐、绝热及保护层设计要求 | m | 按设计图示管道中心线长度以延长米计算，不扣除阀门、管件（包括减压器、疏水器、水表、伸缩器等组成安装）及各种井类所占的长度；方形补偿器以其所占长度按管道安装工程量计算 | 1. 管道、管件及弯管的制作、安装<br>2. 管件安装（指铜管管件、不锈钢管管件）<br>3. 套管（包括防水套管）制作、安装<br>4. 管道除锈、刷油防腐<br>5. 管道绝热及保护层安装、除锈、刷油<br>6. 给水管道消毒、冲洗<br>7. 水压及汇漏试验 |

**✲解题思路及技巧**

先要看图纸外形构造，以便结合图形采用数学原理进行快捷计算。另外，也可以结合计算规则和以往经验快速计算。

（2）清单工程量

1）衬塑钢管 $DN32$

工程量＝1.5＋1＋0.05＋13＋0.4

　　　＝15.95m

**贴心助手**

1.5为室外入户部分的长度，1为经阳台一段的长度，0.05为立管中心到外墙内皮之距，13为立管明敷段的长度，0.4为立管埋地段的长度。

2）衬塑钢管 $DN20$

工程量＝[0.8＋(1.4－0.24＋)＋(2.6－0.24－0.37)]×5

　　　＝19.75m

**贴心助手**

0.8为立管中心距Ⓓ轴墙内皮，1.4为轴⑫到③轴之间的距离，0.24为两个半墙厚，2.6为⑯轴到Ⓓ轴之距，0.24为两个半墙厚，0.37为半个浴缸宽，5表示衬塑钢管 $DN20$ 水平支管共五个分支。

3）衬塑钢管 $DN15$

工程量＝[(1＋0.3)＋(2.2－0.3)＋(1＋0.3)＋0.2]×5

＝23.5m

**贴心助手**

第一个（1＋0.3）为在厕所内接出的支立管段，由标高1下降至－0.3，2.2为②轴至⑮轴的轴间距，0.3为半个水池宽，第二个（1＋0.3）为在水池旁由－0.3升至1的立管段，0.2为厕所间接至热水器的管头子的长度，5表示该管分支的个数。

（3）清单工程量计算表（表9-14）

清单工程量计算表　　表9-14

| 序号 | 项目编码 | 项目名称 | 项目特征描述 | 计量单位 | 工程量 |
|---|---|---|---|---|---|
| 1 | 031001002001 | 钢管 | 衬塑钢管，$DN32$ | m | 15.95 |
| 2 | 031001002002 | 钢管 | 衬塑钢管，$DN20$ | m | 19.75 |
| 3 | 031001002003 | 钢管 | 衬塑钢管，$DN15$ | m | 23.50 |

**【例8】** 某住宅楼工程采用UPVC塑料管做为给水管材，给水系统图如图9-12所示，试计算其管道清单工程量。

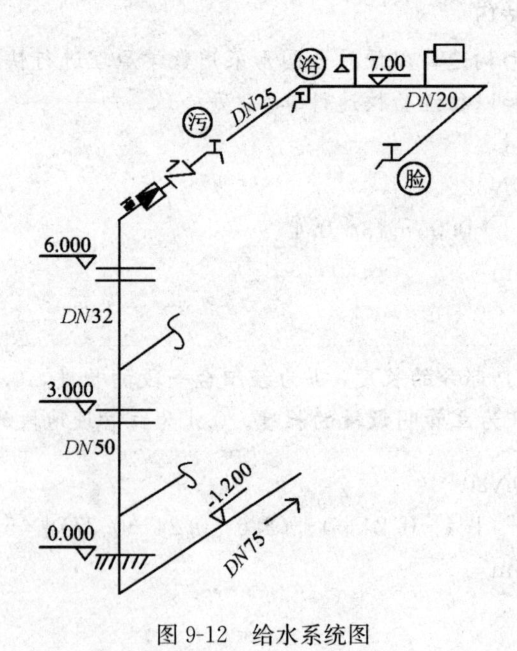


图9-12　给水系统图

**【解】**（1）2013清单与2008清单对照（表9-15）

**2013清单与2008清单对照表** **表9-15**

| 清单 | 项目编码 | 项目名称 | 项目特征 | 计算单位 | 工程量计算规则 | 工作内容 |
|---|---|---|---|---|---|---|
| 2013清单 | 031001006 | 塑料管 | 1. 安装部位<br>2. 介质<br>3. 材质、规格<br>4. 连接形式<br>5. 阻火圈设计要求<br>6. 压力试验及吹、洗设计要求<br>7. 警示带形式 | m | 按设计图示管道中心线以长度计算 | 1. 管道安装<br>2. 管件安装<br>3. 塑料卡固定<br>4. 阻火圈安装<br>5. 压力试验<br>6. 吹扫、冲洗<br>7. 警示带铺设 |
| 2008清单 | 030801005 | 塑料管(UPVC、PVC、PP-C、PP-R、EP管等) | 1. 安装部位(室内、外)<br>2. 输送介质(给水、排水、热媒体、燃气、雨水)<br>3. 材质<br>4. 型号、规格<br>5. 连接方式<br>6. 套管形式、材质、规格<br>7. 接口材料<br>8. 除锈、刷油、防腐、绝热及保护层设计要求 | m | 按设计图示管道中心线长度以延长米计算，不扣除阀门、管件(包括减压器、疏水器、水表、伸缩器等组成安装)及各种井类所占的长度；方形补偿器以其所占长度按管道安装工程量计算 | 1. 管道、管件及弯管的制作、安装<br>2. 管件安装(指铜管管件、不锈钢管管件)<br>3. 套管(包括防水套管)制作、安装<br>4. 管道除锈、刷油防腐<br>5. 管道绝热及保护层安装、除锈、刷油<br>6. 给水管道消毒、冲洗<br>7. 水压及泄漏试验 |

**✲解题思路及技巧**

先要看图纸外形构造，以便结合图形采用数学原理进行快捷计算。另外，也可以结合计算规则和以往经验快速计算。

(2) 清单工程量

UPVC塑料管 *DN*20：1.2×3=3.6m。

**贴心助手**

1.2为从洗脸盆水嘴到大便器节点处的长度，3为楼层数。

*DN*25：(0.5+0.5+1.8)×3=(0.5+0.5+1.8)×3=8.4m。

**贴心助手**

0.5为从大便器节点到淋浴器节点处的长度，0.5为从淋浴器节点到浴盆水龙头处的长度，1.8为从浴盆水嘴到污水盆水嘴处的长度，3为楼的层数。

*DN*32：1.7×3+3.0=8.1m。

**贴心助手**

1.7为从污水盆水嘴处到支管与竖管带节点处的长度，3.0为从二层支管处到三层支管处竖管的长度。

$DN50$：3.0m。

**贴心助手**

3.0 为从一层支管到二层支管处竖管的长度。

$DN75$：1.0＋1.2＋3.5＋4＝9.7m。

**贴心助手**

1.0 为地面到第一个支管处竖管的长度，1.2 为埋地竖管部分的长度，3.5 为埋地穿过卫生间部分管道的长度，4 出户部分管道的长度。

（3）清单工程量计算表（表 9-16）

**清单工程量计算表** **表 9-16**

| 序号 | 项目编码 | 项目名称 | 项目特征描述 | 计量单位 | 工程量 |
|---|---|---|---|---|---|
| 1 | 031001006001 | UPVC 塑料管 | DN20、给水 | m | 3.6 |
| 2 | 031001006002 | | DN25、给水 | m | 8.4 |
| 3 | 031001006003 | | DN32、给水 | m | 8.1 |
| 4 | 031001006004 | | DN50、给水 | m | 3.0 |
| 5 | 031001006005 | | DN75、给水 | m | 9.7 |

**【例 9】** 某室内燃气管道工程平面图和系统图如图 9-13、图 9-14 所示，试计算其室内燃气管道安装工程量。

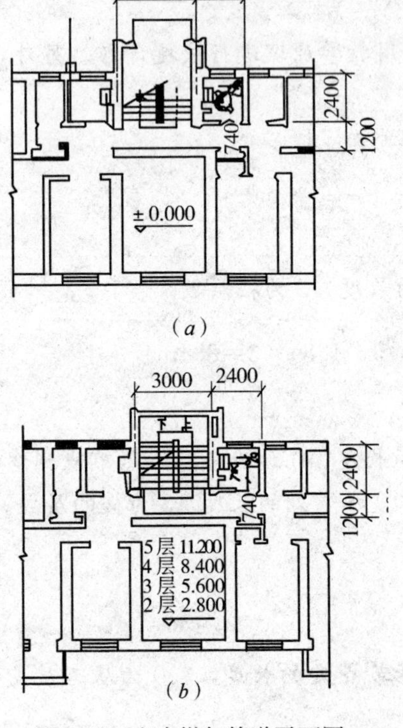


图 9-13　室内燃气管道平面图

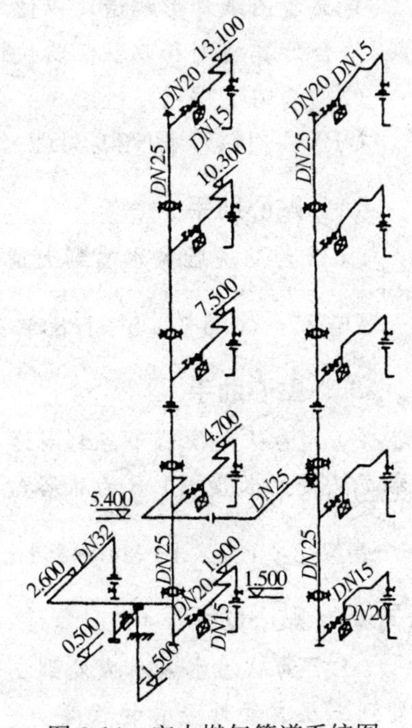


图 9-14　室内燃气管道系统图

**【解】**（1）2013 清单与 2008 清单对照（表 9-17）

**2013 清单与 2008 清单对照表**　　　　**表 9-17**

| 清单 | 项目编码 | 项目名称 | 项目特征 | 计算单位 | 工程量计算规则 | 工作内容 |
|---|---|---|---|---|---|---|
| 2013 清单 | 031001001 | 镀锌钢管 | 1. 安装部位<br>2. 介质<br>3. 规格、压力等级<br>4. 连接形式<br>5. 压力试验及吹、洗设计要求<br>6. 警示带形式 | m | 按设计图示管道中心线以长度计算 | 1. 管道安装<br>2. 管件制作、安装<br>3 压力试验<br>4. 吹扫、冲洗<br>5. 警示带铺设 |
| 2008 清单 | 030801001 | 镀锌钢管 | 1. 安装部位（室内、外）<br>2. 输送介质（给水、排水、热媒体、燃气、雨水）<br>3. 材质<br>4. 型号、规格<br>5. 连接方式<br>6. 套管形式、材质、规格<br>7. 接口材料<br>8. 除锈、刷油、防腐、绝热及保护层设计要求 | m | 按设计图示管道中心线长度以延长米计算，不扣除阀门、管件（包括减压器、疏水器、水表、伸缩器等组成安装）及各种井类所占的长度；方形补偿器以其所占长度按管道安装工程量计算 | 1. 管道、管件及弯管的制作、安装<br>2. 管件安装（指铜管管件、不锈钢管管件）<br>3. 套管（包括防水套管）制作、安装<br>4. 管道除锈、刷油、防腐<br>5. 管道绝热及保护层安装、除锈、刷油<br>6. 给水管道消毒、冲洗<br>7. 水压及泄漏试验 |

**✲解题思路及技巧**

先要看图纸外形构造，以便结合图形采用数学原理进行快捷计算。另外，也可以结合计算规则和以往经验快速计算。

（2）清单工程量

1）镀锌钢管 $DN15$

燃气表至灶前阀门间的支管长度（煤气灶安装中已包括了灶至阀门前管道）：

工程量＝[(0.78＋0.12)＋(1.9－1.5)]×10

　　　＝13m

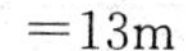

**贴心助手**

(0.78＋0.12) 为水平方向管道的长度，(1.9－1.5) 为垂直方向管道的长度，10 表示支管的个数。

2）镀锌钢管 $DN20$

立管到煤气表间的支管长度：

工程量＝[0.74－0.07]×10

　　　＝6.7m

**贴心助手**

0.74 为煤气表中心距墙面净距，0.07 为立管中心距墙面距离。10 表示支管的根数。

3）镀锌钢管 $DN25$

两根煤气立管和两立管间的水平管：

工程量＝2×(13.1－1.9)＋3＋0.37＋0.07×2＋2×1.2

＝28.31m

**贴心助手**

(13.1－1.9) 为每根立管长度，3 为水平管道的长度，0.37 为两墙半厚，0.07×2 为立管中心离墙距离，2×1.2 为水平管道的长度。

4）镀锌钢管 $DN32$

引入管长度，用户引入管是从地上引入室内，根据室内外管道分界，地上引入室内的管道以墙外三通为界：

工程量＝(2.4＋0.25＋2.4－0.07×2)＋(2.6－0.5)

＝7.01m

**贴心助手**

(12.4＋0.25＋2.4－0.07×2) 为水平方向管道的长度，其中 0.25 为轴线外长度，0.07×2 表示管中心距离墙的长度，(2.6－0.5) 是垂直方向管道的长度。

(3) 清单工程量计算表（表 9-18）

**清单工程量计算表** **表 9-18**

| 序号 | 项目编码 | 项目名称 | 项目特征描述 | 计量单位 | 工程量 |
|---|---|---|---|---|---|
| 1 | 031001001001 | 镀锌钢管 | $DN15$ | m | 13 |
| 2 | 031001001002 | 镀锌钢管 | $DN20$ | m | 6.7 |
| 3 | 031001001003 | 镀锌钢管 | $DN25$ | m | 28.31 |
| 4 | 031001001004 | 镀锌钢管 | $DN32$ | m | 7.01 |

**【例 10】** 立管 $DN32$ 穿 2、3 层楼板，需设 $DN50$ 镀锌钢套管，每个长按 0.2m 计，试计算其清单工程量。

**【解】** (1) 2013 清单与 2008 清单对照（表 9-19）

**2013 清单与 2008 清单对照表** **表 9-19**

| 清单 | 项目编码 | 项目名称 | 项目特征 | 计算单位 | 工程量计算规则 | 工作内容 |
|---|---|---|---|---|---|---|
| 2013 清单 | 031001001 | 镀锌钢管 | 1. 安装部位<br>2. 介质<br>3. 规格、压力等级<br>4. 连接形式<br>5. 压力试验及吹、洗设计要求<br>6. 警示带形式 | m | 按设计图示管道中心线以长度计算 | 1. 管道安装<br>2. 管件制作、安装<br>3 压力试验<br>4. 吹扫、冲洗<br>5. 警示带铺设 |

表 9-19

| 清单 | 项目编码 | 项目名称 | 项目特征 | 计算单位 | 工程量计算规则 | 工作内容 |
|---|---|---|---|---|---|---|
| 2008 清单 | 030801001 | 镀锌钢管 | 1. 安装部位（室内、外）<br>2. 输送介质（给水、排水、热媒体、燃气、雨水）<br>3. 材质<br>4. 型号、规格<br>5. 连接方式<br>6. 套管形式、材质、规格<br>7. 接口材料<br>8. 除锈、刷油、防腐、绝热及保护层设计要求 | m | 按设计图示管道中心线长度以延长米计算，不扣除阀门、管件（包括减压器、疏水器、水表、伸缩器等组成安装）及各种井类所占的长度；方形补偿器以其所占长度按管道安装工程量计算 | 1. 管道、管件及弯管的制作、安装<br>2. 管件安装（指铜管管件、不锈钢管管件）<br>3. 套管（包括防水套管）制作、安装<br>4. 管道除锈、刷油、防腐<br>5. 管道绝热及保护层安装、除锈、刷油<br>6. 给水管道消毒、冲洗<br>7. 水压及泄漏试验 |

**✲解题思路及技巧**

先要看图纸外形构造，以便结合图形采用数学原理进行快捷计算。另外，也可以结合计算规则和以往经验快速计算。

（2）清单工程量

工程量＝0.2×2＝0.4m。

主材镀锌钢管 *DN*50 定额含量（10.15），应另行计算。

**贴心助手**

镀锌钢套管穿二层楼板，每个套管的长度为 0.2m，2 个共 0.4m。

镀锌铁皮套管制作，以“个”为计量单位，其安装已包括在管道安装定额内，不另计工程量。

（3）清单工程量计算表（表 9-20）

**清单工程量计算表**　　表 9-20

| 项目编码 | 项目名称 | 项目特征描述 | 计量单位 | 工程量 |
|---|---|---|---|---|
| 031001001001 | 镀锌钢管 | *DN*50 | m | 0.40 |

## 9.2　支架及其他

**【例 11】** 某工程一个风机减震台座 CG327，风机机号 No.4A，采用 4 套 GJT-2 减震器，计算其清单工程量。

**【解】**（1）2013 清单与 2008 清单对照（表 9-21）

**2013 清单与 2008 清单对照表** **表 9-21**

| 清单 | 项目编码 | 项目名称 | 项目特征 | 计算单位 | 工程量计算规则 | 工作内容 |
|---|---|---|---|---|---|---|
| 2013 清单 | 031002002 | 设备支吊架 | 1. 材质<br>2. 形式 | 1. kg<br>2. 套 | 1. 以千克计量，按设计图示质量计算<br>2. 以套计量，按设计图示数量计算 | 1. 制作<br>2 安装 |
| 2008 清单 | 030802001 | 管道支架制作安装 | 1. 形式<br>2. 除锈、刷油设计要求 | kg | 按设计图示质量计算 | 1. 制作、安装<br>2. 除锈、刷油 |

**✲解题思路及技巧**

此题比较简单，主要考察该项目的清单工程量表的填写。

(2) 清单工程量

由题意可知：

风机减震台座 CG327，风机机号 No. 4A，采用 4 套 GJT-2 减震器，则其清单工程量为 4 套。

(3) 清单工程量计算表（表 9-22）

**清单工程量计算表** **表 9-22**

| 项目编码 | 项目名称 | 项目特征描述 | 计量单位 | 工程量 |
|---|---|---|---|---|
| 031002002001 | 设备支架 | GJT-2 减震器 | 套 | 4 |

**【例 12】** 给排水国家标准图集 S161 沿墙安装 *DN*100 单管托架 10 付。试计算其清单工程量。

**【解】** (1) 2013 清单与 2008 清单对照（表 9-23）

**2013 清单与 2008 清单对照表** **表 9-23**

| 清单 | 项目编码 | 项目名称 | 项目特征 | 计算单位 | 工程量计算规则 | 工作内容 |
|---|---|---|---|---|---|---|
| 2013 清单 | 031002001 | 管道支吊架 | 1. 材质<br>2. 管架形式 | 1. kg<br>2. 套 | 1. 以千克计量，按设计图示质量计算<br>2. 以套计量，按设计图示数量计算 | 1. 制作<br>2 安装 |
| 2008 清单 | 030802001 | 管道支架制作安装 | 1. 形式<br>2. 除锈、刷油设计要求 | kg | 按设计图示质量计算 | 1. 制作、安装<br>2. 除锈、刷油 |

(2) 清单工程量

工程量计算，各付钢材用量查图集：

∟75×7，$l$=1080mm，单位重量：8.62kg；∟40×4，$l$=240mm，单位重量：0.58kg；

钢材施工图重量=(8.62+0.58)×1=9.2kg/付；

10 付托架的工程量=9.2×10=0.92kg。

**贴心助手**

1080mm表示角钢∟75×7的长度，8.62kg为角钢∟75×7的单位重量，240mm为角钢∟40×4的长度，0.58kg为其单位重量。

（3）清单工程量计算表（表9-24）

**清单工程量计算表** **表9-24**

| 项目编码 | 项目名称 | 项目特征描述 | 计量单位 | 工程量 |
|---|---|---|---|---|
| 031002001001 | 管道支架制作安装 | 托架 | kg | 92 |

**【例13】** 管段有固定支架6个，都采用∟100×8角钢制作，一支架用料按1.32m计，再有一个螺栓卡包箍$\phi$8圆钢长0.5m，六角螺母两个，试求其清单工程量。

**【解】**（1）2013清单与2008清单对照（表9-25）

**2013清单与2008清单对照表** **表9-25**

| 清单 | 项目编码 | 项目名称 | 项目特征 | 计算单位 | 工程量计算规则 | 工作内容 |
|---|---|---|---|---|---|---|
| 2013清单 | 031002001 | 管道支吊架 | 1. 材质<br>2. 管架形式 | 1. kg<br>2. 套 | 1. 以千克计量，按设计图示质量计算<br>2. 以套计量，按设计图示数量计算 | 1. 制作<br>2 安装 |
| 2008清单 | 030802001 | 管道支架制作安装 | 1. 形式<br>2. 除锈、刷油设计要求 | kg | 按设计图示质量计算 | 1. 制作、安装<br>2. 除锈、刷油 |

**✲解题思路及技巧**

先要看图纸外形构造，以便结合图形采用数学原理进行快捷计算。另外，也可以结合计算规则和以往经验快速计算。

（2）清单工程量

固定支架工程量为：

1）支架总长＝1.32×6＝7.92m；

支架∟100×8角钢单位质量为12.276kg/m；

支架总质量＝7.92×12.276＝97.23kg。

2）包箍全长＝0.5×6＝3.0m；

包箍$\phi$8圆钢单位质量为0.395kg/m；

包箍总质量＝3.0×0.395＝1.185kg。

3）包箍螺母数量＝6×2＝12个；

六角螺母（$d$＝8）每1000个质量5.674kg；

包箍螺母总质量＝12×5.674÷1000＝0.068kg。

4）管道支架工程量＝97.23＋1.185＋0.068＝98.48kg＝0.0985t。

（3）清单工程量计算表（表 9-26）

**清单工程量计算表　　表 9-26**

| 序号 | 项目编码 | 项目名称 | 项目特征描述 | 计量单位 | 工程量 |
|---|---|---|---|---|---|
| 1 | 031002001001 | 管道支吊架 | ∟100×8 角钢制作 | kg | 97.23 |
| 2 | 031002001002 | 管道支吊架 | 螺旋卡包箍 ϕ8 圆钢 | kg | 1.185 |
| 3 | 031002001003 | 管道支吊架 | 六角螺缚 | kg | 0.068 |

## 9.3 管道附件

**【例 14】** 如图 9-15 所示某厨房给水系统图，给水管道采用焊接钢管，供水方式为上供式，试求工程量。

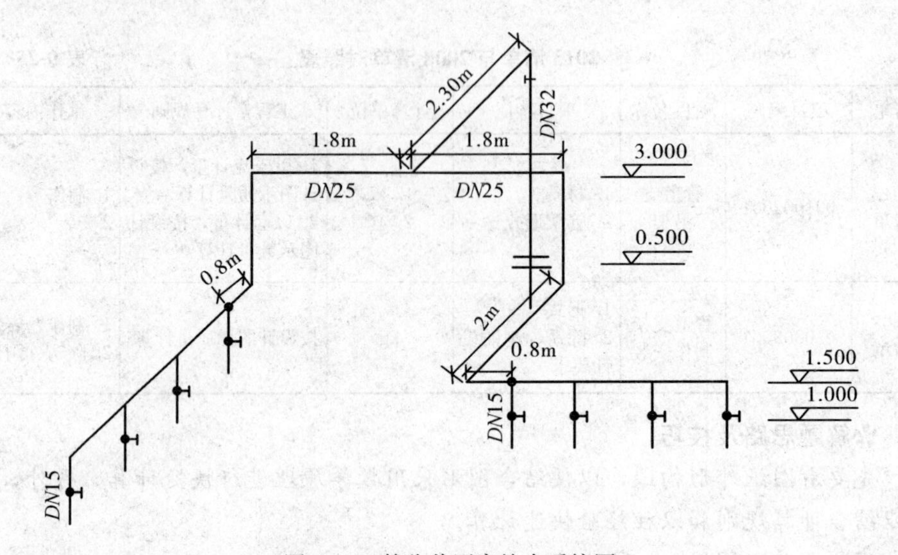


图 9-15　某公共厨房给水系统图

**【解】**（1）2013 清单与 2008 清单对照（表 9-27）

**2013 清单与 2008 清单对照表　　表 9-27**

| 序号 | 清单 | 项目编码 | 项目名称 | 项目特征 | 计算单位 | 工程量计算规则 | 工作内容 |
|---|---|---|---|---|---|---|---|
| 1 | 2013 清单 | 031001002 | 钢管 | 1. 安装部位<br>2. 介质<br>3. 规格、压力等级<br>4. 连接形式<br>5. 压力试验及吹、洗设计要求<br>6. 警示带形式 | m | 按设计图示管道中心线以长度计算 | 1. 管道安装<br>2. 管件制作、安装<br>3 压力试验<br>4. 吹扫、冲洗<br>5. 警示带铺设 |

续表

| 序号 | 清单 | 项目编码 | 项目名称 | 项目特征 | 计算单位 | 工程量计算规则 | 工作内容 |
| --- | --- | --- | --- | --- | --- | --- | --- |
| 1 | 2008清单 | 030801002 | 钢管 | 1. 安装部位（室内、外）<br>2. 输送介质（给水、排水、热媒体、燃气、雨水）<br>3. 材质<br>4. 型号、规格<br>5. 连接方式<br>6. 套管形式、材质、规格<br>7. 接口材料<br>8. 除锈、刷油、防腐、绝热及保护层设计要求 | m | 按设计图示管道中心线长度以延长米计算，不扣除阀门、管件（包括减压器、疏水器、水表、伸缩器等组成安装）及各种井类所占的长度；方形补偿器以其所占长度按管道安装工程量计算 | 1. 管道、管件及弯管的制作、安装<br>2. 管件安装（指铜管管件、不锈钢管管件）<br>3. 套管（包括防水套管）制作、安装<br>4. 管道除锈、刷油、防腐<br>5. 管道绝热及保护层安装、除锈、刷油<br>6. 给水管道消毒、冲洗<br>7. 水压及泄漏试验 |
| 2 | 2013清单 | 031003001 | 螺纹阀门 | 1. 类型<br>2. 材质<br>3. 规格、压力等级<br>4. 连接形式<br>5. 焊接方法 | 个 | 按设计图示数量计算 | 1. 安装<br>2. 电气接线<br>3. 调试 |
|  | 2008清单 | 030803001 | 螺纹阀门 | 1. 类型<br>2. 材质<br>3. 型号、规格 | 个 | 按设计图示数量计算（包括浮球阀、手动排气阀、液压式水位控制阀、不锈钢阀门、煤气减压阀、液相自动转换阀、过滤阀等） | 安装 |

**✲解题思路及技巧**

先要看图纸外形构造，以便结合图形采用数学原理进行快捷计算。另外，也可以结合计算规则和以往经验快速计算。

（2）清单工程量

1）焊接钢管 $DN32$

立管：3.0－0.5（详见系统图）＝2.50m；水平部分：2.30m。

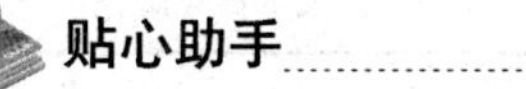

**贴心助手**

由给水系统图可知，$DN32$ 的水平管的标高为 3.0，由此可知，$DN32$ 立管上部标高为 3.0。

2）焊接钢管 *DN*25

水平部分：1.8×2(左右对称详见系统图)+2+0.8×2(分支管节点前的一部分,左右长度相同)=7.20m；

立管部分：(3−1.5)×2=3.00m(详见系统图)。

3）焊接钢管 *DN*15

每两个分支管之间的间距为 0.80m；

水平部分：0.8×6=4.80m；

立管部分：0.5×8=4.00m（详见系统图)。

4）管件工程量

螺纹阀门 *DN*32：1 个；

螺纹阀门 *DN*15：8 个；

给水工程量计算见表 9-28。

**某厨房给水工程量计算表** **表 9-28**

| 序号 | 分项工程 | 工程说明 | 单位 | 数量 |
|---|---|---|---|---|
| 一、管道敷设 | | | | |
| 1 | *DN*32 | 2.5+2.3 | m | 4.80 |
| 2 | *DN*25 | 7.2+3 | m | 10.20 |
| 3 | *DN*15 | 4.8+4 | m | 8.80 |
| 二、器具 | | | | |
| 1 | 螺纹阀门 | *DN*32 | 个 | 1 |
| 2 | 螺纹阀门 | *DN*15 | 个 | 8 |

（3）清单工程量计算表（表 9-29）

**清单工程量计算表** **表 9-29**

| 序号 | 项目编码 | 项目名称 | 计量单位 | 工程数量 |
|---|---|---|---|---|
| 1 | 031001002001 | 焊接钢管，室内给水工程，螺纹连接 | m | 4.80 |
| 2 | 031001002002 | 焊接钢管，室内给水工程，螺纹连接 | m | 10.20 |
| 3 | 031001002003 | 焊接钢管，室内给水工程，螺纹连接 | m | 8.80 |
| 4 | 031003001001 | 螺纹阀门，*DN*32 | 个 | 1 |
| 5 | 031003001002 | 螺纹阀门，*DN*15 | 个 | 8 |

**【例 15】** 某工业厂房大门安装，图 9-16、图 9-17 为大门热风幕平面图和系统图，求其清单工程量。

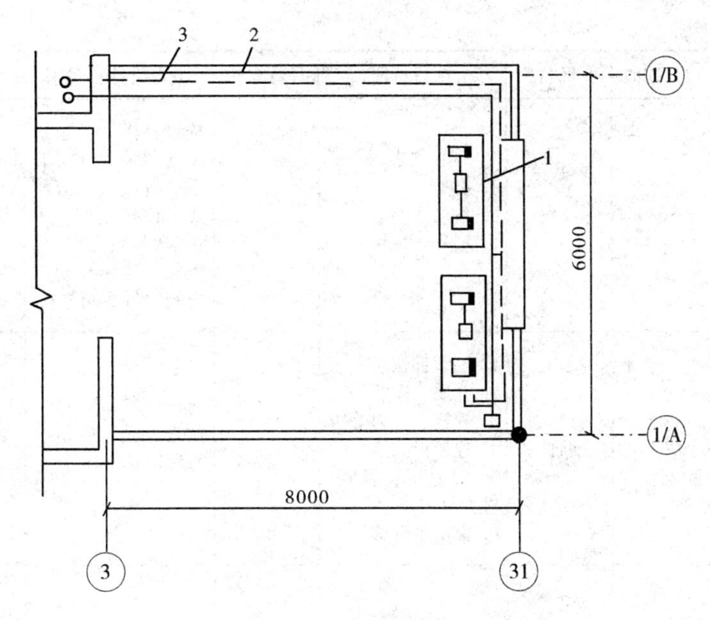


图 9-16　某厂房大门热风幕平面图

1—热风幕；2—供水管；3—回水管

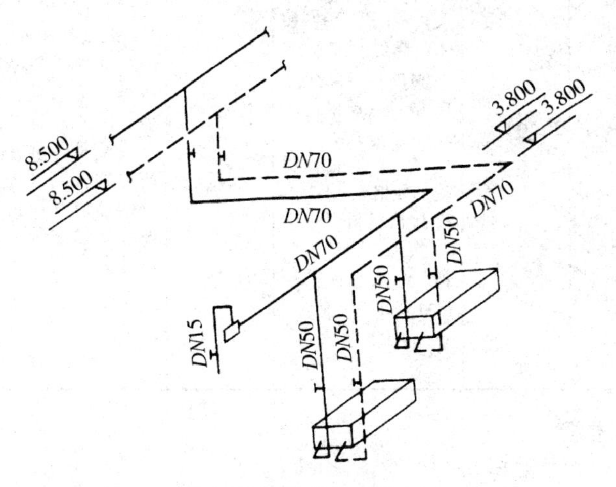


图 9-17　大门热风幕接管系统图（1∶100）

**【解】**（1）2013 清单与 2008 清单对照（表 9-30）

**2013 清单与 2008 清单对照表**　　　　**表 9-30**

| 序号 | 清单 | 项目编码 | 项目名称 | 项目特征 | 计算单位 | 工程量计算规则 | 工作内容 |
|---|---|---|---|---|---|---|---|
| 1 | 2013 清单 | 031003001 | 螺纹阀门 | 1. 类型<br>2. 材质<br>3. 规格、压力等级<br>4. 连接形式<br>5. 焊接方法 | 个 | 按设计图示数量计算 | 1. 安装<br>2. 电气接线<br>3. 调试 |

续表

| 序号 | 清单 | 项目编码 | 项目名称 | 项目特征 | 计算单位 | 工程量计算规则 | 工作内容 |
|---|---|---|---|---|---|---|---|
| 1 | 2008清单 | 030803001 | 螺纹阀门 | 1. 类型<br>2. 材质<br>3. 型号、规格 | 个 | 按设计图示数量计算（包括浮球阀、手动排气阀、液压式水位控制阀、不锈钢阀门、煤气减压阀、液相自动转换阀、过滤阀等） | 安装 |
| 2 | 2013清单 | 031001002 | 钢管 | 1. 安装部位<br>2. 介质<br>3. 规格、压力等级<br>4. 连接形式<br>5. 压力试验及吹、洗设计要求<br>6. 警示带形式 | m | 按设计图示管道中心线以长度计算 | 1. 管道安装<br>2. 管件制作、安装<br>3 压力试验<br>4. 吹扫、冲洗<br>5. 警示带铺设 |
| | 2008清单 | 030801002 | 钢管 | 1. 安装部位（室内、外）<br>2. 输送介质（给水、排水、热媒体、燃气、雨水）<br>3. 材质<br>4. 型号、规格<br>5. 连接方式<br>6. 套管形式、材质、规格<br>7. 接口材料<br>8. 除锈、刷油、防腐、绝热及保护层设计要求 | m | 按设计图示管道中心线长度以延长米计算，不扣除阀门、管件（包括减压器、疏水器、水表、伸缩器等组成安装）及各种井类所占的长度；方形补偿器以其所占长度按管道安装工程量计算 | 1. 管道、管件及弯管的制作、安装<br>2. 管件安装（指铜管管件、不锈钢管管件）<br>3. 套管（包括防水套管）制作、安装<br>4. 管道除锈、刷油、防腐<br>5. 管道绝热及保护层安装、除锈、刷油<br>6. 给水管道消毒、冲洗<br>7. 水压及泄漏试验 |

（2）清单工程量

1）闸阀 $DN70$：工程量＝2 个；

2）闸阀 $DN50$：工程量＝4 个；

3）铜阀 $DN15$：工程量＝1 个；

4）焊接钢管。

按图 1∶100 比例测算方法。

工程量：$DN70$＝38m；

$DN50$＝8m；

$DN15$＝3m。

**贴心助手**

闸阀工程量以“个”为计量单位，如图 9-17 系统图所示，规格 $DN70$ 的闸阀有 2 个，规格 $DN50$ 的闸阀有 4 个，规格 $DN15$ 的闸阀有 1 个。

(3) 清单工程量计算表（表 9-31）

**清单工程量计算表**　　　　**表 9-31**

| 序号 | 项目编码 | 项目名称 | 项目特征描述 | 计量单位 | 工程量 |
|---|---|---|---|---|---|
| 1 | 031003005001 | 螺纹阀门 | 闸阀　*DN*70 | 个 | 2 |
| 2 | 031003001002 | 螺纹阀门 | 闸阀　*DN*50 | 个 | 4 |
| 3 | 031003001003 | 螺纹阀门 | 铜阀　*DN*15 | 个 | 1 |
| 4 | 031001002001 | 钢管 | 焊接　*DN*70 | m | 38 |
| 5 | 031001002002 | 钢管 | 焊接　*DN*50 | m | 8 |
| 6 | 031001002003 | 钢管 | 焊接　*DN*15 | m | 3 |

**【例 16】** 如图 9-18 为钢管配焊接法兰，计算法兰工程量 1.6MPa。

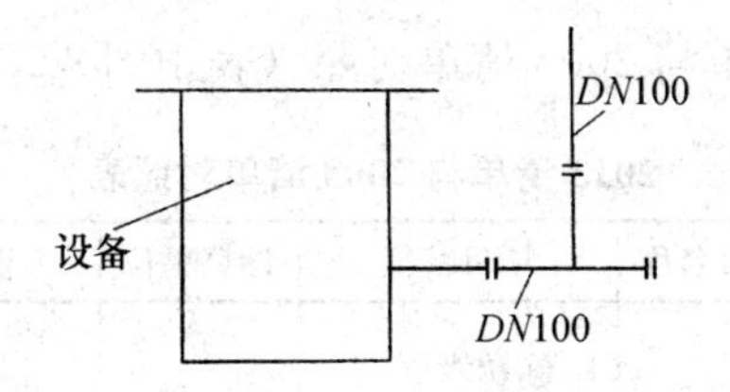


图 9-18　钢管配焊接法兰

**【解】** (1) 2013 清单与 2008 清单对照（表 9-32）

**2013 清单与 2008 清单对照表**　　　　**表 9-32**

| 清单 | 项目编码 | 项目名称 | 项目特征 | 计算单位 | 工程量计算规则 | 工作内容 |
|---|---|---|---|---|---|---|
| 2013 清单 | 031003011 | 法兰 | 1. 材质<br>2. 规格、压力等级<br>3. 连接形式 | 副（片） | 按设计图示数量计算 | 安装 |
| 2008 清单 | 030803009 | 法兰 | 1. 材质<br>2. 型号、规格<br>3. 连接方式 | 副 | 按设计图示数量计算 | 安装 |

**❋解题思路及技巧**

此题比较简单，主要考察该项目的清单工程量表的填写。

(2) 清单工程量

工程量按图示 3 副。

(3) 清单工程量计算表（表 9-33）

**清单工程量计算表**　　　　**表 9-33**

| 项目编码 | 项目名称 | 项目特征描述 | 计量单位 | 工程量 |
|---|---|---|---|---|
| 031003011001 | 法兰 | 平焊，1.6MPa | 副 | 3 |

# 第10章 刷油、防腐蚀、绝热工程

## 10.1 刷油工程

**【例1】** 矩形薄钢板风管，展开面积60m²，设计要求风管外壁刷耐酸漆各二遍，计算其清单工程量。

**【解】**（1）2013清单与2008清单对照（表10-1）

**2013清单与2008清单对照表** **表10-1**

| 清单 | 项目编码 | 项目名称 | 项目特征 | 计算单位 | 工程量计算规则 | 工作内容 |
|---|---|---|---|---|---|---|
| 2013清单 | 031201001 | 管道刷油 | 1. 除锈级别<br>2. 油漆品种<br>3. 涂刷遍数、漆膜厚度<br>4. 标志色方式、品种 | 1. m²<br>2. m | 1. 以平方米计量，按设计图示表面积尺寸以面积计算<br>2. 以米计量，按设计图示尺寸以长度计算 | 1. 除锈<br>2. 调配、涂刷 |
| 2008清单 | 2008清单中无此项内容，2013清单此项为新增加内容 | | | | | |

（2）清单工程量

风管刷油工程量=风管展开面积合计=60m²。

（3）清单工程量计算表（表10-2）

**清单工程量计算表** **表10-2**

| 项目编码 | 项目名称 | 项目特征描述 | 计量单位 | 工程量 |
|---|---|---|---|---|
| 031201001001 | 管道刷油 | 外壁刷耐酸漆各二遍 | m² | 60.00 |